切削加工の基礎

工具の選び方から高速ミーリングまで

松岡甫篁・安齋正博 共著
Toshitaka Matsuoka　Masahiro Anzai

森北出版株式会社

● 本書のサポート情報を当社 Web サイトに掲載する場合があります．下記の URL にアクセスし，サポートの案内をご覧ください．

http://www.morikita.co.jp/support/

● 本書の内容に関するご質問は，森北出版 出版部「（書名を明記）」係宛に書面にて，もしくは下記の e-mail アドレスまでお願いします．なお，電話でのご質問には応じかねますので，あらかじめご了承ください．

editor@morikita.co.jp

● 本書により得られた情報の使用から生じるいかなる損害についても，当社および本書の著者は責任を負わないものとします．

■ 本書に記載している製品名，商標および登録商標は，各権利者に帰属します．

■ 本書を無断で複写複製（電子化を含む）することは，著作権法上での例外を除き，禁じられています．複写される場合は，そのつど事前に (社)出版者著作権管理機構（電話 03-3513-6969, FAX 03-3513-6979, e-mail：info@jcopy.or.jp）の許諾を得てください．また本書を代行業者等の第三者に依頼してスキャンやデジタル化することは，たとえ個人や家庭内での利用であっても一切認められておりません．

まえがき

「はじめての切削加工」が工業調査会から発行されて10年の歳月が流れた．この間，第7刷まで増刷されたのは，高速ミーリングを扱っていることが要因なのではないかと思っている．しかし，この10年間でミーリング加工は大きく変わり，そろそろ改訂版が必要な時期となり，このたび「切削加工の基礎」と書名を変えて，森北出版より発行する運びとなった．

高速ミーリングに関しての実験データが，現場で実用化されているのは，一部の微細金型，高精度金型の分野で普及しているだけに留まり，まだまだこれからの技術である．この10年間で大きく変わってきたのは，工作機械の高度化，コンピュータ（CAD/CAM），切削工具であろう．そのような意味から，以下のことを本書では増補している．

1. 切削の基礎に関してさらに詳細に解説した．
2. CAD/CAMに関して新情報を追加した．
3. 工具に関しても新たな情報を追加した．
4. 加工事例は最新のものと差し替えた．
5. ミーリングの将来について増補した．

日本の製造業がさらに発展するためには，技術開発力が必須である．切削加工は古くからあるものづくり技術である．基本的な技術であるが，まだまだ開発する余地はある．本書に触れて，この分野を志そうとする方々への一助になれば幸いである．

おわりに，出版にあたって森北出版の皆様に多大のご尽力をいただいたことに感謝の意を表する．

2013年1月

筆者を代表して　安齋正博

もくじ

1章　形づくりと切削加工　　1

1.1　形をつくる加工技術　1
1.2　除去加工のなかでの切削加工の位置付け　2

2章　切削加工とは　　7

2.1　切削の基礎　7
2.2　切削条件の要素　9
2.3　何がトラブルを引き起こすのか　13
　2.3.1　工具損傷　13
　2.3.2　切削抵抗　17
　2.3.3　切削温度　18
　2.3.4　振動とその抑制法　19
　2.3.5　切削油剤の役割　26

3章　CNC工作機械と切削加工技術　　35

3.1　CNC切削加工とは何か　35
3.2　CNC切削加工用工作機械の主な種類と機能　38
　3.2.1　CNC工作機械と切削加工技術　43
3.3　CAD/CAMの役割と使い方　44
　3.3.1　CAMの中身　45
　3.3.2　CADデータの種類　47
　3.3.3　加工のためのモデリング　48
　3.3.4　加工シミュレーション　48
　3.3.5　加工条件設定および工具データ（CAMデータファイル）　50
　3.3.6　プラスチック金型加工におけるCAMの例　50
　3.3.7　プレス金型加工におけるCAMの例　52

4章　切削工具と保持具の選び方・使い方　　54

- 4.1　切削工具の種類と機能　54
  - 4.1.1　旋削工具　57
  - 4.1.2　フライス工具　60
  - 4.1.3　穴加工用工具——ドリル　63
  - 4.1.4　穴加工用工具——リーマ（穴の仕上げ加工用工具）　66
  - 4.1.5　穴加工用工具——ボーリング工具（穴の仕上げ加工用工具）　67
  - 4.1.6　穴加工用工具——ねじ穴切削加工用タップ　68
- 4.2　切削工具と保持具の実際　70
  - 4.2.1　旋削工具の選び方・使い方　70
  - 4.2.2　フライス工具の選び方・使い方　77
  - 4.2.3　穴あけ工具の選び方・使い方　90
  - 4.2.4　保持具の選び方・使い方　99

5章　新しい切削加工技術　　107

- 5.1　高速ミーリングへの期待　107
- 5.2　高速・高精度加工を実現するための要素技術　108
- 5.3　高速ミーリングのメリット　108
- 5.4　各種金型用鋼材の超硬ボールエンドミル加工における摩耗特性　109
- 5.5　高速ミーリングにおける表面粗さ　113
- 5.6　焼入れ鋼の超硬ボールエンドミルによる高速ミーリング　114
- 5.7　HICARTによる高速ミーリング特性　116
  - 5.7.1　切削特性の変化　117
  - 5.7.2　各種切削条件が工具逃げ面摩耗に及ぼす影響　118
- 5.8　高速ミーリング用CNC工作機械　123
  - 5.8.1　高速ミーリング用CNC工作機械の歴史　123
  - 5.8.2　高速ミーリング用マシニングセンタと条件　126
  - 5.8.3　高速ミーリング用マシニングセンタの現状と動向　131
- 5.9　高速ミーリング対応工具，ツーリング　135
  - 5.9.1　高速ミーリング対応工具　135
  - 5.9.2　高速ミーリング対応ツーリングと自動化　145
- 5.10　高速ミーリングのNCプログラミングとCAD/CAM　150
  - 5.10.1　高速ミーリングのNCプログラム　150

5.10.2　高速ミーリング用CAMとその特徴　　151

6章　これからの高速ミーリング　　160

　6.1　超高速ミーリングを実現する課題　　160
　6.2　これからの工作機械　　162
　　6.2.1　現状の加工機の問題点　　162
　　6.2.2　問題点の対策　　163
　6.3　複合加工機と金型加工　　168
　　6.3.1　複合加工機の定義　　170
　　6.3.2　効果的な導入事例　　170
　　6.3.3　導入をためらっている事例　　172
　　6.3.4　ユーザが望む複合加工機への要求　　172
　6.4　cBN工具によるミーリング加工　　175
　　6.4.1　高速ミーリングによる金型加工　　176
　　6.4.2　cBN工具の摩耗　　176
　　6.4.3　どのような加工条件が重要か　　178
　　6.4.4　cBN工具による最近の加工事例　　180
　6.5　ばらつきなしの工具　　182
　6.6　高速ミーリングの将来　　183

用語解説　　185
参考文献　　194
さくいん　　200

● COLUMN ●

切削加工のライバル？　ラピッド・プロトタイピング　　6
微細部品と切削技術　　106

長さの国際単位系【SI】接頭語

メートルとの比	名　称	単　位	桁　数
10^{18}	エクサ	Em	1,000,000,000,000,000,000
10^{15}	ペタ	Pm	1,000,000,000,000,000
10^{12}	テラ	Tm	1,000,000,000,000
10^{9}	ギガ	Gm	1,000,000,000
10^{6}	メガ	Mm	1,000,000
10^{3}	キロ	Km	1,000
1	メートル	m	1
10^{-2}	センチ	cm	0.01
10^{-3}	ミリ	mm	0.001
10^{-6}	マイクロ	μm	0.000001
10^{-9}	ナノ	nm	0.000000001
10^{-12}	ピコ	pm	0.000000000001
10^{-15}	フェムト	fm	0.000000000000001
10^{-18}	アト	am	0.000000000000000001

各種表面粗さの求め方（JIS B 0601-2001 より）

種類	記号	求め方	説明図
最大高さ	Rz	粗さ曲線からその平均線の方向に基準長さだけ抜き取り，この抜き取り部分の山頂線と谷底線との間隔を粗さ曲線の縦倍率の方向に測定し，この値をマイクロメートル(μm)で表したものをいう．キズとみなされるような，並外れた高い山や低い谷のない部分から，基準長さだけ抜き取る．	$Rz = Rp + Rv$
算術平均粗さ	Ra	粗さ曲線からその平均線の方向に基準長さ L だけ抜き取り，この抜き取り部分の平均線の方向に x 軸を，縦倍率の方向に y 軸を取り，粗さ曲線を $y=f(x)$ で表したときに，右記の式によって求められる値をマイクロメートル(μm)で表したものをいう．	$Ra = \frac{1}{L}\int_0^L \lvert f(x) \rvert dx$ $L = $ 基準長さ

1 形づくりと切削加工

形をつくる方法には，除去加工，成形加工，付加加工とがある．除去加工は，これら加工方法のなかでもっとも汎用性があり，寸法精度が高く，複雑形状の加工ができるなどのさまざまな特徴をもっている．切削加工は，この除去加工のなかの代表的な方法であり，新たな切削技術やツーリングシステムの開発によって，その適用範囲を拡大しつつある．本章では，各種加工法のなかでの切削加工について概説する．

1.1 形をつくる加工技術

形をつくる方法を分類すると，除去加工，成形加工，付加加工に大別される．これらは主に加工される側の変化形態によって分類したもので，除去加工は不要な部分を除去することによって，成形加工は材料を変形させることによって，付加加工は材料をつなぎ合わせることによってそれぞれ所望の形状を得る加工方法である[1]．加工現象によって分類すれば，切削加工は破断現象であり，利用するエネルギーによって分類すれば機械エネルギーの範疇に入る．一つの加工法だけで形をつくって完成させることは少なく，多くの加工法を組み合わせて要求に応じた仕様・機能をもつものがつくり出される．

表1.1 加工法を選択する際に考慮しなければならない因子

加工方法選択にあたって考慮すべき因子	材料の種類・性質	金属 プラスチック セラミックス 複合材料 機械的性質 物理・化学的性質 熱処理・表面処理特性
	部品のサイズ 形状の複雑さ	加工時の力や熱による変形
	精度	寸法公差 幾何公差 表面粗さ
	コスト 効率	ツーリング設計とそのコスト 製造に入るまでのリードタイム 素材の工具寿命への影響 部品や製品の生産個数 生産速度

所望の部品あるいは形状をつくるのには，いろいろな方法を選択することによって可能になるが，どのような方法を用いるかは，

① どのような材料を使って，その材料のどのような特性を活かすのか？
② どのような形状をつくり出すのか？
③ 寸法精度，幾何精度は？
④ 表面性状は？
⑤ コストは？

などによって決定される．材料，加工方法，加工条件の選択が不適切な場合には，種々のトラブルが発生することになる．**表 1.1** に，加工法を選択する際に考慮しなければならない因子を挙げる[2]．これらを考慮することによって加工の最適化をはかってトラブルをできる限り回避しなければならない．

1.2 除去加工のなかでの切削加工の位置付け

除去加工は，先に挙げた形をつくる加工技術のなかではもっとも汎用性があり，ほかに比べるとさまざまな要求に応えることができる加工であるといえる．**図 1.1** に，代表的な除去加工例を示す[3),4)]．除去加工を分類すると**表 1.2** のようになり，その特徴として以下のような項目が考えられる．

① 変形加工に比べて寸法精度が高い．変形させる場合には，一般には金型などの転写ツールが必要であり，金型からの転写によってネットシェイプ（削らずに複雑形状な部分を最終形状に成形する）するので精度が落ちる．
② 変形加工に比べると種々の複雑形状が加工できる．内・外面の複雑形状加工やピン角の加工は変形加工では難しい．
③ ほかの方法で得られないような特別な表面特性や表面模様を容易に得ることができる．
④ 経済性にすぐれている．

一方，短所としては以下の点が挙げられる．

①' 変形加工に比べて歩留まりが悪い．切屑が必ず出るため，材料を無駄にしてしまう．
②' 材料の不要な部分を除去するのに時間がかかる．はじめから，少ない除去量の仕上げ加工のみで形状がつくることができればよいが，現状の形状加工では，荒加工，中加工，仕上げ加工というように，ブロック材から削り出す場合がほとんどで，荒加工のカッターパスを自動生成するCAMの開発が急務である．
③' いずれの加工方法においてもいえることであるが，適切に加工を行わないと表

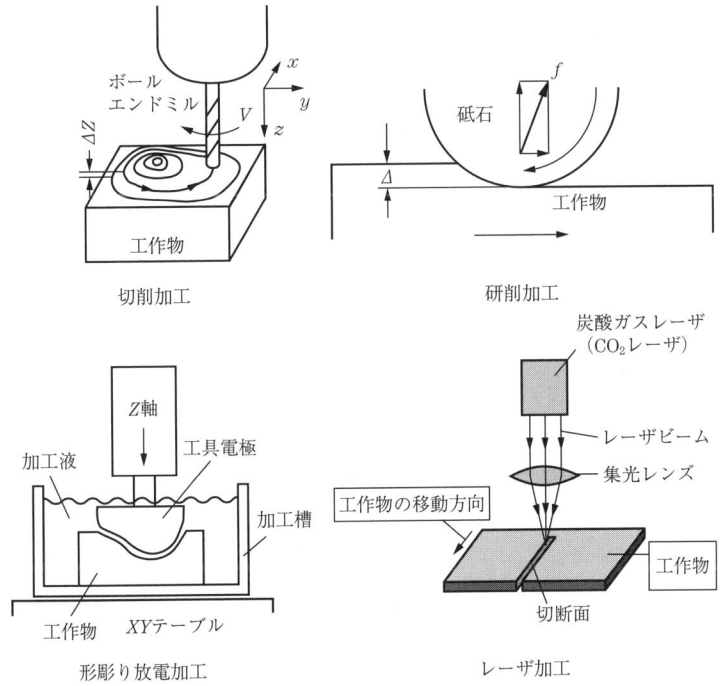

図1.1 代表的な除去加工例

表1.2 除去加工の種類

除去加工	切削加工	丸　物	切削，中ぐり，穴あけ
		角物，他	フライス，平削り，形削り，ブローチ
	砥粒加工	固　定	研削，ホーニング
		遊　離	ラッピング，ポリシング
	特殊加工	放電加工，電解加工，レーザ加工	

面品質や特性を悪くしてしまう．

　金型などの3次元形状創製加工では，除去加工のなかでも，一般に切削，研削，放電加工が使用される．これら除去加工のなかでの最適化をどのようにはかればよいのだろうか．

　そのまえに，ミーリング加工での問題点を一つ示そう．

　図1.2は，材料力学で用いられる片持ちばりのたわみの図を90°傾けた図である．そうすると回転工具で材料をミーリングする場合の図と同一であることがわかる．この場合のたわみ δ max は次式で表される[5]．

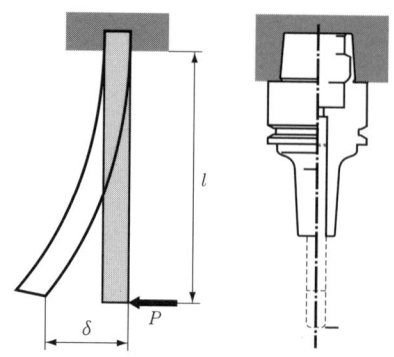

図 1.2 片持ちばりのたわみとホルダの関係

$$\delta \max = \frac{\beta \cdot Wl^3}{EI}$$

ここに，β：はりの条件によって決まるはりのたわみ定数，W：荷重，l：はりの長さ，E：ヤング率，I：断面二次モーメントを示す．β, E, I は定数であるから，はりのたわみは荷重とはりの長さの 3 乗の積に比例することになる．ミーリング加工では，W は切削抵抗（主に工具送り方向），l は工具突出し長さに相当する．したがって，同じ径の工具なら，突出しを長くすれば，3 乗でたわみに効いてくることになる．これは，回転工具を使用する際に必ず生じる問題である．たわみを小さくするには，突出し長さ（後述の L/D）を小さくしたり，切込みなどを小さくしなければならず，これが切削加工を選択する際の大きな制限となる．

図 1.3 に，型加工法の棲み分け例を示す[6]．50HRC 以上の硬度を有する鋼材でしか

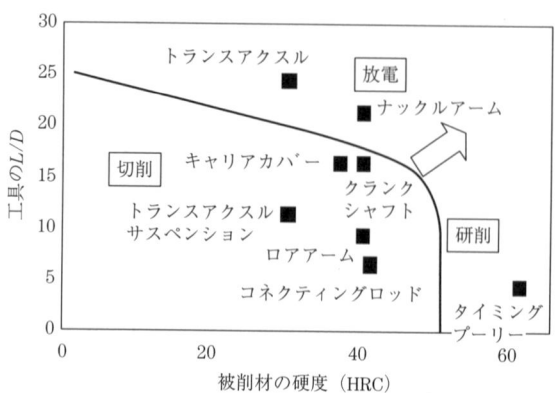

図 1.3 型加工法の棲み分け例（トヨタ自動車）

も浅い金型に関しては研削が，硬度が低くても工具長／工具径（L/D）が大きい深い金型に関しては放電加工を適用しているのが一般的であり，それ以外では切削加工が多い．最近の傾向としては，切削加工が適用範囲を拡大しているようである．たとえば，クランクシャフト用鍛造型では，形状が複雑で，局所的に深くかつ狭い抜き勾配の小さい領域があり，切削で加工しようとすると工具突出し長さを長くせざるをえないので加工が難しい．しかし，小径工具を用いて高速ミーリングすることにより切削が可能になってきている（図1.4参照)[7]．また，焼きばめホルダなどの干渉が少ないツーリングシステムの開発や，切削法の開発（CAD/CAM）も切削加工の適用範囲の拡大を助長している[8]．

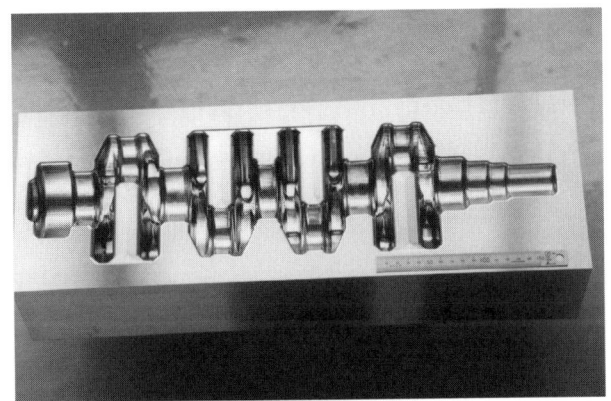

（加工時間：約23時間，φ3 mmコーテッド超硬ボールエンドミル，φ8 mmラジアスボールエンドミル，合計25本，調質鋼材：43HRC）

図1.4 空気静圧スピンドル高速加工機によるクランクシャフト用熱間鍛造金型モデルの加工事例

　放電加工と高速ミーリングの比較では，放電加工は電極を切削で製作しており，この電極の切削を金型の直彫りに置き換えれば，切削と放電で加工していた金型が切削のみで製作可能になり，この工程集約によって大幅なリードタイム短縮が可能になるという考え方が根底にある．実際，コネクティングロッド鍛造型の切削テストでは，従来，2100分以上要していた加工時間を260分に短縮できることが確認されており[9]，カッターパスの最適化によりさらなる短縮も可能である．リードタイムの短縮が最近のものづくりの重要な課題の一つであるだけに，この技術革新は驚嘆するものがある．
　一方，焼入れ鋼材などの高硬度を有する金型加工でも，工具材質・設計の改良，焼きばめホルダなどのツーリングシステムの開発，スピンドルの高速化（工作機械本体の高度化）などにより切削可能な領域が拡大してきている．また，マシニングセンタに直接軸付き砥石をつけてNC制御による研削も可能になってきている．突き詰めて

考えれば，砥粒加工も切削加工も大差はない．

一方，cBN ボールエンドミルによる焼入れ鋼材の高速ミーリングでは，高速にするほど工具寿命が延長するという特異な現象が 20 年以上もまえから確認されている[10]．高硬度焼入れ鋼材への適用に大きな期待がもてるが，cBN 含有量の高い工具では，チッピングの問題が指摘されており適切な工具形状設計が必要である．いずれにしても，最近の金型加工では切削加工，とくに高速ミーリングの適用が多くなってきている．

COLUMN 1：切削加工のライバル？　ラピッド・プロトタイピング

　ラピッド・プロトタイピング（積層造形，RP：rapid prototyping）技術が世に出現してから 20 年以上が過ぎた．当時は，3 次元 CAD データで表現された形状を具現化する技術として驚嘆された．いまでは，3D プリンタと聞いたほうがピンとくるかもしれない．コンピュータ技術の進展によって，工業製品の外観，内装，機能などの設計は，3 次元 CAD を用いるのが当たり前になってきている．初期の RP では使用される材料に制限があったために，機能などを評価されるところには使用されず，主に，外見のモデル（モックアップ）をいかに早く製作するかに使用されてきた．したがって，直接，機械部品や製品も製作することができなかった．

　現在では，これを応用して型をつくる rapid tooling や，造形したままで実用品として使用する rapid manufacturing（RM）へと応用が展開している．

　わが国では，光硬化性樹脂を用いた積層法（日本で開発された）が多かったが，実際の素材を使える熱溶解積層法タイプの RP を利用した簡易金型・治具の製作や実部品製造という用途も徐々に増えている．

　この分野での研究開発は RM へ移行している．近年，小型・低価格タイプの RP である 3D プリンタが普及してきており，製造業を中心にさまざまな用途で使われはじめている．将来の製造業のキーワードとして，テーラーメイドやオーダーメイドが重要視されており，ユーザが独自に設計したデータをもとにして本人しか所有しない製品，あるいは医療機器などの製作に RM の考え方は大きなヒントを与えるだろう．

積層造形法で製作した金型（アスペクト）

2 切削加工とは

切削加工には,さまざまな加工パラメータがあり,それらは,切削熱,切削抵抗,表面粗さ,工具寿命などに大きく影響を与える.本章では,トラブルの大きな要因の一つである工具損傷にはどのようなものがあるのか,何が切削温度の上昇をもたらすのか,振動をいかに抑制するか,切削油剤にはどのような役割があるのかを解説する.

2.1 切削の基礎[1]

切削は被削材,工具,切屑からなり,工具にはすくい角,逃げ角がつけられている.切込み深さ t で切削する場合,切削される部分が工具すくい面 AC によって圧力を受けて圧縮され,AB 面で A から B 方向にせん断が生じ,厚さ t_c の切屑となって AC 面を連続して流出する.図 2.1 にこのときのモデルを示す.

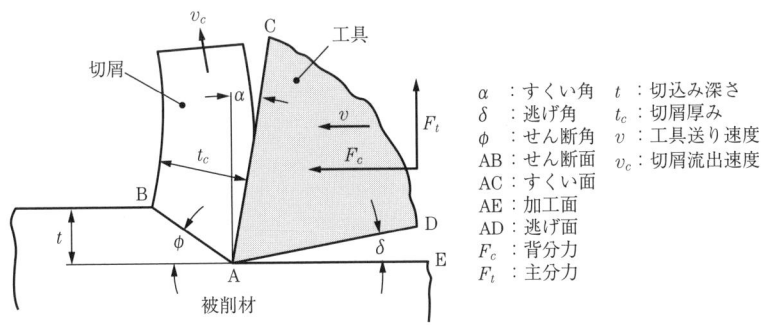

図 2.1　2 次元切削モデル

α：すくい角　t：切込み深さ
δ：逃げ角　t_c：切屑厚み
ϕ：せん断角　v：工具送り速度
AB：せん断面　v_c：切屑流出速度
AC：すくい面
AE：加工面
AD：逃げ面
F_c：背分力
F_t：主分力

ここに出てくる三つの面はとくに重要な箇所である.それは,せん断面 AB,すくい面 AC,および加工面 AE である.せん断面は,被削材が塑性変形,すなわち,この面に沿って被削材から切り裂かれたものが切屑になる.すくい面では工具と切屑の摩擦による工具摩耗が問題となり,加工面は工具の逃げ面摩耗,仕上げ面粗さおよび面の残留応力が問題となる.平削り,形削りおよび旋削において切れ刃が直角方向に垂直な場合を 2 次元切削といい,図 2.1 はこれにあたる.実際の断続加工では,このように連続的に切屑は流出しないので,2 次元切削とは異なる.以下に,フライスによる切削をモデルにしてミーリング加工について説明する.

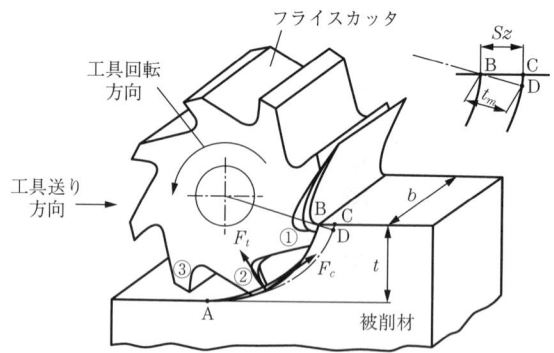

図 2.2 平面フライスによる切削

図 2.2 に示すように，切れ刃①と次の切れ刃②が描く軌跡をそれぞれ AB，AC とすると，切れ刃②が切削する面積は ABC であり，先の 2 次元切削において切込み深さ t が 0 から最大厚さ t_m まで変化するのに相当する．後述するように，この場合はアップカットであるからダウンカットの場合はこの逆となり，最大厚さ t_m から 0 まで変化するのに相当する．ボールエンドミルの場合はさらに複雑で刃先稜線が半球上にあってねじれているために，図 2.3 に示すようなモデル図になり，切屑は図 2.4 のような扇形となる[2),3)]．もちろん，切屑形状はこのねじれ角と切削条件によってかなり変化する．しかし，2 次元切削をイメージすれば，その際の加工条件を修正することで 3 次元切削におおよそ適用できる．

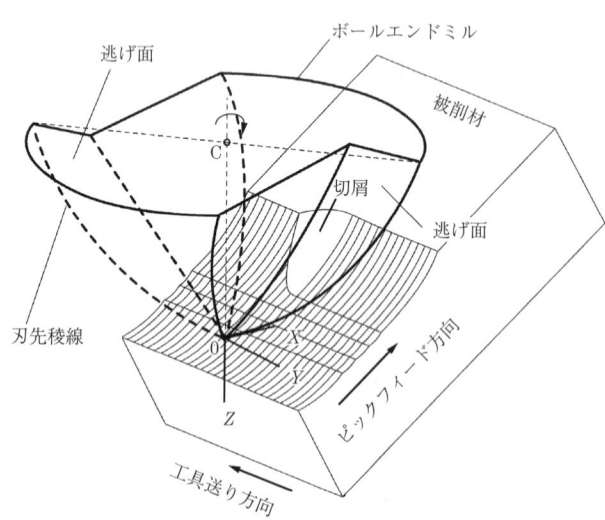

図 2.3 ボールエンドミルによる切削

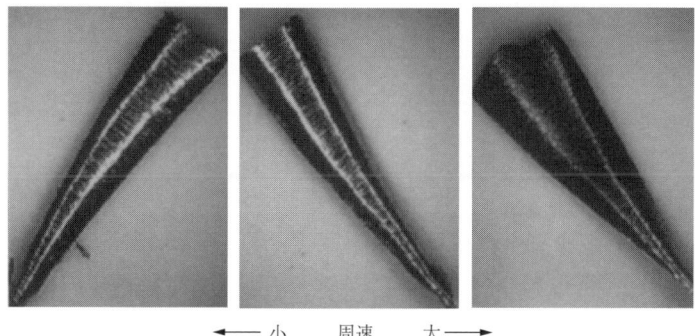

図 2.4 ボールエンドミルで切削した際の切屑外観（高速のほうが切屑の幅が広がっており，これは切屑厚みが薄くなっていることを意味する）

2.2 切削条件の要素

切削条件の設定は，加工システムを構成する要素ごとに行われる．加工形態で要素が異なるものの，共通するものも多い．以下に，主にエンドミル加工において設定される各加工パラメータを挙げる[4]．

（1） 切削速度

断続加工では，実際の工具刃先と被削材間での相対速度となる．これが変われば変形領域での被削材のひずみ速度（ひずみ速度が大きい場合は動的あるいは衝撃負荷に対応）や切削温度（一般には切削速度が速くなればなるほど切削温度が上昇するが，必ずしも温度上昇によって摩耗が促進されるとは限らない）が変わり，切屑生成機構に大きな影響を与える．

切削速度は各要素と密接な関係があるので，それぞれの要素が悪影響を及ぼさない範囲で，できるだけ速くしたほうがよい．図 2.5 に，超硬ボールエンドミルを用いて調質鋼材を切削した際の実切削速度と逃げ面最大摩耗幅の関係を示すが，旋削加工と違って必ずしも直線的な関係にはならず，最適値が存在する[5]．

切削速度 V は，エンドミル加工では周速を意味し，以下に示す式で表される．

$$V = \frac{\pi \cdot D \cdot N}{1000}$$

ここで，D：工具直径（mm），N：1 分間当たりの回転数（$\min^{-1}$）である．通常，V は m/min で表され，工具径は mm で表示されるため，単位を合わせるために 1000 で割っている．前述したように，切削速度（周速）にはある最適値が存在するので，V を一定と考えると径の大きな工具（たとえば，フェイスミル工具）では回転数を抑

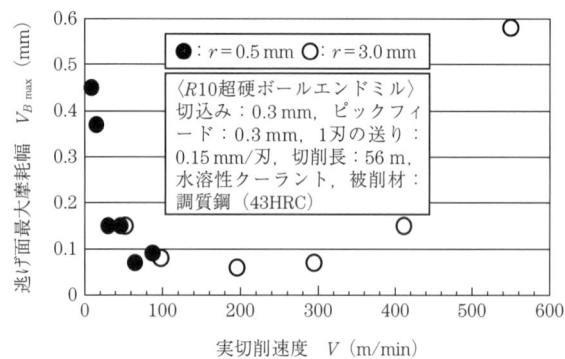

図 2.5 調質鋼の超硬ボールエンドミル加工にみる典型的な実切削速度と逃げ面最大摩耗幅の関係(最適な加工条件が存在し,この場合は 100〜300 m/min の切削速度が良好)

え,逆に小径のエンドミルでは高速回転にしなければならない.

(2) 切込み深さ

切込みを大きく採ると加工効率は上がるが,切削抵抗は上昇するし,工具損傷などを招きやすい.また,びびりが生じやすくなり,加工面のうねりも大きくなるが,これらの悪影響が生じない範囲でできるだけ大きくとったほうがよい.

切込み深さを大きくとると切削抵抗は大きくなる.したがって,工具のたわみも大きくなり,加工精度に悪影響を及ぼすため,この点も考慮する必要がある.

(3) ピックフィード

この値は,ピックフィード方向(工具送りに対して垂直方向)の表面粗さを決定する(図 2.6 参照).振動や構成刃先などの擾乱要因がない場合の幾何学的理論粗さは

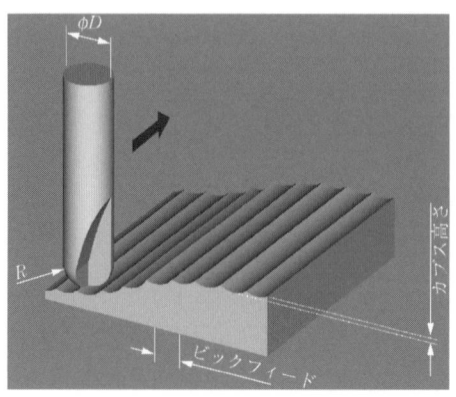

図 2.6 ピックフィードを付与して形状加工したあとは波状になりこれが面粗さを決める

近似的に $Pf^2/8R$（Pf：ピックフィード，R：工具半径）で与えられ[6]，同じ加工条件ならば工具半径が大きいほど，ピックフィードが小さいほど粗さが小さくなる．しかし，最終仕上げ半径が決まっている形状では，それより半径が大きな工具を使用することはできない．また，ピックフィードを小さくすれば，それだけ加工時間は増大することになる．両者の兼ね合いで最適値が決定される．とくに高速ミーリングでは，回転数を上げて高送りすることで加工時間の短縮が実現される．

(4) 1刃の送り

1刃の送りは，工具送り方向の表面粗さを決定する．工具半径に比べて送りを小さくとっていた従来のミーリング加工では，この粗さはそれほど大きくなかったが，最近では切込みを小さくして高送りで切削するようになってきた．

図2.7に，ピックフィードと1刃の送りをほぼ同等の値で切削した場合の表面性状を示す[7]．いずれの方向も同じ粗さで仕上げ加工できるようになってきた．できるだけ大きな値をとったほうが工具摩耗を抑制することができるが，大きくとりすぎると切削抵抗が増大して，小径の工具では容易に欠損するようになる．

図2.7　ピックフィードと工具送りを同じにすると切削後の面粗さに方向性が生じない

1刃の送り f（mm/刃）は，以下の式より求められる．

$$F = f \cdot Z \cdot N$$

ここで，F：各工具メーカーより推奨される送り速度（mm/min），Z：刃数，N：1分間当たりの工具回転数（min^{-1}）を示す．工具メーカーの推奨条件は広範であるため，その値を中心にして切削実験を行って決定するとより精度の高いデータになる．

(5) 切削方向

加工物への刃先の切込みが小さいほうからしだいに厚くなる切削をアップカット，この逆をダウンカットという（図2.8参照）．両者の切削は，切削抵抗のかかり方や加工面への影響が大きく異なる．一般には，加工面精度が要求される場合はアップ

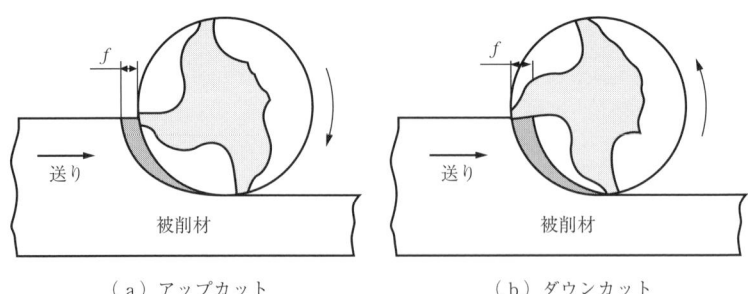

（a）アップカット　　　　　　　　　（b）ダウンカット

図 2.8 アップカットとダウンカット

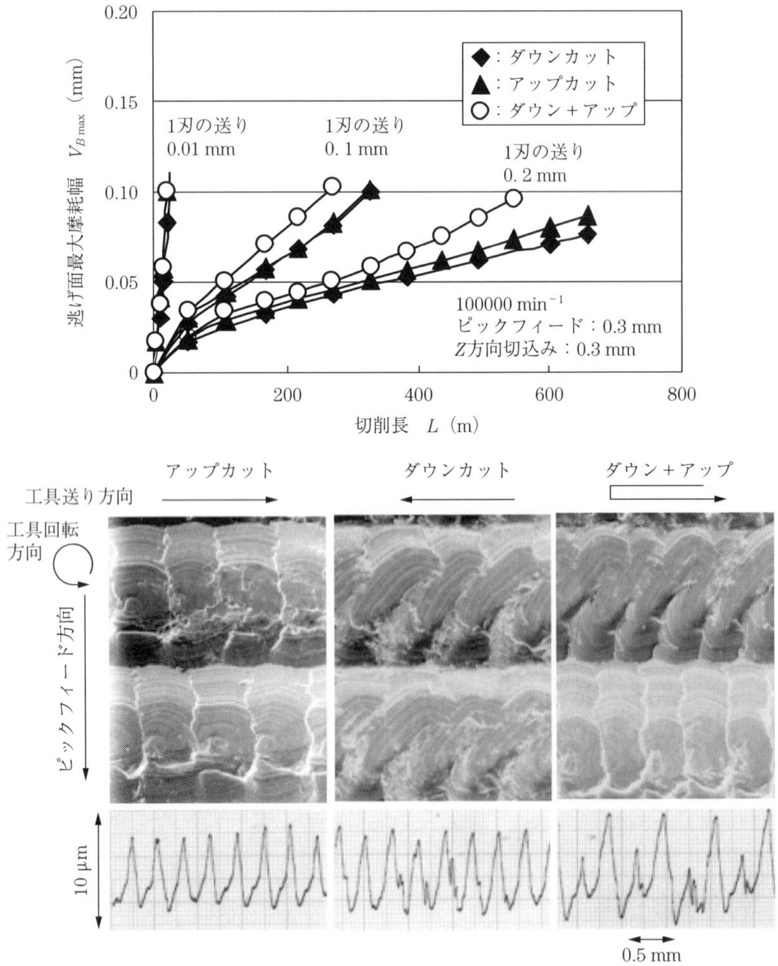

図 2.9 ボールエンドミルで調質鋼を切削した際の切削方向による工具寿命および切削面性状，表面粗さの違い（アップカットのほうが表面粗さは良好）

カットで，除去量の多い加工ではダウンカットのほうが有利である．

図2.9に，加工方向が工具摩耗に及ぼす影響と加工面性状を示す[8]．この条件では，ダウンカットのほうが摩耗は少なく，アップカットのほうが面性状は良好であることがわかる．しかし，どちらか一方向を選択して切削した場合は，つぎの加工位置に移動するため，実際に切削しないエアカットの時間が極端に長くなるので加工効率は落ちる．アップとダウンの併用による往復加工でも，面粗さがそれほど悪くならない場合は両者の併用に問題はない．

(6) 切削油剤

切削油剤の効果は，切屑清掃，高温になった刃先近傍の冷却，刃先近傍・被削材間の潤滑が考えられ，旋削のような連続加工とミーリングのような断続加工では明らかに異なる．旋削加工では切削点をねらって，切削点近傍に切削油剤を供給することが可能であるが，ミーリングでは切削点が回転しているために不可能である．最近では，切屑清掃が主目的で切削油剤を使用する場合が多い．また，ミストあるいはMQL（minimum quantity lubricating）などのように少量の切削油剤を使用する場合が多い[9]．とくに高速ミーリングでは，乾式切削が有効であり，小径工具ではMQLも実際に活用され，最近，とくにいわれている環境問題対策にも有効である[10]．

切削条件は，切削熱，切削抵抗，表面粗さ，寸法精度，工具寿命・損傷などに大きな影響を与えるので，最適な条件を見い出すことが重要である．切削する場合の各要素が変化した場合は，これに応じて切削実験をしなければ最適化は難しい．たとえば，同じ会社が同じ型番で市販している工具を用いて切削した場合，3年も経てば工具素材が変わって最適な加工条件も変化する．加工法もまた同様である．

2.3 何がトラブルを引き起こすのか

2.3.1 工具損傷

トラブルの大きな要因の一つに工具損傷が挙げられ，損傷は摩耗と破損に大別できる．工具の究極の姿は，どのような被削材をどのような切削条件で削っても工具刃先の形状が変化せず，切削抵抗や切削温度が変化しないことであろう．しかし，実際の切削では，切削時間の経過にともない工具刃先の形状は変化し，切削中の応力，温度も耐えず変化して一定形状を保つことはない．摩耗も破損もしない工具がつくれることができれば，これらの問題は一挙に解決されるが，それは現状では不可能であろう．

工具の摩耗機構は，工具と被削材間の圧力や熱による凝着や拡散摩耗と，被削材中の硬粒子による引っかきによる摩耗とに大別される[11]．また，凝着摩耗とアブレッシブ摩耗がとくに切削加工には関係が深いので，ここで定義しておこう．

凝着摩耗は，二固体の界面に形成される真実接合部が，せん断により破断することによる摩耗である[12]．

アブレッシブ摩耗は，摩擦する二面の硬さの差が大きく，硬いほうの表面に粗い突起が存在する場合，あるいは摩擦面間に硬い固形異物が介在した場合に，硬い突起や異物による表面の削り取りにより生じる摩耗である[13]．この摩耗形態の典型的な例が材料の摩擦面間に砥石や砥粒を介在させた場合で，abrasive の和訳はそのものずばり研磨剤である．

これらのことを踏まえて，実際の工具摩耗形態の分類例をみると図2.10のようになる[14]．この図は主に旋削バイトに現れる摩耗形態を示しているが，ミーリングにも多くの同様の形態が現れるので一通り説明する．

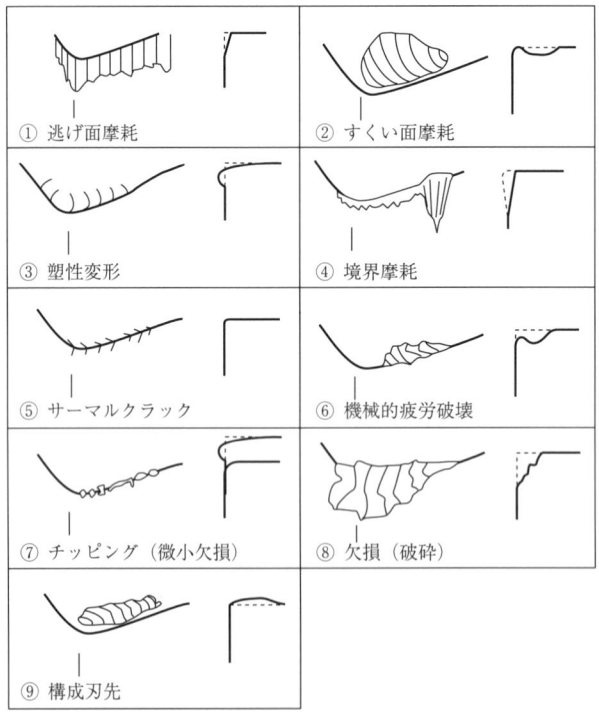

図2.10 2次元切削（旋削）における工具摩耗形態の分類

①の逃げ面摩耗は，工具切れ刃逃げ面が摩耗するもので，非常に典型的な摩耗形態であり，主にアブレッシブ摩耗が原因である．定常摩耗であり，もっとも安定した切削をしていることになる．図2.11に，ボールエンドミルにみられる定常摩耗を示す．この図のように，写真などから実測して摩耗を計測するのが一般的である．

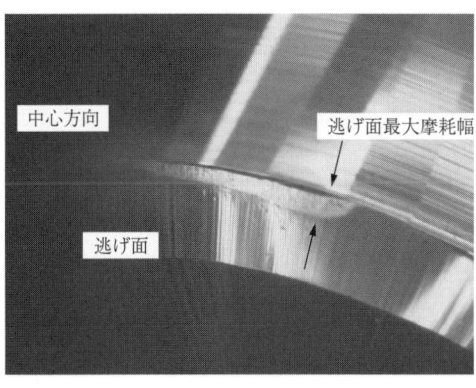

図 2.11 超硬ボールエンドミルにみる典型的なアブレッシブ摩耗

②のすくい面摩耗は，アブレッシブ摩耗と拡散摩耗が主原因であり，切屑の衝突による研削作用，あるいは切屑の高熱による工具・切屑間での拡散によるもので，これにより，高温硬度，親和力の低下をもたらす．過度のすくい面摩耗は切れ刃形状を変え，切屑生成，切削力の悪化につながり，さらに刃先強度を低下させる．この種の摩耗は旋削チップでみられ，ボールエンドミルのような断続加工では，切屑が常に分断されているために顕著にはみられないものの，逃げ面摩耗とすくい面摩耗が連続して観察され，刃先稜線は明らかに後退する（図 2.12 参照）．

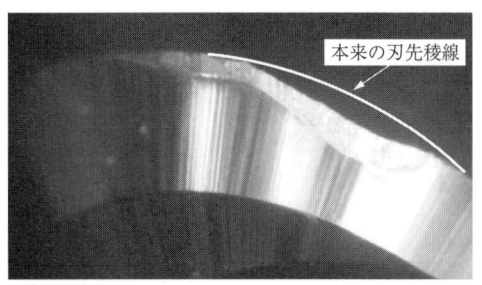

図 2.12 超硬ボールエンドミルにみる摩耗（逃げ面摩耗とすくい面摩耗が同時に起こり，本来，円形である刃先形状がくずれている）

③の塑性変形は，切れ刃稜線が高温・高圧により軟化，硬さが低下して工具・被削材間の硬度差が少なくなった場合に切削能力が低下し，破損または溶融することによって生じる．典型的な刃先エッジの膨れは，高温化，形状変化，切屑流れを変化させ，最終的には破損する．ランドをつけるなどの刃先形状創製が影響する．

④の境界摩耗は，工具が高温で空気に触れやすい工具・被削材の境界に生じるもので，酸化による摩耗が主原因である．したがって，空気に触れなければ摩耗は抑制で

 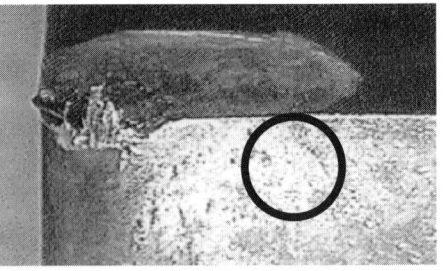

図 2.13 境界摩耗が高圧クーラントの使用によりなくなった事例

きる．図2.13に，典型的な境界摩耗と高圧クーラントの供給によりこれを減少させた例を示す[15]．

加熱・冷却の繰り返しによる疲労破壊が⑤のサーマルクラック，機械的な衝撃の繰り返しによる疲労破壊が⑥の機械的疲労破壊である．前者は熱伝導率が小さく放熱効果の低い工具に発生しやすく，刃先に対して垂直方向に発生する．刃先からの工具の硬粒子の脱落により刃先の破壊が急激に進行する．水溶性切削油剤を用いた断続加工では，加熱・冷却の温度差はさらに大きくなるために，熱亀裂が助長される．図2.14に，水溶性クーラントを用いて高含有率cBN工具で鋼材を切削した際の典型的な熱衝撃による破壊を示す．機械的疲労破壊では，繰り返しの衝撃によって欠損する場合と，一発の衝撃力によって欠損する場合とがある[16]．

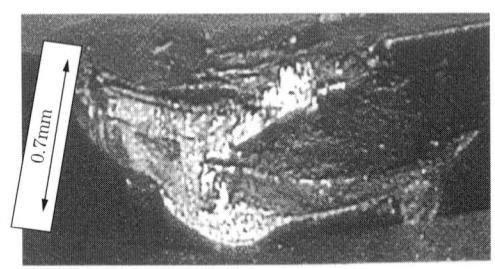

図 2.14 水溶性クーラントの供給による熱衝撃によって起こった典型的な cBN 工具の破壊

⑦のチッピング（微小欠損）は，摩耗よりも速く刃先が小さく欠損する場合を指し，繰り返し応力によって発生し，工具硬粒子が工具表面から脱落している．

⑧の欠損（破砕）は，切れ刃の終局であり，このような有害な事態は，極力避けなければならない．種々の摩耗の最終的な総和として刃先欠損は生じ，切れ刃形状の変化，刃先強度の低下，温度と切削抵抗の上昇をもたらし，すくい面側の欠損も助長する．

⑨の構成刃先は，被削材の一部が変質物となって工具刃先に圧着されたもので，発生，成長，分裂，脱落の過程を繰り返す．刃先稜線の保護，切削抵抗の減少の利点もあるが，刃こぼれの発生，切削抵抗の変動による振動の発生，脱落片による摩耗促進，加工面粗さの悪化，変質層の増大などの弊害もある．切削速度を上昇させることによって問題解決できる[17]．

2.3.2 切削抵抗

切削する際に工具刃先に作用する力が切削抵抗である．切削抵抗が大きくなれば工具が破損するなどのトラブルが発生する．図2.15に，フライス加工を例に各方向に作用する分力を示す[18]．ボールエンドミルの場合もこれと同様に考えてよい．3方向の分力は，接線力 P_T，法線力 P_N，軸方向分力 P_Z であり，接線力は，所要動力，工具のねじれ，法線力は，送り動力，工具の曲げ，工作物の保持，軸方向分力は工具保持に対して影響を及ぼす．切削抵抗に影響を及ぼす各因子は，切削速度，切込み，工具形状・材質，被削材などである[19]．エンドミルなどの断続における切削抵抗の特徴は以下のとおりである[20]．

① 断続加工なので切削抵抗が変動する．
② 回転工具なので切削抵抗の方向が変わる．
③ 多刃の場合は同時に複数刃を使用することがあり，切削抵抗が重畳される．
④ 上向き削りと下向き削りでは切削抵抗の変動パターンが反対になる．

切削中にこれらの切削抵抗分力を測定するには，切削動力計を用いて測定する．切削動力計は，ひずみゲージを用いて測定するものと，圧電素子を用いて測定するものとに大別できる[21]．

図2.16に，ボールエンドミルで切削したときの切削抵抗と切削速度の関係を示

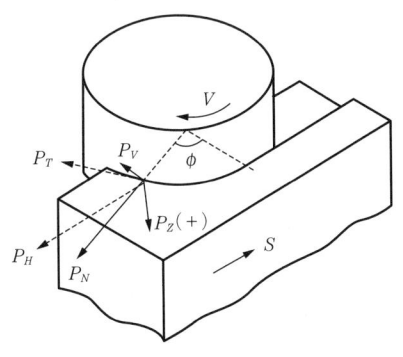

図2.15　フライス加工の分力

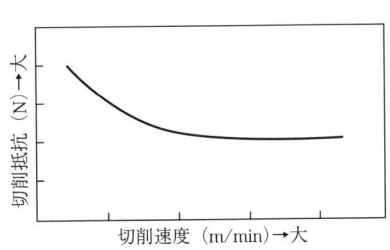

図2.16　ボールエンドミル加工での切削速度と切削抵抗の関係

す[22]．高速になるほど切削抵抗が低下する．図2.4で，切屑厚みの変化について述べたが，高速になるほど切屑厚みは薄くなる．これは，せん断角が大きくなることを意味し，その結果として切削抵抗が減少する．また，低速の場合は，高速の場合と摩耗形態が異なり圧力凝着による欠けなどが多くみられ，これも切削抵抗を増加させる一因であろう．

一方，連続加工である旋削の場合は，熱的な要因により高速側での切削抵抗の低下を説明しているのが一般的である．

2.3.3 切削温度

切削温度は，一般には切屑-工具接触面温度をいう．この接触面の温度上昇をもたらすものには以下の三つの熱源が考えられる（図2.17参照）[23]．

① 切屑をせん断するエネルギー
② 切屑が工具と接触することによる摩擦エネルギー
③ 工具逃げ面と被削材の摩擦エネルギー

図2.17は，2次元切削モデルなので，実際のボールエンドミル加工とは若干異なる．とくに異なるのは，切屑が工具と接触することによる摩擦エネルギーであり，旋削のような連続加工では，この摩擦が原因でクレータ摩耗が起こる．しかし，ボールエンドミル加工では，切屑は回転ごとに刃数分だけ分断され，切屑が接触する箇所も連続的に変化するし，断続であるため空転することによる冷却過程が存在する．そのため，ある程度高速で回転するエンドミル加工では，このエネルギーは温度上昇にはほとんど寄与しないと考えて問題ない．また，工具逃げ面と被削材の摩擦も，ボールエンドミルの刃先稜線は常に回転しているために，図のように接触するのはほんの一瞬であり，前述と同様に，このエネルギーも温度上昇にはほとんど寄与しない．コーテッド超硬ボールエンドミルで鋼材を切削した際に，真赤な切屑が飛んでくるにもか

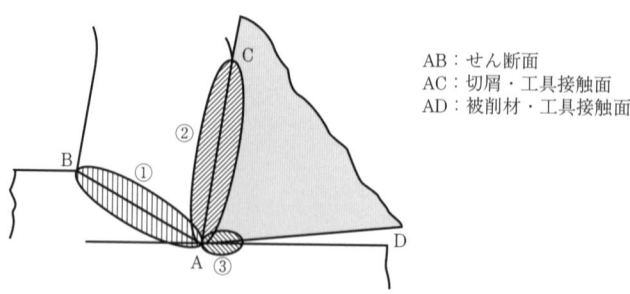

図2.17　切屑・工具接触面温度の上昇をもたらす三つの熱源
（切屑がせん断される①の箇所が最大の熱源）

かわらず，数十分切削後，工具先端も被削材も切削直後に手で触れることができる．常温のままであるということは，この事実からも容易に理解できる．切屑が積もることによる切屑からの被削材への熱伝達による被削材の温度上昇は考えられるが，切屑が微小であるために飛散しているうちに冷却してしまい，結局被削材も常温のままに留まる．

しかし，この現象はすべてに通用するわけではない．被削材と工具の熱的特性，被削材の変形抵抗（被削性），ならびに切削条件で温度は容易に変化する．

なお，切削温度の測定方法としては，熱電対法とふく射温度計による方法が一般的であるが，旋削加工と異なり断続加工であるエンドミル加工，さらに高速ミーリング加工では切削温度の正確な測定は難しい．

2.3.4 振動とその抑制法

前述したように，除去加工の棲み分けとして，深物の加工や高硬度材の加工は切削では難しい．しかし，最近では主に放電加工で行われていたこれらの加工も切削でトライしはじめている．また，高速ミーリングでは，小径ボールエンドミルを用いて適切な切削速度範囲内で，より高速回転と高速送りの切削条件を選択するため，L（工具長）$/D$（工具径）の大きなボールエンドミルへの需要が高まる傾向にある[24]．しかし，L/Dを大きくし，小径にすれば，当然，振動（びびり）の問題を避けて通れない．

このびびりが原因になる振動には，強制振動と自励振動があり，前者は切削機構，機械などの振動の変位による切込み量の変化に，後者は固有振動数に起因している[25]．後者の固有振動の例を図2.18に示す[26]．このような固有振動数の高い領域を

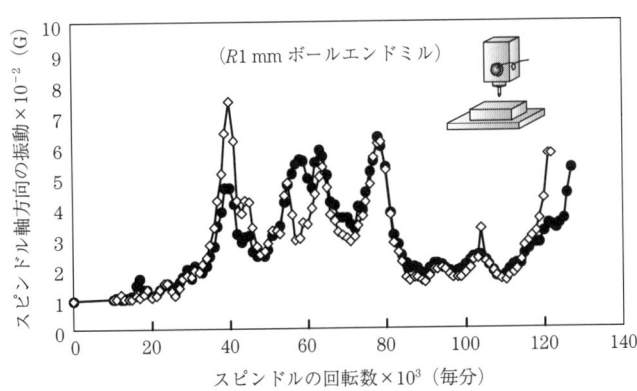

図2.18 主軸回転数と主軸ハウジング部の振動例（機械の振動数が小さいほうが精度よく加工できる．これに機械を駆動した際の振動，切削方向の違いによる振動などがプラスされる．この場合は10万回転近傍が最適値になる）

避けないと小径の工具では欠損しやすくなる．突出しの長い工具の振動を抑えるためには，工具あるいはホルダでは，突出しをできるだけ短くし，剛性を高めて，強くチャックするなどの対策が一般にとられるが，小径でL/Dの大きな工具が前提となる加工では，適切なほかの方法が望まれる．最近では，前述した問題の解決法として，焼きばめホルダが開発され，効果を上げている[27]．

ここでは，主に高速ミーリングにおけるツーリングの振れが工具摩耗などの切削性能に及ぼす影響について，通常のコレットホルダとボールエンドミル工具，振れ精度を考慮したホルダとボールエンドミル工具を組み合わせて振れが切削に及ぼす影響について比較した結果を紹介する．つぎに，小径で長尺なボールエンドミル加工（コーテッド超硬）での防振を目的に，2箇所で工具シャンク部を保持するホルダの切削特性について紹介する．

（1） 工具振れを抑えたツーリングシステム[28]

表2.1に，振れ精度と工具摩耗の関係を調査するために用いた2種類のコレットとホルダ，工具の仕様を示す．また図2.19に，それらの外観写真を示す．同図（2）

表2.1 コレットホルダと工具の仕様

コレットホルダ		
ホルダ型式 コレット型式	BT-40DT7-75 D7-6T	(株)MSTコーポレーション
ボールエンドミル		
型　　式 工具半径　(mm) 刃　　長　(mm) シャンク径 (mm) コーティング	BEX2060 3 12 6 無し	日立ツール(株)

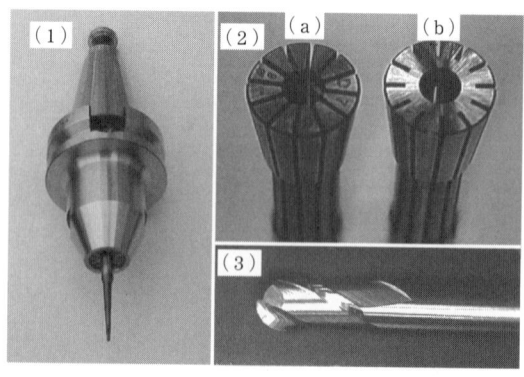

図2.19　ホルダ（1），コレット（2），ボールエンドミル（3）の外観

に示したコレットの一つ（b）は，すり割りを途中で止めている．これにより，通常のコレット（a）に比べて，コレット自体の変形が抑えられ，製作時の加工精度が維持できる．

また，コレットの締め付け時のねじれが生じにくいため，工具取り付け時の振れの発生を抑制することができる．ただし，コレットの弾性変形量が制限されるため工具およびホルダとの勘合精度を上げなければならない．

ここで用いたホルダは，コレットの締め付け方法としてプルボルト側からコレットを引っ張り上げる構造を採用しており，締め付け時にコレットをねじらずに締め付けられる利点をもつ．ホルダ製作においてもテーパ部以外もすべて研削仕上げし，ホルダ自体の振れ精度も高めている．使用した工具の外観を同図（3）に示す．とくに2刃の振れを2μm以内に抑えて，高精度に製作したものを用いた．

このような工具とホルダの組み合わせによる振れ精度を最大限に高めたツーリングと通常のツーリングを用いて，**表2.2**の実験条件で工具振れと工具摩耗の関係について検討した．

表2.2 工具振れに関する実験条件

加工機	
マシニングセンタ	FX-5（松浦機械製作所） 最高主軸回転数：30000 min^{-1} 最高送り速度：15 m/min
切削条件	
加工方法	一方向平面切削（ダウンカット）
被削材傾斜角　　（°）	0	30
回転数　　（毎分）	21000	15000
軸方向切込み　　（mm）	0.3
ピックフィード量　（mm）	0.3
1刃の送り　　（mm/刃）	0.15
被削材	SKD61（160×150 mm）48HRC

（2） 防振ホルダの効果[29]

長尺小径工具の適用にあたって，加工時に生じるびびりへの対処法の一つとして，**図2.20**に示すような外観と断面構造を有する各種防振ホルダの効果について述べる．

従来のホルダは，コレット部のみで工具を保持しているのに対し，防振ホルダは，コレット端部よりさらに外部にOリング，あるいは4分割したコマを設け，これをねじ締めして把握力を生じさせている．したがって，工具にかかる曲げモーメントを小さくすることができ，かつ振れ回りを微妙に調整することが可能になり，これによ

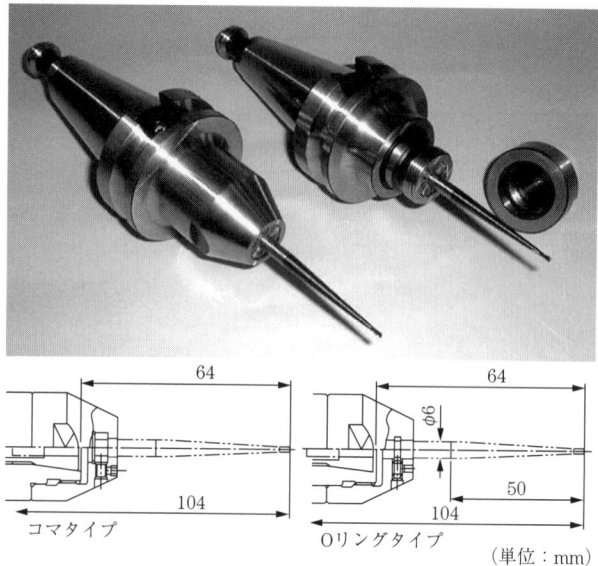

図 2.20　試作した防振ホルダの外観と構造
（MST コーポレーション）

表 2.3　防振ホルダの効果に関する実験条件

加 工 機	
マシニングセンタ	FX-5（松浦機械製作所） 最高主軸回転数：30000 min^{-1} 最高送り速度：15 m/min
切 削 条 件	
加工方法	一方向平面切削（ダウンカット）
被削材傾斜角　　（°）	45
回 転 数　　（min^{-1}）	28000
軸方向切込み　　（mm）	0.2
ピックフィード量　（mm）	0.2
一刃の送り　（mm/刃）	0.05〜0.15
ボールエンドミル工具	
型　式 工具半径 工具長（刃長） コーティング	長尺テーパボールエンドミル BRM20, $R1 \times 3 \times 104$ mm 1 mm 104（3）mm (TiAl)N コーティング
被 削 材	SKD61（160×150 mm）48HRC

るびびり抑制の効果が期待できる．表2.3に，各防振ホルダとこれを用いた際の切削条件などを示す．ホルダはコレットチャックのみ，コマが形状記憶合金①，②，ステンレス①，②，鋳鉄①，ゴム製Oリングの7種類を使用した．①と②の違いはコマの形状が異なり，①はシャンク部にべた当たりしているのに対して，②は部分当たりしている．

（3）工具振れ精度と工具摩耗および加工精度の関係

機上で測定した工具先端の静的振れは，汎用ツーリングで30 μm前後であったのに対し，振れ精度を改善したツーリングでは2～4 μmであった．

これらと超硬ボールエンドミルを用いて金型用鋼材の高速ミーリングにおける工具摩耗の進行を調べた結果を図2.21に示す．

被削材を30°傾けて工具の外周刃を用いた場合と，平面切削による工具中心付近の切れ刃を用いた場合のいずれにおいても，工具摩耗に大差はなく，工具振れが工具摩耗に及ぼす影響は少なかった．工具摩耗は実切削速度と真実切削距離に依存し，切込みには基本的に影響されない．工具の振れ，すなわち2刃のばらつきによって2刃の切込み量の相違を生じることになるが，この切込みの違いには工具摩耗はさほど影響されない．2刃のばらつきは切削初期の摩耗によって均一化され，その後の摩耗量のばらつきは，ほぼなくなる．

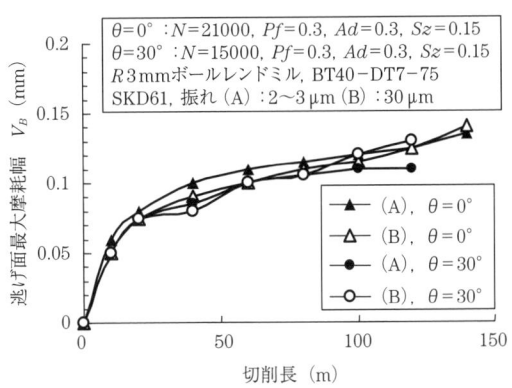

図2.21 振れの相違が工具摩耗に及ぼす影響

また，中心付近の切れ刃を用いることになる平面切削では，工具外周で測定した振れ量よりも小さな値となり，さらに使用した工具の中心刃におけるチゼルの幅（約0.2 mm）に対してその振れ量は1桁ほど小さい．したがって，図2.22に示す平面切削実験後の工具摩耗のようすからもわかるように，工具の中心点と実際の回転中心との誤差は振れが大きいものでもわずかであり，摩耗特性にはあまり影響しない．ただ

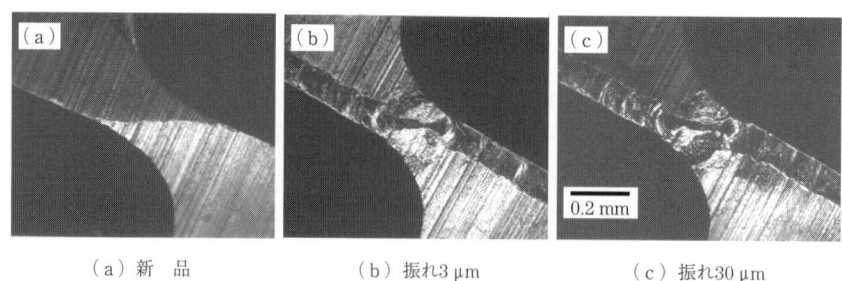

(a) 新品　　　　　　　(b) 振れ3 μm　　　　　(c) 振れ30 μm

図 2.22　振れの異なるツーリングを用いた場合の工具摩耗のようす

し，小径工具では，振れが大きいと即折損する場合がでてくる．

つぎに，工具振れ量の異なるボールエンドミル工具を用いて，工具振れが加工精度に及ぼす影響を，半円筒形状の切削後の真円度測定から比較・検討した結果を**図 2.23**に示す．工具振れが大きいほうが，加工形状の直径が小さく，また加工誤差が大きくなっている．工具切れ刃の回転半径は工具振れにより増減し，工具半径に対して誤差を生じる．2刃の工具の場合，一方の切れ刃の回転半径は最大で振れ量の1/2だけ大きくなり，見かけ上，工具径が増大したことになる．逆に，他方の切れ刃は，工具径が減少したことになる．とくに1刃送りが小さい切削条件では，工具振れにともない回転半径の増大した切れ刃によって加工されることになり，その結果余分に削り込んでしまうことになる．ボールエンドミル工具では，工具振れによる切れ刃回転半径に

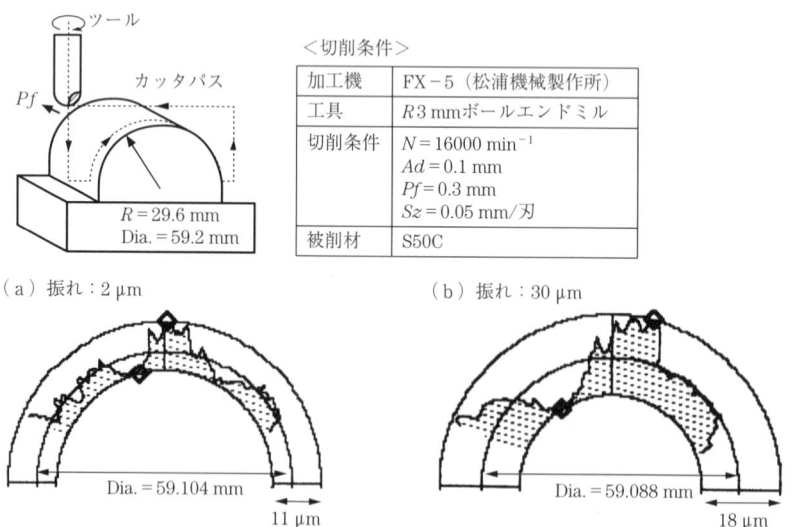

図 2.23　円筒形状を加工した際の工具の振れが形状精度に及ぼす影響

生じる誤差の影響は工具中心付近で少なく外周ほど大きくなるために，円筒形状の両側面で削り込みが生じ，円筒の直径が小さくなる．

（4） 防振ホルダの効果

図2.24に，従来ホルダと防振ホルダ（形状記憶合金コマ，Oリング使用）を用いて約10 m切削したあとの切削面性状，粗さ形状プロファイルおよび工具の外観をそれぞれ示す．

各種工具の振れは従来ホルダで20 μm前後，防振ホルダで約2 μmであった．防振ホルダの場合，前述したように，ねじ締めによってコマを調節することにより，工具の振れを微調整できるため，静的振れを小さくすることができる．

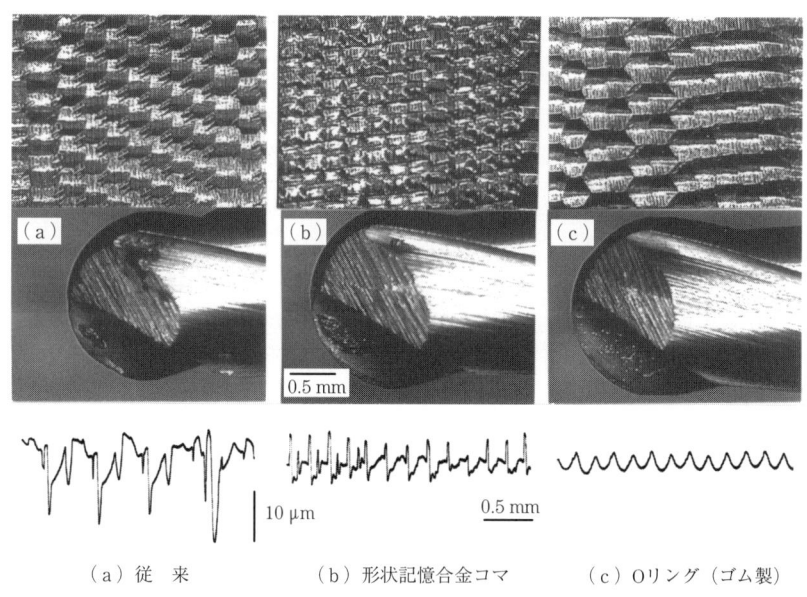

（a）従　来　　　（b）形状記憶合金コマ　　　（c）Oリング（ゴム製）

図 2.24　従来ホルダと防振ホルダによる切削面性状の相違

切削面の表面粗さは，従来ホルダに比べて防振ホルダのほうが小さく，防振ホルダではゴム製のOリングを用いたほうが良好な切削面性状を示した．振れがほぼ同一な防振ホルダでも切削面が異なり，振れ以外にもコマの違いによる切削面への効果が明らかにあることがわかる．また，従来ホルダ使用の工具ではチッピングが観察され，防振ホルダを用いた工具では正常摩耗を示した．

表 2.4に，使用した各ホルダの定性的な評価を示す．従来ホルダより防振ホルダの方が良好な切削面が得られた．また，防振ホルダのなかでも，Oリングを用いたものが最良であった．防振ホルダを用いれば，振れの微調整ができ，かつOリングのよ

表2.4 防振ホルダの性能評価

ホルダの種類	振れ	切削面
従来ホルダ	△	△
形状記憶合金製4分割コマ①，②使用	○	○
ステンレス鋼製4分割コマ①，②使用	○	○
鋳鉄製4分割コマ使用	○	○
Oリング製（ゴム）使用	○	◎

△：普通，○：良好，◎：非常に良好

うな弾性体による吸振などの相乗効果により，従来のホルダでは得ることができない良好な切削面が得られる．

振動とその抑制例についてまとめると，以下のとおりである．

① 一般に，工具の振れが大きいと工具の摩耗が大きくなるといわれているが，振れと摩耗に相関はみられない．ただし，工具摩耗が正常な摩耗状態を示す場合であって，チッピングなどの工具損傷を生じるほどの振れや切削条件ではその限りでない．

② 工具振れが加工形状精度に及ぼす影響は，振れによる工具切れ刃の実回転半径が増大することによって，削り込み過ぎによる加工誤差が生じる．

③ コレットホルダのコレット端部よりさらに工具先端方向で工具を保持する構造の防振ホルダは，従来ホルダに比べて良好な切削面が得られた．なかでもゴム製Oリングを用いたものが最良であった．

④ 試作した防振ホルダは機上で工具振れの微調整が可能であり，工具振れを小さくしたことと防振の相乗効果によって，さらに良好な切削面が得られる．

2.3.5 切削油剤の役割

切削油剤は，切削の際に工具と被削材の接触部に注ぎ，それぞれの冷却，切屑の排出や，工具寿命，仕上げ面粗さの改善のために用いられる潤滑油である[30]．以下に，具体的に高速ミーリングとの関連も踏まえて，クーラント供給の効果について述べる．

(1) クーラント供給の効果

(a) 工具切削点の冷却

通常，工具寿命は摩耗で評価され，工具摩耗の進行は主として切削点の温度と工具面圧縮に支配されることが一般に知られている．したがって，工具刃先がクーラント供給によって効果的に冷却されれば，摩耗や溶着の進行を抑制できることは容易に想像できる．しかし，旋削加工と異なりボールエンドミルのような断続加工では，切削点近傍に定常的にクーラントを供給することは難しい．

2.3 何がトラブルを引き起こすのか

(b) 工具,切削材接着面の潤滑

切削中の工具近傍には,せん断仕事と工具－被削材もしくは切屑間の摩擦熱によって熱が発生する.切削熱を低減するためには,冷却だけでなく摩擦熱の発生を抑えることも重要で,潤滑成分により摩擦が低減される.また,むしれなどの対策にも有効である.しかし,浅切込みの高速ミーリングで潤滑成分による工具のすべりが問題になることもある.

(c) 切屑の排出,除去

切削で生じた切屑が工具へ噛み込まれたり,巻き付いたりした場合,製品の損傷や工具の破損を招きやすい.こうしたトラブルを回避するために切屑をすみやかに切削点近傍から除去する役割を果たす.ボールエンドミル加工ではこれが主目的である.しかし,高速ミーリングでは,切屑が小さいためにエアブローあるいはドライでも十分加工が可能であるといわれている.

いずれにせよ,これらの複合的な効果として工具寿命の延長,切削抵抗の減少,仕上げ面精度の向上などの効果が期待されている[31].

しかし,どのような切削加工を行うかによっては,切削油剤の供給が有用な場合もあるが,必ずしもそうでない場合もある.高圧クーラントの供給が流行したときがあり,筆者らも高圧クーラントの効果について調査した.そのとき得られた結果を端的にいえば,旋削加工には有用であり,エンドミル加工には思ったほどの効果が得られなかった.その際に得られた留意点としては,

① できる限り切削点近傍に供給すること,
② 適切な圧力(流量・流速)を与えること,
③ とくに高速回転ではクーラントの流路を顧慮した工具設計あるいはツーリングシステムが必要である,

などが挙げられ,どれも当り前のことである.

一方,その設備や廃液処理によるコスト増と環境問題への対策などの課題もあり,本当に有用である場合以外は使用の有無を再考しなければならない時期にきている.製造業の生産現場を見学させてもらうと,ときどき,どうしてこのようにたくさんのクーラント(あるいはオイル)を使用しているのか,というような現場がある.生産に追われて,なかなか検証できない場合もあるようだが,現状の製品が不良品でなければよいというものでもないのではないか.加工の最適化を常に考えておかなければ,なにも日本でつくら(削ら)なくても,となってしまいそうである.

最近の高速ミーリングのように,比較的小径なボールエンドミル工具を高速回転,浅切込み,高速送りの切削条件によって,軽負荷かつ高切削速度の条件下で行う加工法では,切削油剤の効果があるのかどうかは検証しなければならない要素技術の一つ

である.

　高速ミーリングにおける切削熱は高く,それが工具摩耗へ及ぼす影響は大きいと考えられるから,切削油剤の供給による冷却効果で切削温度を下げることができれば,さらなる高速化,工具の長寿命化が可能となる.しかし,高速回転する工具刃先に的確に切削油剤を供給することは困難で,多量の水溶性クーラントを高圧で供給する場合が多く,いまだにその効果については明確にされていない.前述したように,現状では,切屑処理などの二次的作用を期待しての限定された適用はあるものの,高速ミーリングでは乾式加工が主流となっている.

　ここでは,市販の高速マシニングセンタと筆者らが開発した超高速ミーリング機（HICART とよぶ）[32]を用いて,水溶性クーラントおよびオイルミストを適用し,鋼材を高速ミーリングしたときの切削油剤の効果について乾式切削と比較検討した結果を例に説明する.

(2) 実験装置と方法

　切削実験には,高圧クーラント仕様の市販の高速対応マシニングセンタと,乾式切削を基本に設計開発された HICART を使用した.前者は水溶性クーラントをスピンドルスルーおよび外部に設置したノズルから 5 MPa にて供給できる.また,オイルミストについては,図 2.25 に示すオイルミスト発生装置をスピンドルスルーおよび外部ノズルから供給できるよう改造して用いた.この装置はミスト粒子を超微粒子化することで長い配管経路にも対応できるよう工夫されている[33].さらに,HICART を用いた工具回転数 10 万 min^{-1} の超高速ミーリング条件下における切削油剤の効果については,SMC 製オイルミスト発生装置を用いた.

　切削工具には,図 2.26 に示すコーテッド超硬ボールエンドミル（写真右に示す逃げ面側にオイルホール付き工具,ほかの仕様は同一）を,また被削材には調質鋼材を

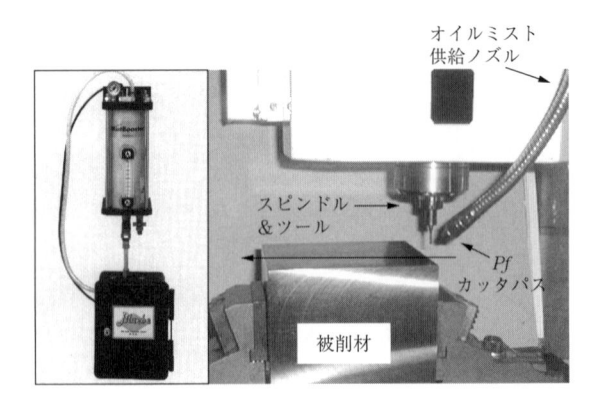

図 2.25 オイルミスト供給装置外観と切削実験

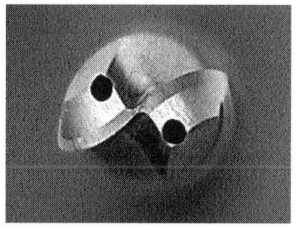

2.3 何がトラブルを引き起こすのか

図 2.26 使用ボールエンドミル（$R\,5$ mm）の外観
（右：オイルミスト供給穴有（$\phi\,1$ mm））

表 2.5 加工機の仕様と切削条件

加工機	FX-5 $N_{\max}=30000$ min^{-1} $F_{\max}=15$ m/min 5 MPa high pressure coolant		HICART $N_{\max}=120000$ min^{-1} $F_{\max}=100$ m/min
切削油剤	水溶性クーラント：JIS W3（#830）［ユシロ化学］ オイルミスト：ミストブースターLB-1［ブルーベ］ 空気圧　0.4 MPa		オイルミスト供給装置： LMUC-1　［SMC］ 空気圧　0.15 MPa JIS2-3（#414）［モービル］
回転数	N	28000 min^{-1}	100000 min^{-1}
切込み	Ad	0.3, 0.5 mm	
ピックフィード	Pf	0.3 mm	
1刃の送り	Sz	0.002, 0.01, 0.10, 0.15 mm/刃	
工具	(Ti, Al) N コーテッド超硬ボールエンドミル, 2枚刃 $R\,0.5$, $R\,5$ mm ソリッド, $R\,5$ mm オイルホール付き ［日立ツール］		
被削材	SKD61（46HRC）, 調質鋼（43HRC）		

用いた．

表 2.5 に，実験装置の仕様と切削条件を示す．切削実験はダウン加工による一方向の平面切削で行った．

（3） 高速ミーリングにおける水溶性クーラントの効果

水溶性クーラントによる湿式切削と，乾式切削における工具寿命曲線および工具摩耗のようすを，それぞれ図 2.27，図 2.28 に示す．水溶性クーラント（旧 JIS W3 種，50 倍希釈液）は，工具外周 4 方向からノズルによって工具刃先をねらって供給した．切削距離は工具の移動距離であり，工具摩耗量は最大逃げ面摩耗幅である．水溶性クーラント供給は，逃げ面摩耗を著しく増大させている．

一般に，断続切削では切削点を冷却するのが難しく，とくに水溶性クーラントの適用はかえって熱衝撃を増大させ，その結果，サーマルクラックによる工具損傷を招き

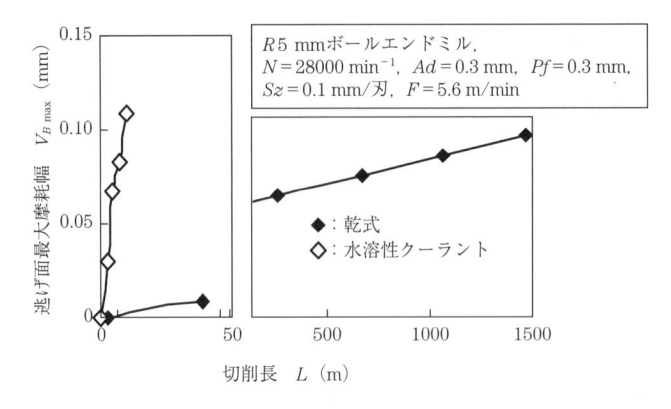

図2.27 乾式切削と湿式切削における工具摩耗比較

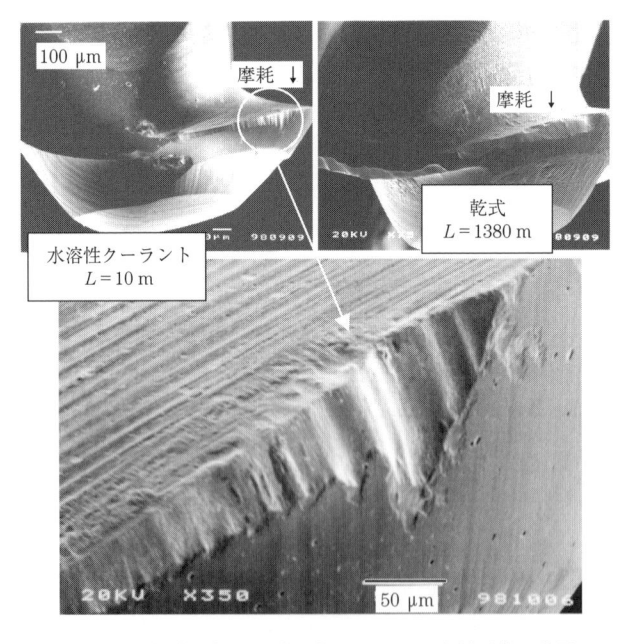

図2.28 乾式切削と湿式切削による工具摩耗形態の差異

やすいといわれており[34]，回転工具ではその供給方法が重要である．高速ミーリングにおいては，高速回転する工具先端にクーラントを供給することは困難であること，切削温度はかなり高く，急激な温度差による熱衝撃が増大することなどから，その効果を得ることはさらに難しい．湿式加工ではサーマルクラックによる工具損傷を招いて急速に摩耗が進行している．なお，この際の工具切込み最外周の最大真実切削速度は300 m/minである．これに対し，多量のクーラントを供給したり，吐出圧を超高

圧とする[35]などの対策や，スピンドルスルー，ツールスルーなどの供給方式による工夫も旋削加工では効果があるが，断続加工では有効な水溶性クーラントの適用は難しい．

（4） 高速ミーリングにおけるオイルミスト供給の効果

図 2.29 に，工具回転数 28000 min^{-1} の高速ミーリング条件において，オイルミスト（ブルーベ：約 10 cc/h）をツールスルーおよび外部ノズルより供給した際の最大逃げ面摩耗幅と切削面粗さの変化を，乾式切削と比較して示す．また，工具摩耗のようすを図 2.30 に示す．

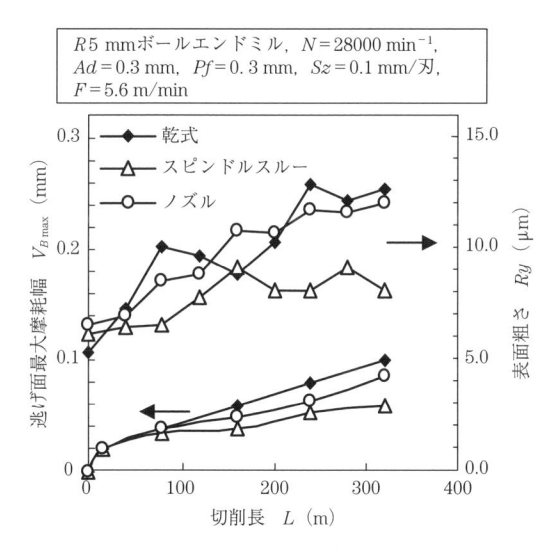

図 2.29 各切削長における逃げ面最大摩耗幅と切削面粗さに及ぼすオイルミスト供給の効果

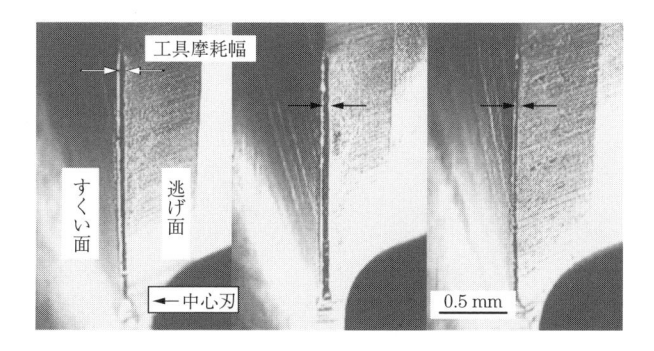

図 2.30 オイルミスト供給の違いによる工具摩耗形態
（左から：乾式，ノズル外部供給，スピンドルスルー供給）

摩耗量，面粗さとも水溶性クーラントのときのような顕著な差異はみられないが，ツールスルーにより工具逃げ面から供給した場合に高い効果が得られる．ただし，ツールスルーによっても切削点への直接給油は困難であるから，被削材表面や空転中の切れ刃に供給された切削油剤が間接的に作用して潤滑効果が得られると考えられる．

オイルミスト吐出位置，量にも影響されるが，オイルミスト供給は，切屑と工具すくい面，逃げ面摩耗部と被削材間の摩擦低減が期待できる．なお，オイルミストの供給量はきわめて少なく，わずかな油量で効果が得られることは実用上有益でかつ環境対策上好ましい．

工具回転数 100000 min^{-1} で，オイルミストの効果を 1 刃送り量をパラメータとして乾式切削と比較した．使用した HICART のスピンドルは，空気静圧軸受を採用し小型化することで高回転数を実現しており，実際には小径工具（R 1.0 mm）が適用されるため，スピンドルスルーあるいはツールスルーでの供給は不可能であるため，

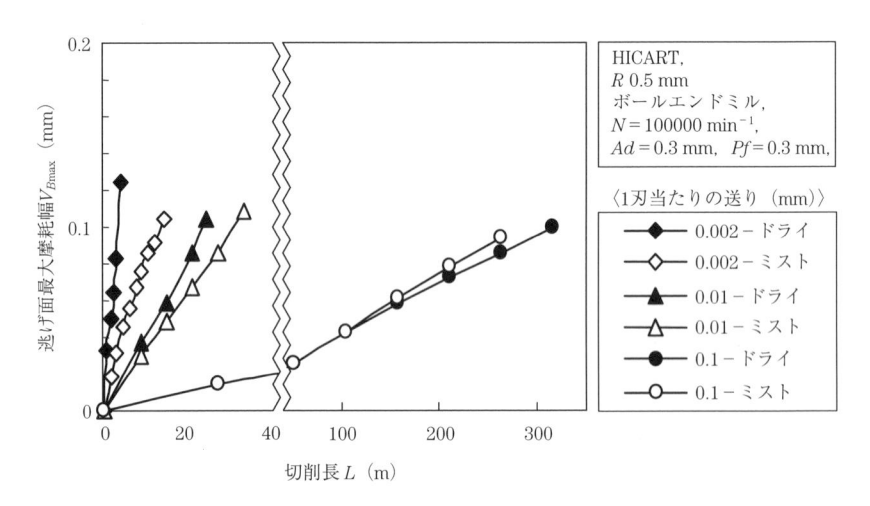

図 2.31　超高速ミーリングにおけるオイルミスト供給の効果

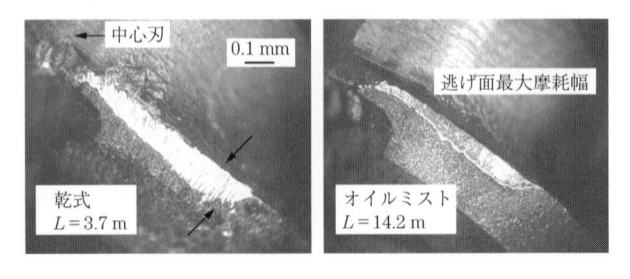

図 2.32　低速送り条件下における乾式とオイルミスト供給による工具摩耗形態の差異

外部供給（JIS 2 種 3 号相当：0.5 cc/min）で切削した.

図 2.31 に，切削距離と逃げ面最大摩耗幅の関係を示す．オイルミストによる工具摩耗抑制の効果は 1 刃当たりの送り量が小さい場合に顕著であり，0.1 mm/刃ではその効果は得られない．しかし，高速ミーリングにおける工具摩耗は逃げ面摩耗が主体であり，切れ刃と被削材との摩擦距離（真実の切削距離）に依存するため[36]，1 刃当たりの送り量が小さい場合，すなわち高速回転，低速送りの条件で短時間に工具摩耗が進行することから，このような低速送り条件下でオイルミスト供給の効果がきわめて大きくなる．図 2.32 に低速送り時の工具摩耗のようすを示す．

（5） 金型実加工におけるオイルミスト供給効果

金型加工のような形状創成加工における工具経路は，複雑な直線や曲線の連続で定義されており，かつ形状に対し正確な軌跡が求められる．同時に加工機は，そのデータに対して忠実で滑らかな動作となるように，たとえば，コーナーなどの急激な方向変化に対して適切な送り速度になるように減速制御される．さらに，高速送りを実現するための往復加工を基本とした工具経路では，往復の方向転換時に送り速度の減速，送り停止，逆方向への加速が必須である．以上のような場合に，一般に主軸回転数は一定であるため 1 刃当たりの送り量は極端に小さな値となり，工具摩耗の進行が促進される．よってオイルミストの効果が期待される．

以下に，往復パスによる単純なだ円穴形状の加工におけるオイルミスト適用の効果について乾式切削と比較した結果を示す．図 2.33 に加工形状と切削条件を，図 2.34 にオイルミスト適用と乾式加工における加工実験後の工具摩耗のようすを示す．この図から，オイルミスト潤滑の効果がきわめて大きいことが確認された．往復パスのス

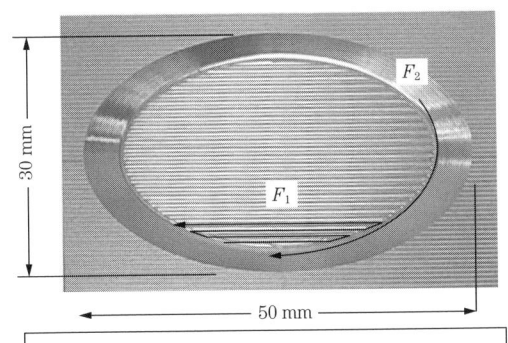

往復カッタパス使用
Z ピッチ：0.2 mm, Pf = 0.5 mm, 回転数：100000 min^{-1}
F_1 = 20 m/min （0.2 mm/刃）：往復パス
F_2 = 5 m/min （0.05 mm/刃）：輪郭パス

図 2.33 金型モデル加工の外観と加工条件

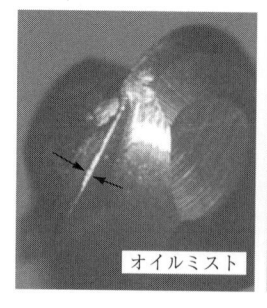

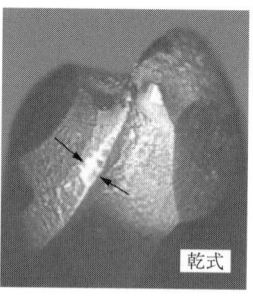

図 2.34　金型モデル加工後のオイルミスト供給と乾式加工での工具摩耗の差異

トロークが比較的短いために送り速度の減速の頻度が高く，指定送り量に対して実送り量は小さな値となり，オイルミストの適用の効果が顕著になって大幅に工具摩耗が抑制できた．

高速ミーリングにおける切削油剤の効果を切削実験により調査した結果を以下にまとめる．

① 水溶性クーラントは工具摩耗を増大させる．これは熱衝撃の増大に起因する．
② オイルミスト供給は，その供給方法を工夫することにより工具寿命を延長する効果がある．
③ オイルミスト供給は，100000 min^{-1} の超高速ミーリングにおいて，実加工にしばしばみられる低速送り時に工具摩耗を抑制できる．

このような高速条件ではなくて，市販マシニングセンタで実現できる数千回転の切削条件下で加工する場合でも，最近の工具材種の進歩によってクーラントの効果は低いことがわかっており，断続加工ではオイルミストが有効であり，やがてはクーラントレスになることが理想である．

3 CNC 工作機械と切削加工技術

マシニングセンタなどの CNC 工作機械の制御機能を，最大限に利用して切削加工を行うのが CNC 切削加工である．ハンドル操作による汎用切削に比べて，切削条件の自由度を高くでき，それだけ合理的な加工が実現可能である．また，ここでは CAD/CAM が大きな役割を担っている．本章では，CNC 切削加工における基礎的な知識，すなわち CNC 切削を構成する CNC 工作機械，切削工具，切削技術，および CNC 工作機械の動作に必要な NC プログラムを生成する CAM について概説を述べる．

3.1 CNC 切削加工とは何か

図 3.1 に示すように，CAM で NC プログラムを生成し，マシニングセンタなど CNC 工作機械の CNC 装置に NC プログラムを入力し，NC プログラムの指令により所定の内容で切削加工を行うのが CNC 切削加工である．

すなわち，CNC 切削加工では工具軌跡（工具の動作）と切削条件の指令と実行はコンピュータで行うため，直線のみでなくヘリカルや自由曲線を用いた工具軌跡と適時の切削条件の変更などを，自由に決めることが可能であり，より最適な切削加工の指令をすることができる点において，マニュアル操作の汎用切削加工と大きく異なる．

CNC 切削加工の技術水準は，NC プログラムの生成内容で決まるといっても過言ではないが，実は NC プログラムを生成する CAM システムに内蔵される各種データベース（切削条件・工具軌跡など）が，NC プログラムの性能を決めている．

すなわち，各種部品の切削加工の高能率・高精度化で実現するためには，目的に合致した CAM システムの選択と，ツールリストと切削条件などのデータベース構築が重要なポイントになるが，まず，従来の汎用切削との違いを十分に認識することが，合理的なデータベース構築の前提条件になる．

汎用切削は，汎用フライス盤，旋盤，およびボール盤などをハンドル操作により切削工具を動作させ，1 軸ずつか，同時 2 軸の送り動作による切削加工（汎用切削）であり，コンピュータ制御により同時多軸の送り動作が可能な CNC (computerized numerically controlled) 切削加工とはこの点において大きな違いがある．

たとえば，図 3.2 に示すような汎用切削の場合は，切削工具の軌跡が限定されるため，一度に多くの切込み量が得られる切れ刃部の長い工具を用いて切削を行うことが有効な高能率化の手段である．

36　3章　CNC工作機械と切削加工技術

汎用切削 → CNC切削

汎用工作機械

CNC工作機械

牧野フライス

工具リスト
切削条件データ

3次元CAD
モデルデータ → 加工設定 → 経路計算 → NCプログラム生成
（直線・円弧補間・F）
→ シュミレーション
（工具軌跡・工具の干渉などチェック）

NCプログラムコード

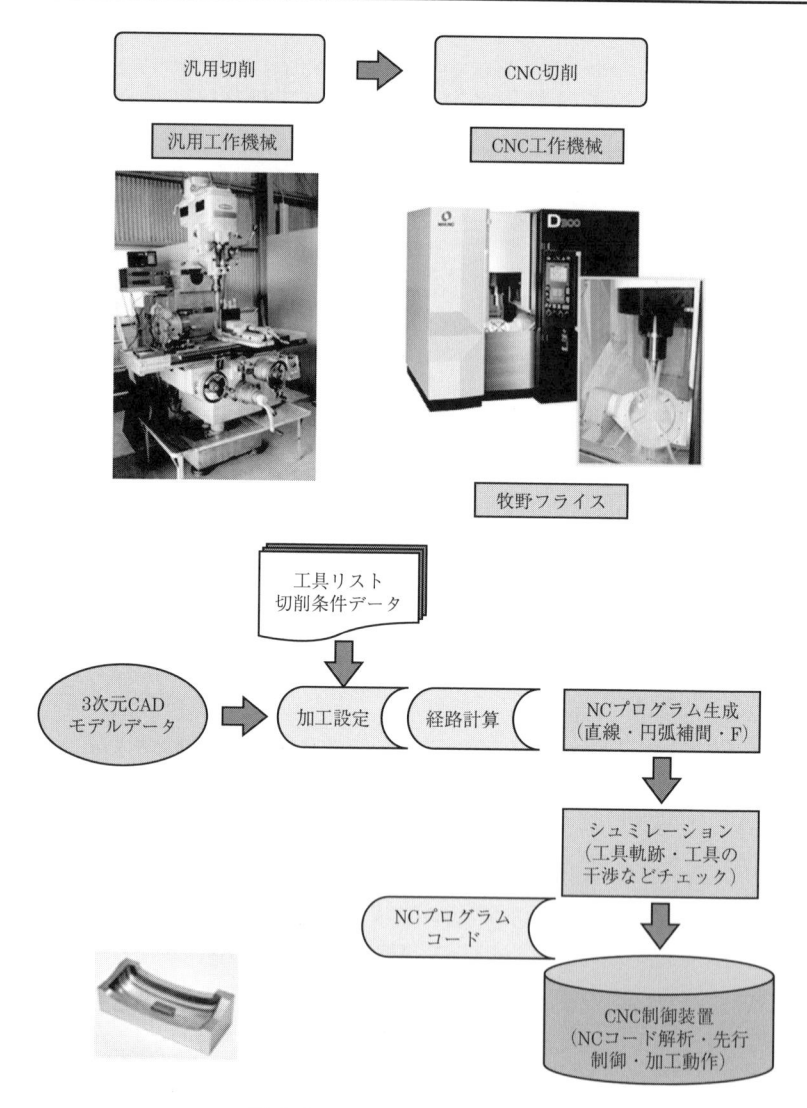

CNC制御装置
（NCコード解析・先行制御・加工動作）

図3.1　CNC切削の構成要素

　この切削方式は，切込み量が多くなるために工具の切れ刃部に多くの負担（切削力と切削熱など）がかかり，切削速度と送り速度を低く抑えた切削条件で切削するしかなく，工具寿命も短くなる傾向がある．すなわち，切込み量が多い切削では，切れ刃部の熱影響は大きく，不安定で，かつ工具寿命は短くなる傾向にあり，被削材の特性により切削性能が大きく変化する．また，加工能率と精度は，作業者の技能レベルで左右されやすく，人的要因に依存した加工法といえる．

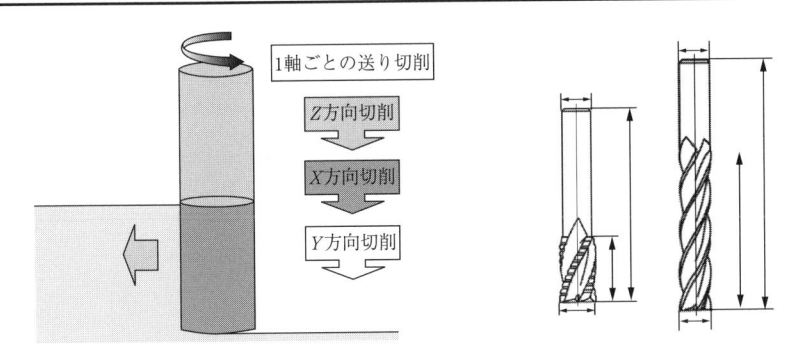

図3.2 汎用切削における工具送りとエンドミル例

　一方，CNC切削は，コンピュータ指令により，同時3軸以上の理想的な工具軌跡により切削することが可能であり，加工精度および工具寿命を向上させるための切削工具，工具軌跡および切削条件を選択して，合理的な切削加工の実現が可能な加工技術であり，切削条件の自由度に汎用切削とは大きな違いがある（図3.3参照）．

　このようなCNC切削を実行するには，CNC工作機械に工具の動作に関する情報（NCプログラムとよぶ）を入力する必要があり，NCプログラムを生成するためのコンピュータとソフトが必要である．

　図3.4にCNC切削加工を実現するために必要な機械，ソフト，および作業の流れを紹介する．CNC工作機械の制御装置に内蔵されている自動プログラミングシステムを用いて，マニュアル入力を行う場合もあるが，現在多くの場合はCAD/CAMシステムでNCプログラムを生成し，USBメモリーなどのリムーバブルメディアを仲

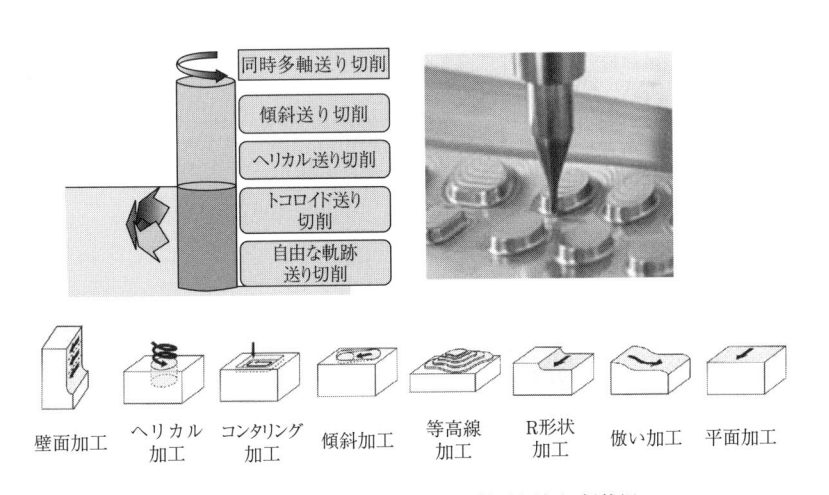

図3.3　CNC切削における工具軌跡例と切削状況

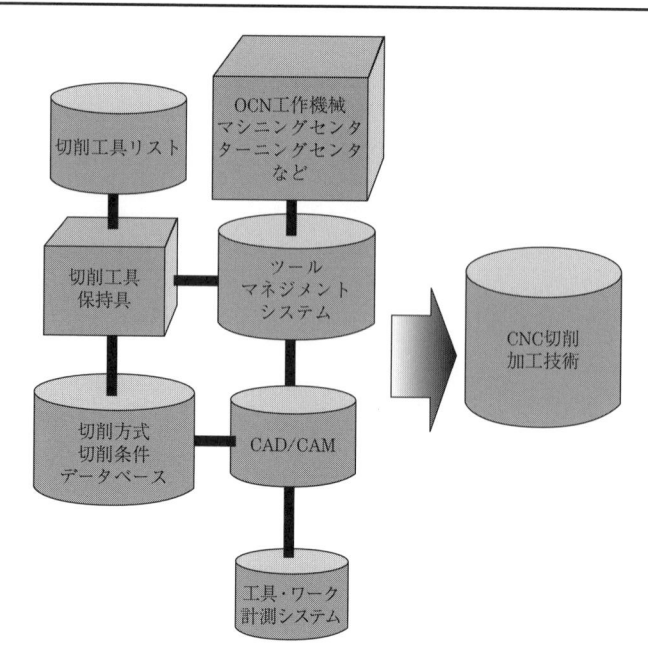

図 3.4 CNC 切削システム例（切削加工の流れ）

介して CNC 工作機械の CNC 装置に入力，または回線で直接的に入力（DNC，または LAN など）する方法のいずれかがとられている．

ここでは，一般化しつつある CAD/CAM による NC プログラミング方式を中心に説明するが，そのまえに CNC 工作機械について説明する．

3.2 CNC 切削加工用工作機械の主な種類と機能

CNC 切削加工用工作機械（以下，CNC 工作機械とよぶ）は，CAD で生成されたワークの情報から CAM，またはマニュアル入力で生成した切削指令を NC コードで CNC 制御装置に入力して，自動運転で所定の形状と精度に切削加工する機能を有する工作機械である．CNC 工作機械の分類例を図 3.5 に示したが，生産合理化に対応して多軸制御を含め多機能な工作機械が増えているが，一方で，超精密・微細切削用マシニングセンタは，新たな市場ニーズに対応して開発された機種であり，いまや，CNC 工作機械は多様化している．

図 3.6 は，CNC 工作機械の基本的な機能と NC プログラムデータ入力までのプロセス例をマシニングセンタの事例で紹介している．すなわち，CAD（computer aided design：コンピュータ設計支援）で生成された加工情報（被削材質，加工形状

3.2 CNC切削加工用工作機械の主な種類と機能　39

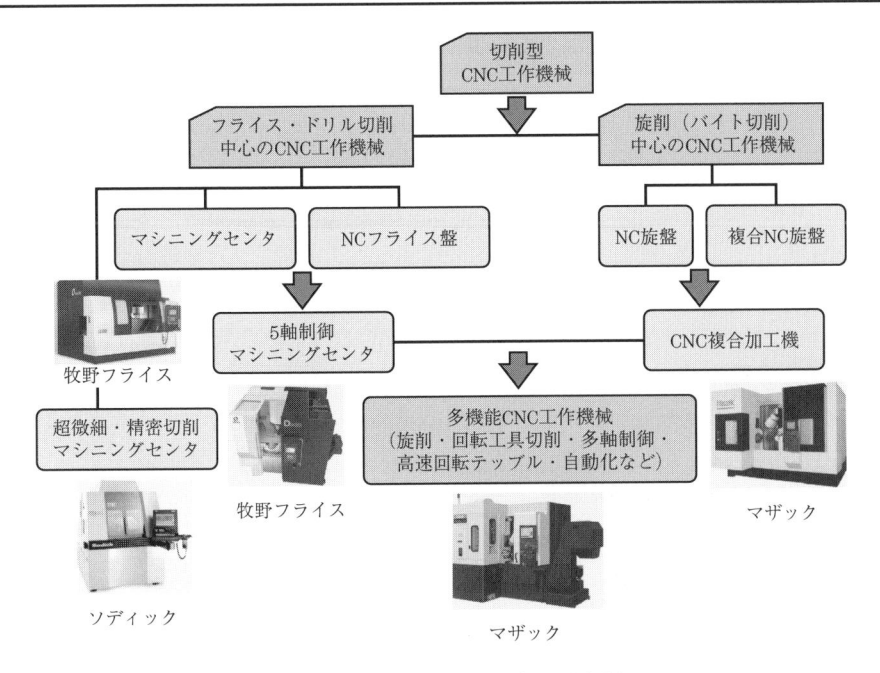

図 3.5　切削型 CNC 工作機械の分類例

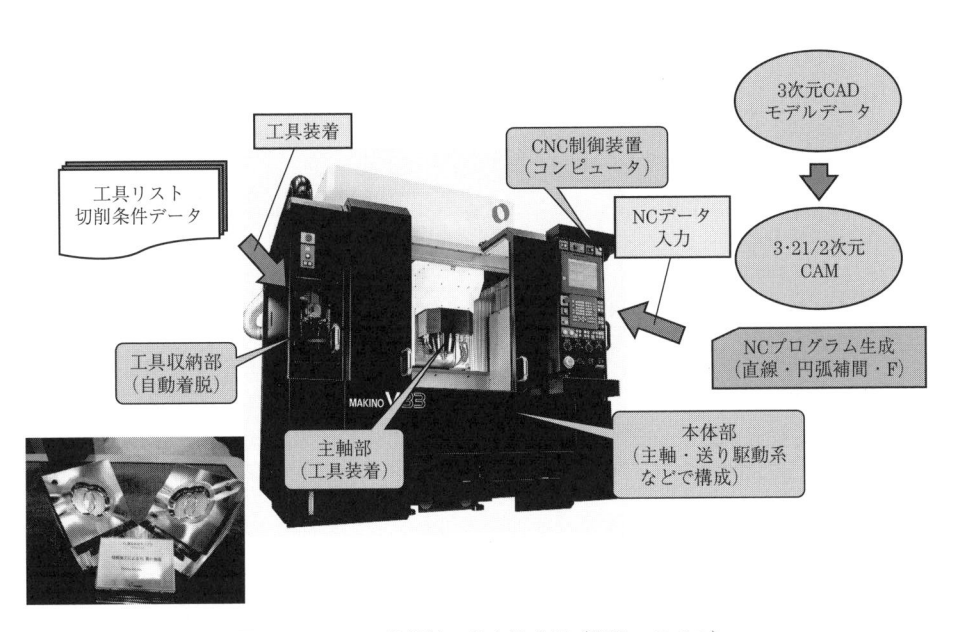

図 3.6　CNC 工作機械の基本構成例（牧野フライス）

と精度，寸法など）とモデリングデータから，適用する工具，工具軌跡，切削条件などを決定し，NCプログラムのフォーマット（Gコード，Mコード，座標など）に変換して，工作機械のCNC制御装置に入力するまでがCAM（computer aided manufacturing：コンピュータ支援製造）の役割である．一方で，工具リストから工作機械のツールマガジンに，リストに記載されている工具を切削する順番に装着する．その後，CNC制御装置を操作して適用するNCプログラムを呼び出し，所定の操作で切削加工をスタートさせる．

図3.7は，CNC複合加工機例を紹介しているが，従来のNC旋盤の旋削機能に加え，チルティング機能を有する主軸を備えており，主軸に旋削バイトを装着することで，装着部をマシニングセンタと共用が可能，高剛性，かつ切れ刃を任意な角度（切込み角度）設定ができるなど，合理的な旋削の実現が期待できる．

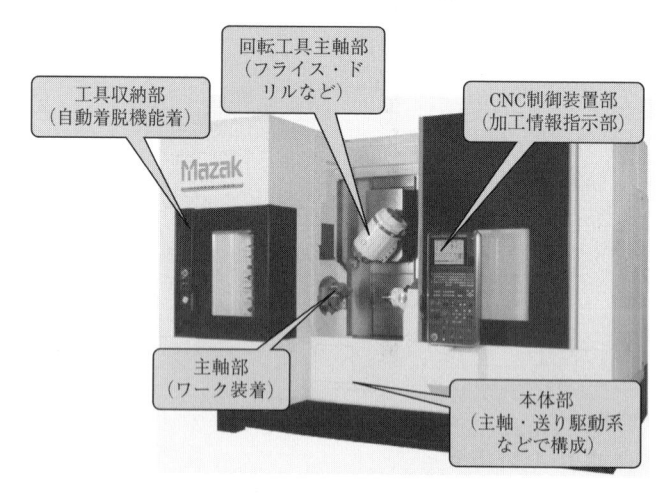

図3.7 CNC複合複合工作機械例（マザック）

図3.8に紹介した小型部品用CNC複合加工機は，多数の旋削工具とエンドミルなどの回転工具を収納するツールマガジンから加工形状に応じた工具を選択，チルティング機能（任意の角度を設定できる機能）を有する主軸に装着し，NCプログラムの指示で所定の加工形状を切削する機能を有する．さらに，機内のワークハンドリング機能を用い，ワークを反転して切削加工できるため，多様な切削が可能で，全行程の切削加工を終了させることができる．

図3.9に，棒状素材からの切削プロセスと加工形状例を紹介した．このように，円盤，円筒形状に加え，角形状の多面，多様な切削が可能であり，素材供給はバーフィーダーによる自動供給で多品種少量，および多量生産の両方に適用できるフレキシビリティな工作機械である．

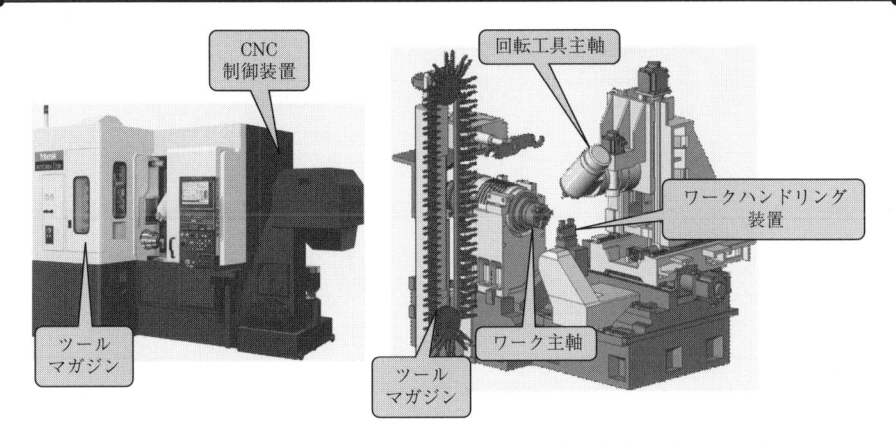

図3.8 ワークハンドリング装置による小物部品切削事例（マザック）

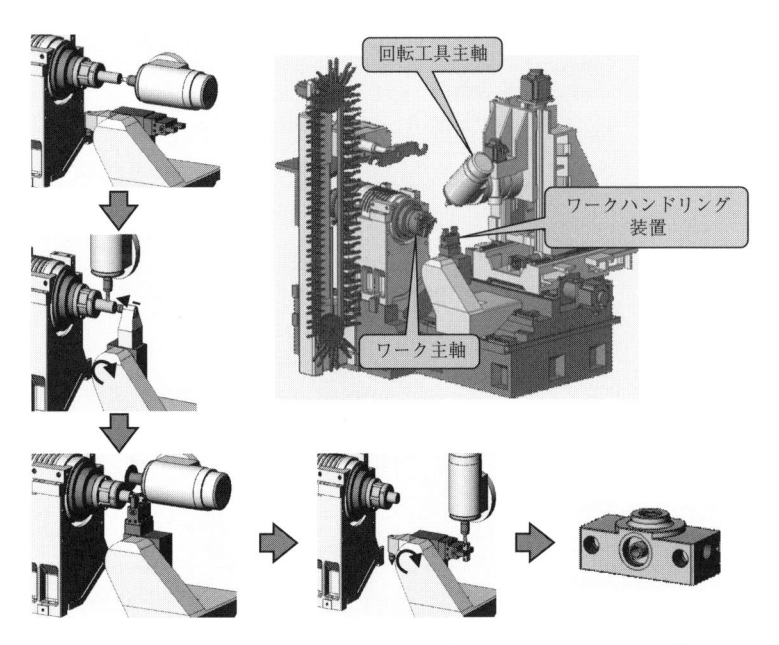

図3.9 CNC多機能工作機械のワークハンドリング装置による小物部品切削事例（マザック）

図3.10は，5軸制御マシニングセンタ例であり，多面，かつ複雑形状の切削加工を実現できると同時に，エンドミルなど工具を傾斜させた切削が可能なため，壁面の下面コーナー部など小径エンドミル，かつ突出量の多い切削を回避できるなどの効果も期待できる．

図3.11に，5軸制御マシニングセンタによる切削事例を紹介したが，薄肉残し形状，複雑形状の切削が比較的容易なため，設計における部品集約など多くの改善が期

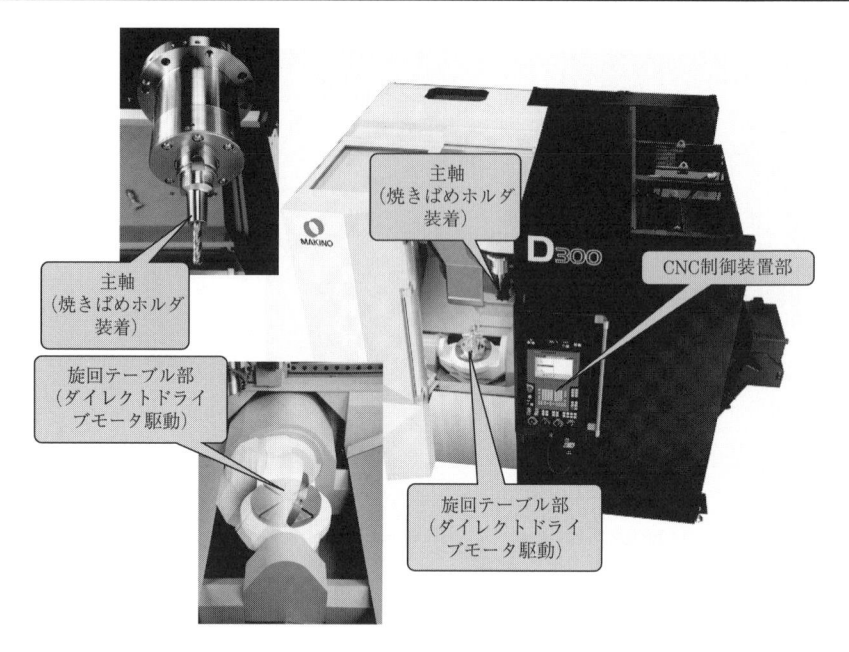

図 3.10 5軸制御マシニングセンタ例（牧野フライス）

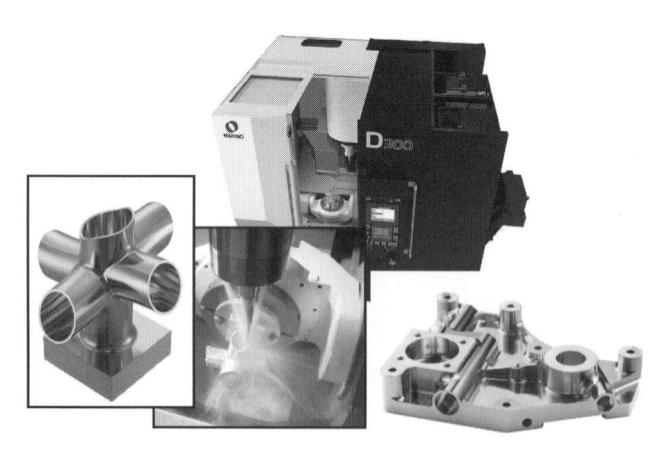

図 3.11 5軸制御マシニングセンタと加工事例（牧野フライス）

待できる．もともと，5軸制御マシニングセンタは，多くの利点を有する反面，切削送り速度，切削精度などの面で3軸制御マシニングセンタに比べて低い評価であった．現在は，チルティングテーブル部にダイレクトモータ駆動方式，直線送り駆動にリニアモータ駆動方式を採用するなど，早さと精度は大きく向上しており，NCプログラミングシステムの高度化と相まって，生産現場への普及が進んでいる．

3軸，5軸制御マシニングセンタは，自動運転で切削加工を実行するものであり，稼働中に発生する各部の熱変位に対応して熱変位補正機能，工具の刃先位置を機内で計測し，かつ自動寸法補正できるシステム（工具回転時で2～3μm以下の刃先位置検出が可能）などが開発されており，高精度な切削を継続して行うことが可能になっている．

3.2.1 CNC工作機械と切削加工技術

CNC切削加工では，CAD/CAMによるNCプログラミング，およびツールマネジメントシステムとCNC工作機械の連携を合理的に機能させるためのシステム構築が求められている．

CNC切削と汎用切削の違いについても，別の項で説明しているが，CNC切削は，切込み量を少なく抑え，1刃当たりの送り量を最大限に多く，かつ切削速度を高めた条件が基本的な考え方である．

すなわち，CNC切削は，切削条件，適用工具，工具軌跡を最適な組み合わせで機能させることで高能率・高精度加工を実現しようとしており，CNC切削は，所定の加工形状に対して切削工具と工具軌跡，および切削条件などの最適な選択が可能なところに特徴を有する．マシニングセンタなどのCNC工作機械の特性とCNC制御機能を最大限利用し，合理的な切削加工を行うのがCNC切削加工である．

これらの機械は同時に複数軸を制御して動作することが可能であり，汎用切削の場合に比べて工具軌跡の選択数は格段に多くなり，加工能率・精度，切削の安定性，および工具寿命など，複数の要求項目を満たす加工条件を選定することができる．

たとえば，エンドミルの工具軌跡を変化させることで，穴，ポケット，凸形状などの切削加工が可能であり，工具刃先と被削材の負荷を軽減するための工具軌跡など，目的に応じた切削加工が可能である．

すなわち，最少の切削工具とCNC工作機械で，異なった加工形状・精度，被削材などの切削加工が可能であり，多品種変量生産，超短納期・低コスト化傾向が強まり，迅速生産体制が不可欠になっている現状と今後に最適な加工方式であろう．

CNC切削加工は，マシニングセンタ以外にも，前述したようなCNC複合ターニングセンタの登場で，CNC切削が適用できる機械の対象は拡大しており，かつ同時3軸中心から同時5軸以上の多軸制御機能を有するものが増える傾向も見受けられる．

図3.12に，切削加工用NCプログラム用データベースの構成と影響を受ける項目例について示しているが，これらの構成要素が一つでもアンバランスになると，CNC切削加工技術は所期の目的からはずれることになる．

このなかで，とくに切削工具の役割は重要であり，X-Y-Z方向・同時多方向切削

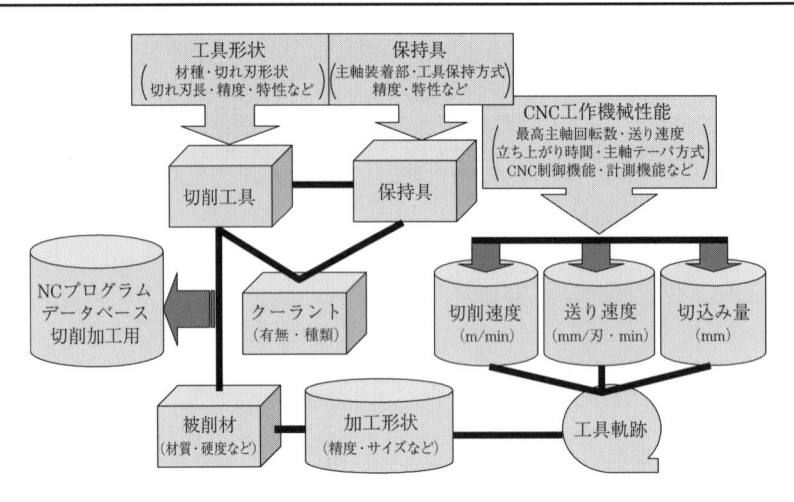

図3.12 切削加工用NCプログラム用データベースの構成例

機能，加工形状に対応した切れ刃形状，加工能率・安定した切削特性などを追求した工具デザイン，工具材種などの高度化が求められており，今後もますます機能と特性を追求した新製品の出現が期待されている．

3.3 CAD/CAM の役割と使い方

CNC工作機械を合理的に稼働させるうえで，NCプログラムを効率的に生成できるCAD/CAMは必携ともいえる道具であり，この道具を上手に使いこなすかどうかで，生産効率は大きく変化する．

加工するワークなどをビジュアルに表現することが可能な3次元CADや，通信機能を利用したデータ転送など，各種部品生産におけるIT化は急速に進行している．

図3.13は，CAD/CAMシステムと切削加工プロセスの関係について説明しており，図3.14は，現在のCAD/CAMシステム例である．

現状，生産現場に必要な情報生産体制の確立と高効率化は必須条件であり，各種部品生産のプロセスで，上流（CAD/CAMによる設計・NCデータ生成部門）に多くの人材を配置し，NCプログラムなどの加工情報（デジタル・データ）の多量生産，多量供給体制，およびCNC切削加工中心の生産現場の自動化，省力化を指向することが，この実現に不可避な対応である．

そこで，この節では，フライス切削加工で中心的に用いられているCAMについて，CADデータの入力からCNC工作機械を機能させるNCプログラムデータ生成までの過程について説明する．

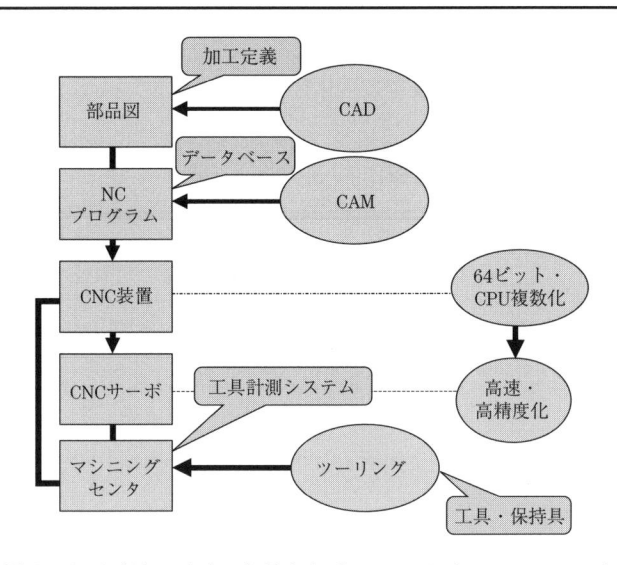

図 3.13　切削加工中心の部品生産プロセスにおける CAD/CAM 例

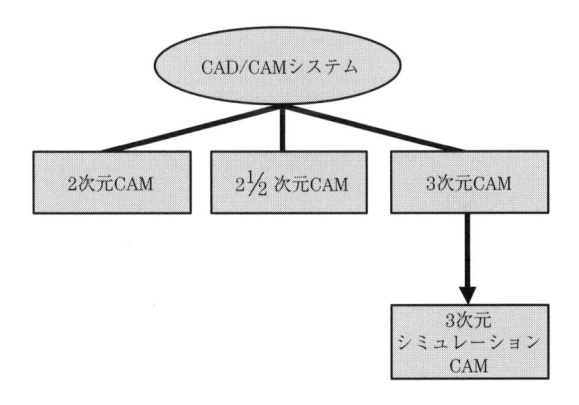

図 3.14　CAD/CAM の種類例

3.3.1　CAM の中身

　CAM（computer aided manufacturing または machining）は，CAD（computer aided design：加工部品の形状データ）でモデリングされた加工形状を切削するために必要な NC プログラムデータを生成するコンピュータシステムである．

　CAM の役割は，部品を CAD で指示された加工形状と精度で切削する，工具，工具軌跡，切削条件などを決定し，マシニングセンタの CNC 制御装置に入力する NC プログラムデータ（NC プログラムデータ：G コード，M コード，および座標系などで構成）を生成し，出力することである．

CAMを構成する要素は，工具経路（cutter location 略してCL）を計算するメインプロセッサと，得られたCLを工作機械に合わせた制御指令を生成するポストプロセッサの二つに分類される．

（1） メインプロセッサ（CL計算）

メインプロセッサで行う計算は，CADから読み込んだ加工形状を切削するための工具軌跡を生成するために必要である．

たとえば，図3.15はボールエンドミルを用いた曲面形状の切削を示しており，切削点（実際に工具が接触している点）が加工形状に応じて変化しても，切れ刃形状の中心（切れ刃Rの中心）位置を指定するため，加工形状断面の曲線に対し，切れ刃R寸法を移動する（オフセットとよぶ）のみで対応が可能である．

ラジアスエンドミルの場合は，切削点（実際に工具が接触している点）が加工形状に応じて変化するため，ボールエンドミルに比べてオフセット計算が難しくなるが，対応したソフトはすでに紹介されている．

このように，ほとんどの工具の切れ刃形状では，工具経路とオフセット計算のトラブルは少ないが，加工形状と切れ刃形状の組み合わせによっては「工具軌跡落ち」対策が必要になる．

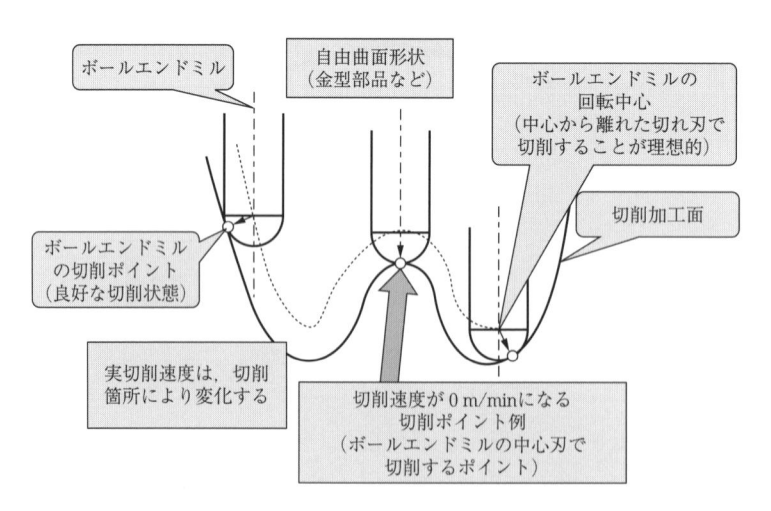

図3.15　ボールエンドミルを用いた工具経路の算出

（2） ポストプロセッサ

マシニングセンタの制御システムごとに異なる座標系やオプションで，対応する工具軌跡（CLデータ）を出力することが必要である．

したがって，工具軌跡を生成する場合，マシニングセンタに応じて「ポストプロ

セッサ」が必要である.

メインプロセッサで計算した工具軌跡（CLデータ）は，適用するマシニングセンタごとにNCデータ変換される.

NCデータは，Gコード，Mコードと座標系で構成されている.

Gコードは早送り，切削送り（直線補間と円弧補間）などの工具の動きを記述する記号で，動きの種類と開始点や終了点の座標値，F値による送り速度，S値による回転数などの幾何学的な動き（geometryのG）指定で，Mコードは主軸回転の開始や，クーラント，ATC（工具自動交換）などの機械（machineのM）固有の動作の指令群である.

3.3.2 CADデータの種類

CADデータのファイル形式には，つぎのようなものがある.

① CADソフト（CATIA, I-DEAS, Unigraphics, 日本製ではCADCEUSなど）独自のファイル形式．これらどうしを変換するものを「ダイレクトインターフェイス」とよぶ．

② CADソフトとは独立して，幾何形状のみを表現するエンジンにあたるソフトウェア（「カーネル」とよぶ．ACIS, Parasolid, DESIGNBASEなど）固有のファイル．これらになるとCADソフトよりは流通性があり，同じカーネルを使ったCADやCAMソフトどうしのファイルであれば変換での問題はほとんどない．

③ 各社共通の中間ファイルとしてIGESがある．これはデファクトスタンダード，つまり業界でもっとも使われているものであるが，ISOやJISなどの規格ではない．STEPは国際規格であるISOが保証しているもので，正確にはISO10303ではじまる番号のものを指す．実際にはそのなかのAP203（機械部品）やAP214（自動車関連）などといわれる，部分的なセットでやりとりをする．IGESよりは交換率が高いが，CAD間の許容差など数値誤差に起因する問題はSTEPでも未解決である．しかし，今後IGESより流通するであろう．

このほかに，光造形機用の形式であるSTL（stereo lithographyの略．曲面などの表面を3角形パッチで平面近似したもの）も，その簡易さおよび変換率のよさから，CAMなどの入力として最近使われている.

3.3.3 加工のためのモデリング

CAMのことを考慮していない（CADとしては，きわめて当たり前のことであるが）CAD出力で得た形状データをCAMに取り込み，工具軌跡を作成するために必要な作業である．不要な穴を埋めたり（**図3.16**参照），CADデータにない線や面を

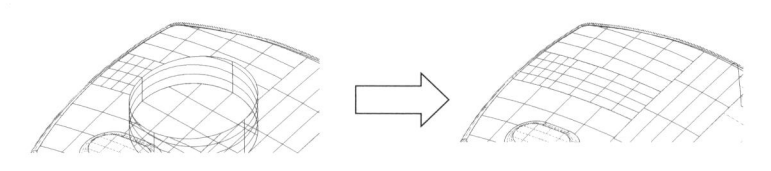

図 3.16 加工のためのモデリング例（穴埋め）（一部）

作成することを指す．

　ほとんどの場合，オペレータが CAD データの受け取り後に手動で行っている作業である．とくに高速切削では曲率の大きな変化をともなう曲面や，段差，穴，突起などの形状はそのまま CAM に渡して加工経路を作成すると，工具折損を招きかねない．

　このことから，ぜひともその機能の追加が必要で，さらに自動化（コマンド一つで CAM 用の形状に変換）が望まれている機能である．

　工程の順番としては，CAD で形状定義をしたあとに CAM の前処理として行うために，CAM に入れるべき機能ともいえるのであるが，内容としては，幾何学的な形状の操作であり，CAM よりは CAD にその機能を付加しやすい．いわゆるモデリング機能なので，操作レベルでなくとも仕様としては原理的には付加することは可能なはずである．このことから，CAD の後処理（CAM 用のポストプロセッサ）として説明した．

　自動化（一括変換）は，フィーチャーとして定義された形状の部分（穴やスロット，突起など）を選択して，便宜的に見えなくする（「抑制」とよばれ，表示だけでなく，パス作成の際にも認識されないようにする必要がある）機能や，簡単にパス作成の単位となる曲面の延長，短縮機能があると有用である．

3.3.4　加工シミュレーション

　ここでいうシミュレーションは表示のみのシミュレーションで，実際の工具のびびりや工具折損，摩耗までを計算するものではない．より現実的なシミュレーションは，研究レベルでもまだかなり実用化には遠いように思える．

　工具の変形や切削力などをいっさい考慮せずに，工具を円筒や球およびそれらの合成として表現し，被削材も中身の詰まったソリッド（豆腐のようなものとして）表現した場合の，純粋に幾何学的な削りあとや，干渉（削りすぎや被削材以外のものとの工具の衝突）を検出，表示するものである．

　図 3.17 にその例を示す．この例では，切削が進むにつれて，表面の削り残し（カッタマーク）や，あらかじめ読み込んである仕上げ形状への削り込みを表示し，そのときの NC データ（図の左）を表示する機能もついている．

3.3 CAD/CAMの役割と使い方　49

　また，図3.18に示すような機能を使えば，問題のある部分のNCデータを編集することができるので，現場で修正でき，わざわざCADから再作業することを回避できる．

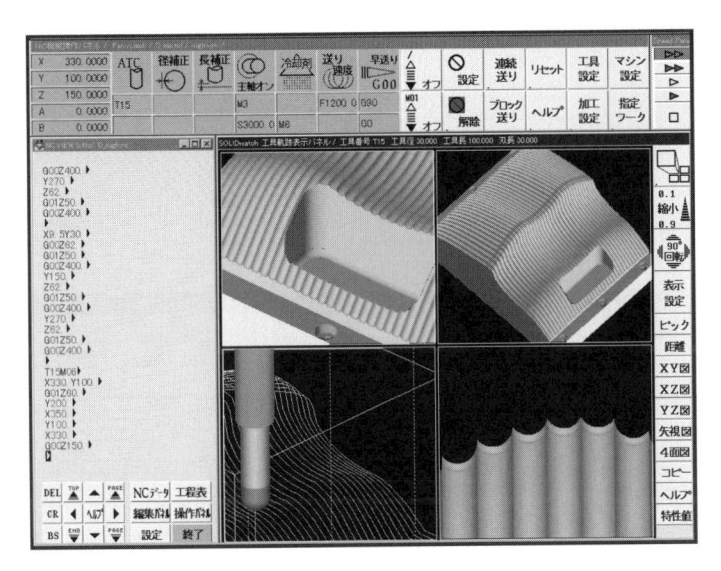

図3.17　加工シミュレーションソフトの例

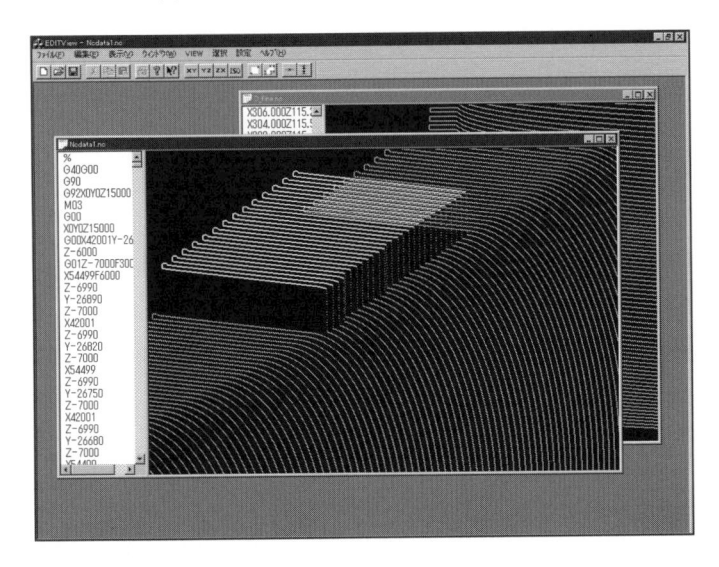

図3.18　NCデータの編集

3.3.5　加工条件設定および工具データ（CAMデータファイル）

通常のCAMは，以下に紹介するデータファイルで構成されている．

① 切削工具の種類（例：スクウェアエンドミル，ボールエンドミル），工具材種，工具径，工具長のサイズなど，加工に必要な内容が記述されている工具ファイル．

② 切削工具の切削速度（または回転数），送り速度（1刃当たりの送り量），切込み量などの切削条件が記述されている加工条件ファイル．

CAMは，これらのデータファイルを，編集ダイアログで切削加工に必要なデータを入力，かつ修正できる機能を有する．たとえば，図3.19は工具データを，図3.20は条件ファイルを示しており，適用する切削工具は，すべてこのデータファイルに登録する．

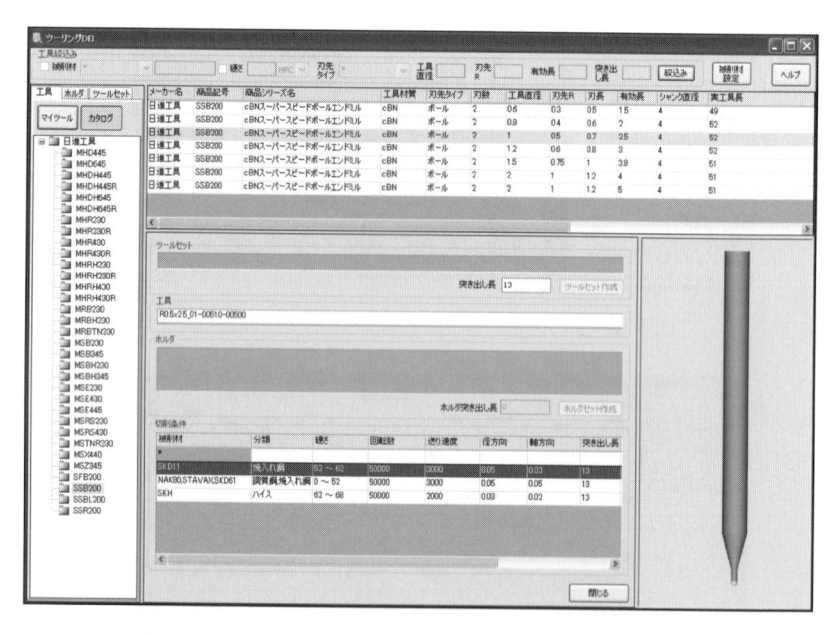

図3.19　工具データ画面例（日進工具，C&Cシステムズ）

3.3.6　プラスチック金型加工におけるCAMの例

プラスチック金型におけるCAMの特徴は，一言でいうとその種類の多さであろう．サイズは小物から大物や，精密なものから汎用なものまで，2次元加工，2.5次元加工および3次元曲面加工から放電加工のための電極用加工まで，さまざまなサイズや形状，精度のものを，とにかく早く作成するために，それぞれ用途に合ったCAM

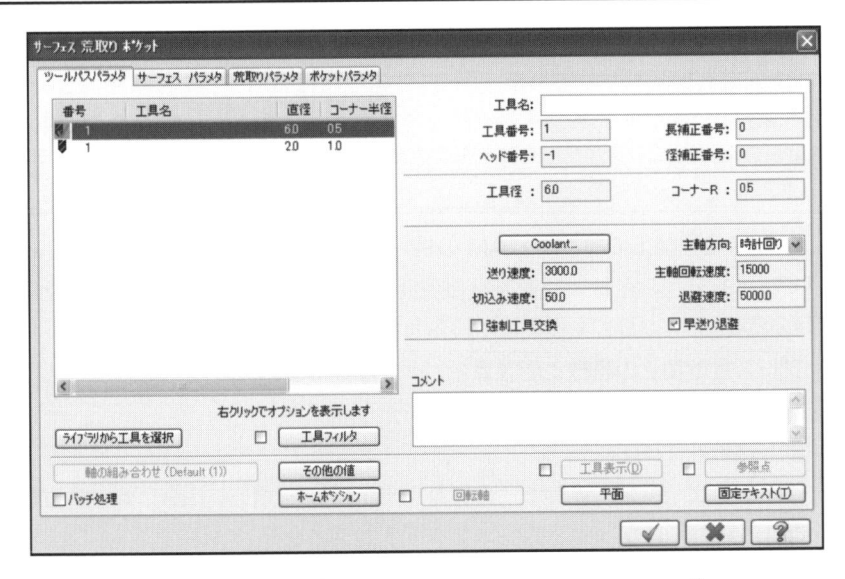

図 3.20　切削条件設定画面例（日進工具，C&C システムズ）

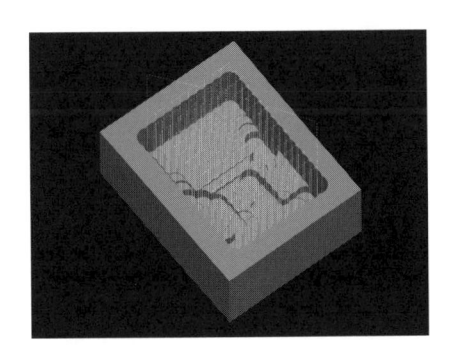

図 3.21　突き加工のカッターパス

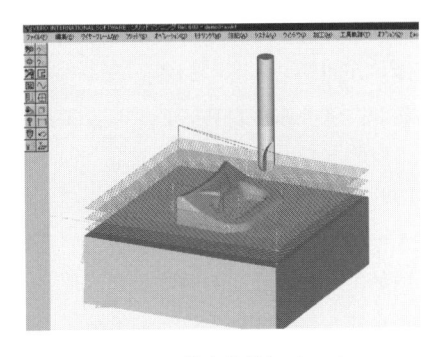

図 3.22　等高線粗加工のパス

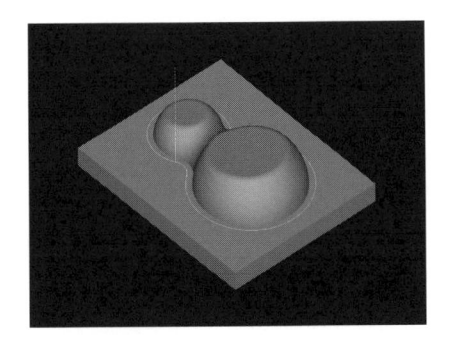

図 3.23　ペンシル加工のパス

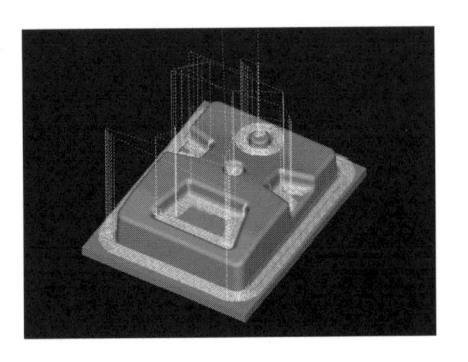

図 3.24　隅肉加工のパス

で，かつ比較的安価なものをいくつか使い分けているといえる．

図 3.21 に突き加工工具軌跡例を，図 3.22 に等高線粗加工の工具軌跡例を示した．また図 3.23 は，キャラクタラインだけなぞるペンシル加工の，図 3.24 は隅肉加工の工具軌跡の例である．

3.3.7 プレス金型加工における CAM の例

本例では，モデリングおよび変換などの問題点は解決されており，CAM を用いてこれから金型加工用のパスを作成する段階を想定している．

（1） プレス金型加工の特徴と問題点

自動車などのプレス金型を加工する際の特徴として，
① 加工対象領域が広い，
② 絞りなどは，鋳鉄，鋳鋼で，最終金型形状に対して，あらかじめ一定の仕上げ代だけついた形になっている（ニアネットシェイプ），
の二つがあげられる．

①に関しては，切削長が長いため，加工パスによって工具寿命が大きく影響を受け，複数の加工パスをとらざるをえないことになり，それによる加工ブロック間の加工段差が問題になっている．広くて長い領域を平行に動く走査線加工パスが一般的であるが，②の原因から，必ずしも工具に対する負担が一定にならず，工具寿命を短くする原因となっている．

これらのような加工ノウハウを CAM システムに盛り込むことは，現在の CAM ベンダーがもっとも精力的にやっていることだが，エンドユーザ（金型事業者）が十分に満足できるようなものはまだ出現していないといってよい．

とくに，仕上げ加工において前述の段差など，精度問題が残るものの，等高線加工が一般的になっており，むしろ効率的で工具が長持ちする荒加工パスを作成できる CAM ソフトが現在望まれている．

（2） 工具寿命を伸ばす工夫とパスの効率化例

図 3.25 は，中仕上げ後において，仕上げ加工に入るまえに残り代を一定にするための加工パスである．平坦部分を選択的にダウンカットで，立ち壁部分をクライム切削（下から上に向かって切削する工具軌跡），ダウン切削（逆に，下方に向かって切削する工具軌跡）のどちらかを，選ぶことが可能である．

（3） 広い平坦部加工の問題点

広い平坦部をもつことが，とくに自動車用の大型プレス金型の特徴である．ボールエンドミルの中心刃付近，周速の遅い部分での加工によるむしれや，ボールエンドミル逃げ面摩耗による切削抵抗力上昇によって工具がたわみ，大きな削り残しが発生す

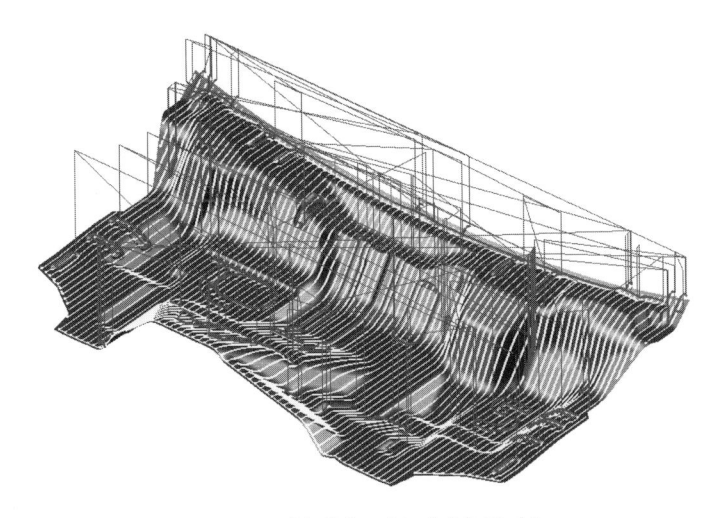

図 3.25 残り代を一定にする加工パス

ることが知られている．

この問題に関しては，あらかじめワークか工具を 30°ぐらい傾けて加工するのが有効であるとの研究報告が，大手自動車メーカーや金型メーカーから発表されている．

一方，このような切削加工には，5 軸制御マシニングセンタによる加工も有効であり，筆者らの切削実験結果から判断すると，切削速度を高める（1 刃当たりの送りを保ったままで回転数を高める）よりは，多少仕上げ面粗さ精度は低下するが，切削速度はそのままで，高送り切削（1 刃当たりの送り量を多くする）するほうが，工具寿命（フランク摩耗）の面で有利であり，長時間切削が可能になる．

4 切削工具と保持具の選び方・使い方

切削工具を動作させ，所定の形状に加工するのが切削加工である．その形状などに応じて各種の切削工具があり，その工具材種や切れ刃形状など適切なものを選択しなければ，求める加工ができない．また，保持具は機械の主軸と接続する役割を果たしており，工具や機械の機能を十分に発揮させるためには，重要・不可欠な存在である．本章では，切削工具全般，および保持具の基礎知識，それらの選び方と使い方について，理論的，かつ具体的に説明する．

4.1 切削工具の種類と機能

切削加工は，切削工具（以下，省略して工具とよぶ）を動作（工具軌跡と切削条件）させ所定の形状に加工させるものだが，加工形状，精度，ワークの材質（被削材）に応じて適用する工具，工具軌跡，および切削条件などが異なる．切削加工に関する定義を図 4.1 に示し，図 4.2 に分類を紹介する．以下にそれらの内容について説明する．

第一の切削方式は，工具を工作機械（汎用旋盤，CNC 旋盤，ターニングセンタなど）の刃物台に固定，主軸に装着したワーク保持部（チャックとよばれている）を回転して切削する「旋削」とよばれているものである．この切削方式は，バイトとよばれる工具の切れ刃部とワーク（被削材）とが連続的に接触しており，切削時に発生する熱（工具の切れ刃とワークの切削ポイントに 800〜1200℃程度の切削熱が発生がすると推察されている）が，工具の切れ刃部とワークに対して連続的な影響を及ぼすことが予測できる．

そのため，工具寿命の短命化，ワークの変質と変形などが懸念され，これらの現象を考慮した適切な対応（チップ・ブレーカ形状を含めたバイトの選択，切削条件，クーラント供給など）が必要である．

第二の切削方式は，工作機械（ボール盤，フライス盤，マシニングセンタ，ターニングセンタなど）の主軸側に工具を装着して回転させ，工具およびワークを移動（送りとよばれている）して切削加工する．

この工具回転で切削加工する方式は，工具を回転させて一方向ずつ，および同時多方向に移動して切削する「フライス切削」などと，一方向に移動して切削する「ドリル加工」，「リーマ加工」などがある．フライス切削は，旋削の場合と異なり断続的な切削（単および複数の切れ刃が，切削と非切削を繰り返して切削加工する）になるた

4.1 切削工具の種類と機能　55

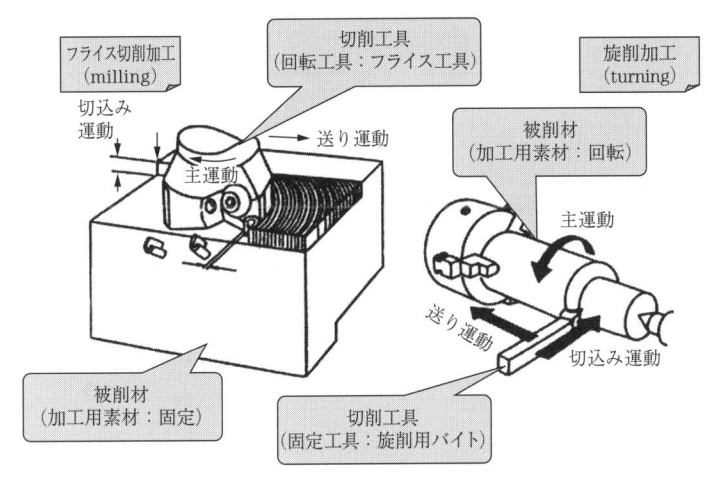

(a) フライス切削（左側）と旋削（右側）

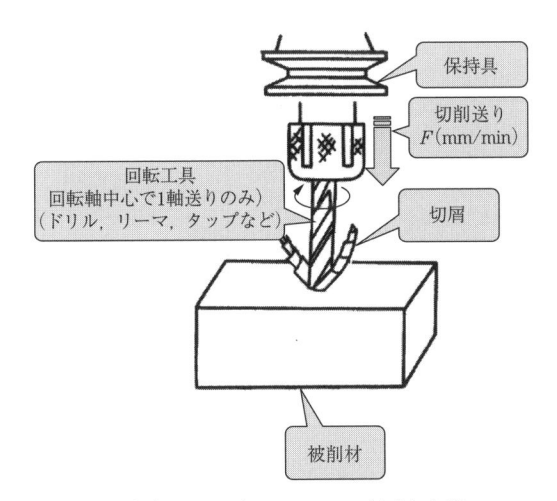

(b) ドリル（リーマ，タップなど）切削

図 4.1　切削工具の定義

め，工具の切れ刃に対する熱影響は旋削に比べると少なくなり，工具寿命の面でも有利である．

ドリルなどによる穴あけ切削の場合は，工具の中心刃と外周刃では切削のメカニズムが異なるため，工具寿命や切削面の性状などの面で独特な現象が見受けられる．すなわち，工具の中心刃部は工具回転数を高めても，切削速度は 0 m/min（工具の回転中心部は切削現象が発生しない）であり，図 4.3 に示すように，通常の切削作用とは異なる押し潰し現象が発生するため，工具・切れ刃の中心部における切削時のスラ

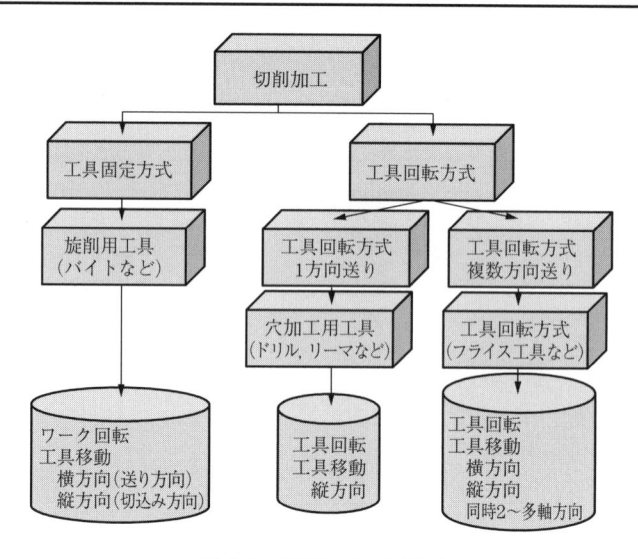

図 4.2 切削加工の分類例

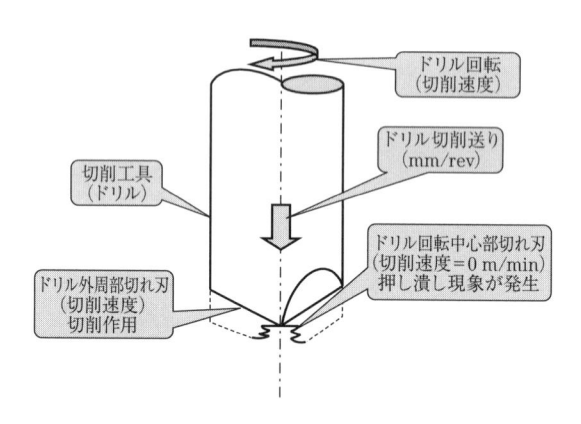

図 4.3 ドリル切削における中心刃の押し潰し現象例

スト荷重（切削送り方向の切削力）が通常の切削作用の場合と比べて大きくなる．

　工具寿命の面から評価すると，工具中心付近は切削速度が低くなるため，切削時に発生する切屑の排出性が低いことに起因するチッピングなどの損傷が発生しやすく，中心刃を意識した切削条件の設定や使用技術などに関する対策が必要である．たとえば，工具中心刃を意識して切削速度を高めに設定することや，中心刃の逃げ面側にクーラントを供給して潤滑と冷却効果を期待するなどの対策が考えられる．

　これらの切削加工に用いる各種工具は，それぞれ使用目的に応じて工具の切れ刃部形状やサイズなどが異なり，多種類化しているため，通常，工具メーカーのカタログなどを参考に最適と思われるものを選択する．

4.1.1 旋削工具

旋削工具は，旋盤の刃物台に固定して左右，前後に移動させ，かつ被削材を回転して切削加工する場合に用いる．切削の形態は，連続切削であり，切削時に発生する切屑は長く延びやすいため，切れ刃部にチップ・ブレーカとよばれる切屑処理機能を設けることが多い．

旋削は，円盤，円筒，円錐など中心軸に対称の形状における外径，内径，および端面などの切削加工が主である．図4.4に示すように，加工形状などに応じて各種の旋削工具が用いられている．すなわち，バイトとよばれている切削工具を，工作機械の刃物台に固定し，被削材を所定の回転数（切削速度）で回転させ，バイトの切れ刃部で切削を行い所定の形状加工を行う．

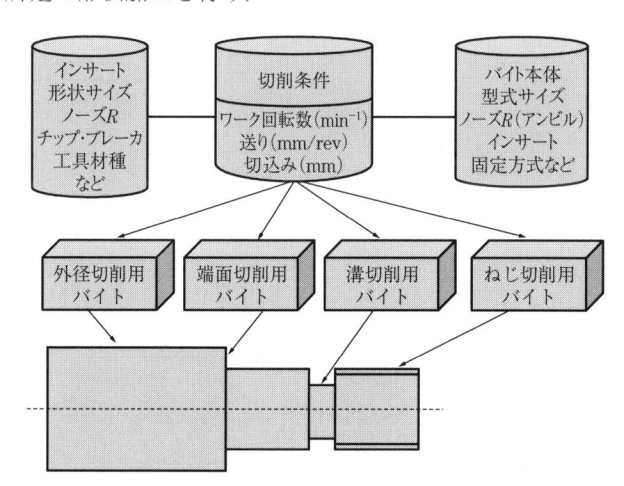

図4.4 旋削用各種バイトと切削加工における要素例

加工する形状に応じて各種のバイトを用いるが，通常的に用いられる多くのバイトは標準化（ISO，JISなど）されており，市販品として容易に入手することが可能である．ただし，切れ刃であるインサートは，被削材，荒切削と仕上げ切削などに応じて各種のチップ・ブレーカ形状のものがあり，インサートのチップ・ブレーカ形状は，工具材種と同様に切削工具メーカーごとに異なり，多種類化しており，選択に迷うところである．

すなわち，合理的な旋削加工を行うには，加工形状に応じたバイト（切れ刃角，インサート形状など），被削材の被削性を考慮した切れ刃（インサート）のチップ・ブ

レーカ形状，および切削条件（ワークの回転数，バイトの切込み量，1回転当たりの送り量）の最適な選択が求められる．そのために，以下に説明するような基礎知識を知ることが必要である．

① バイトは，適用する旋盤（CNC旋盤，ターニングセンタなど）の刃物台の仕様で決定する．切削時には切削条件や被削材により異なるが，バイト刃先に多方向のかなりの切削荷重がかかるため，バイトの高さは可能な限り最大のものを選択，かつ突き出し量を最小限にすることが，安定した切削を指向するうえで重要である．図4.5，図4.6は，切削時に旋削バイトの刃先に作用する力とその方向を示し，F_{ax}は被削材の軸中心方向，F_{rad}は旋削バイトが押し返される方向，

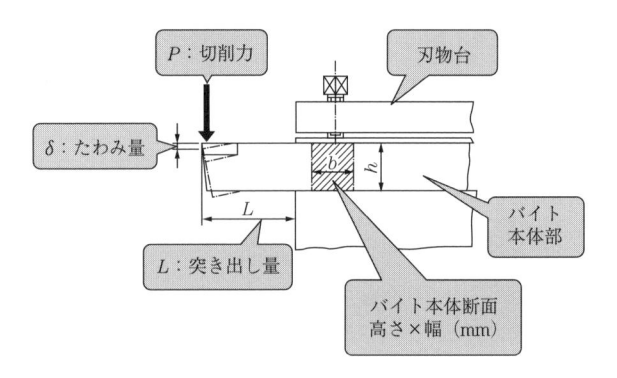

図4.5 バイトを刃物台に装着した状態と切削時に刃先で発生する現象例

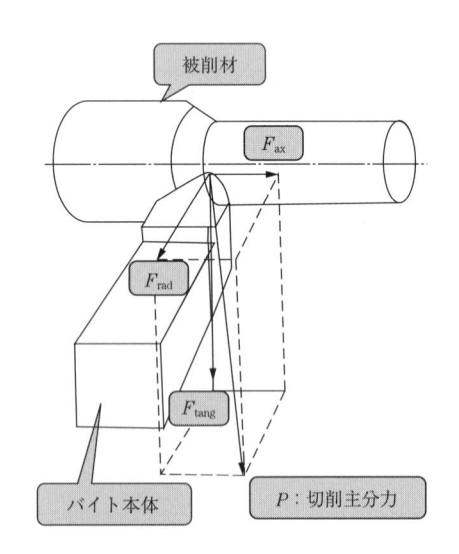

図4.6 切削中にバイト刃先に作用する切削力例

F_{tang} は旋削バイトが押し下げられる方向に発生する力であり，P はこれらの力が合成された力：切削の主分力である．

② バイトの切れ刃になるインサートの選択は，被削材と切削内容（荒切削，仕上げ切削，断続切削など）に応じて，形状，サイズ，およびチップ・ブレーカの種類を選択する．

チップ・ブレーカは，インサートの表面に3次元形状の凸凹を設けたものが主流であり，切れ刃エッジに沿って溝を設けたり，突起形状とするなど多様化している．チップ・ブレーカは，作業性を高める目的で切削時に発生した切屑を短く分断する機能をもつ（図 4.7〜4.10 参照）．すなわち，チップ・ブレーカは切削で発生した切屑をカール（湾曲形状）させる機能をもっており，カールした切屑の先端がインサート端面，またはワークに衝突してカール形状と逆の方向に曲ることで分断する．なお，切屑の分断は，切屑の刻み面がカールの内側にあることが条件であり，切屑の刻みが

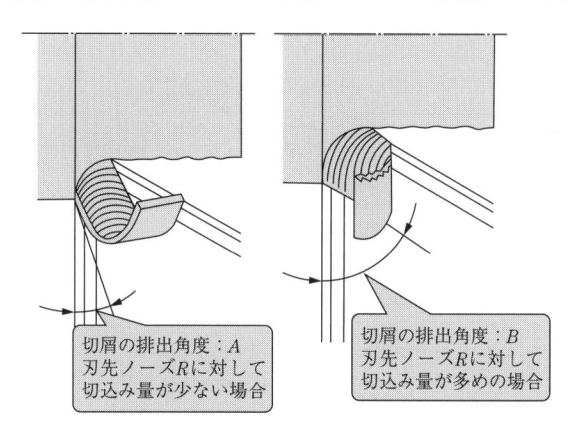

図 4.7 切屑発生状況例（インサートのノーズ R 寸法と切込みによる切屑発生状況の違い）

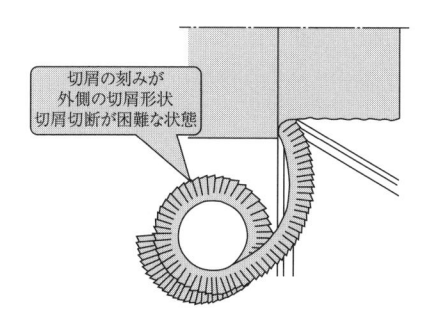

図 4.8 切屑発生状況例（切屑部ブレーキングが困難な切屑発生状況）

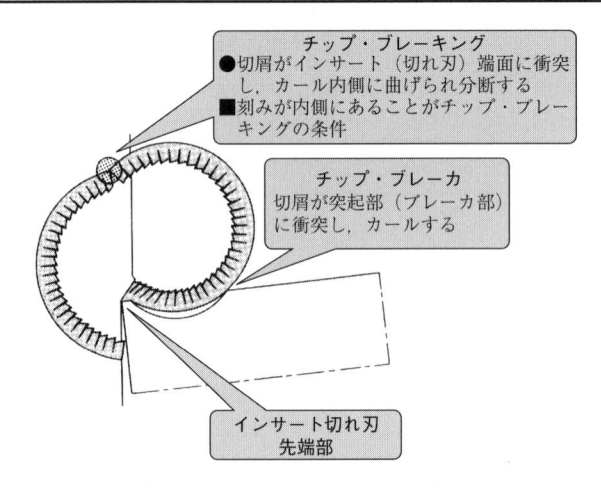

図 4.9 切屑のブレーキング現象 A

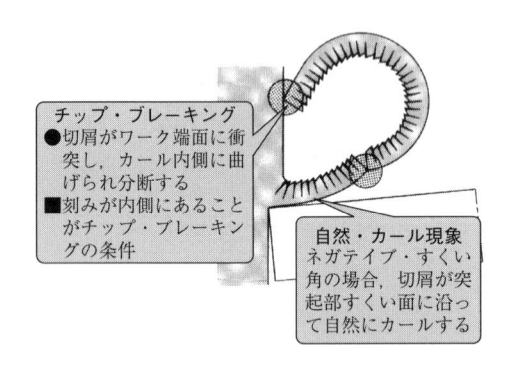

図 4.10 切屑のブレーキング現象 B

外周にあるようなカールの場合は切屑の分断は非常に困難であり，切削条件などを変化させて回避する必要がある．

現在，切削工具メーカーから市販されている旋削用インサートは，多種多様なチップ・ブレーカ形状を有しており，それらのなかから最適なものを選択したり，切削条件を決定する場合は，「チップ・ブレーカ性能曲線」（図 4.31 p.76）などを参考にする．すなわち，各チップ・ブレーカ形状が目標としている被削材，切削内容（荒重切削，荒中切削，仕上げ切削，精密切削など），切削条件（送り量：mm/rev.，切込み量：mm など）について「チップ・ブレーカ性能曲線」を参考に決定する．

4.1.2 フライス工具

工具を回転させ，かつ X-Y-Z 方向に移動（切削送り）して所定の形状に切削加工

する場合に用いる工具である．この工具は，フライス盤，マシニングセンタなどの主軸に保持具を介して装着し，切削して所定の形状に仕上げる機能を有している．

図 4.11 は，フライス工具（ソリッド・エンドミル）の概要と使用状況例を示しているが，マシニングセンタなど機械の主軸に保持具を介して工具のシャンク部で接続し，CNC 制御装置からの工具軌跡と切削条件などの指令で所定の形状と精度で切削加工を行うものである．たとえば，図 4.12 のように，穴，溝，ポケット，平面，自由曲面など多様な形状の加工が可能であり，工具の形状やサイズは加工内容に応じて多種類化している．すなわち，切削する形状，精度，サイズ，工具軌跡（工具の動作）などに応じた各種フライス工具が市販されており，それらはソリッド工具と切れ刃交換式工具に大分類できる（図 4.13 参照）．

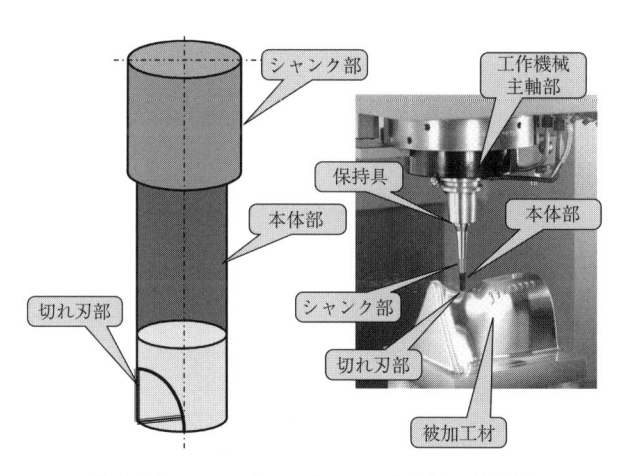

図 4.11 ソリッドエンドミルの切削加工状況例

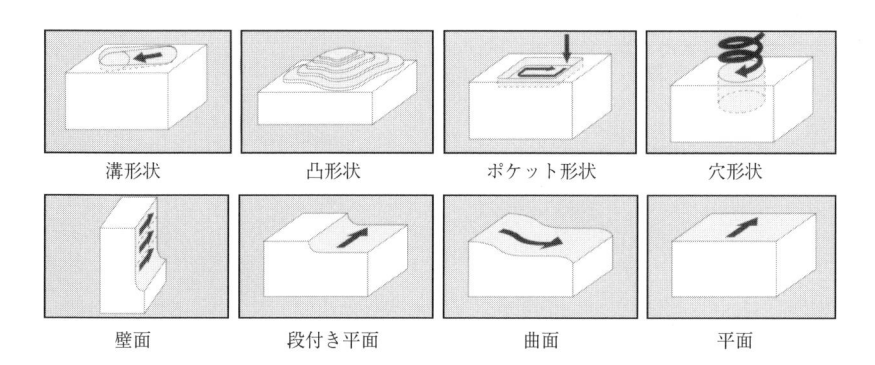

図 4.12 フライス加工形状例

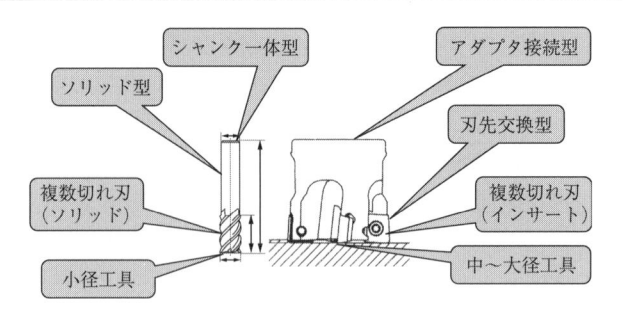

図 4.13 フライス工具の分類例

（1） 切れ刃交換型

工具寿命に達したインサート（切れ刃）を交換する方式である．インサートの形状と配列で切削機能が決まる．被削材と加工内容（荒切削，仕上げ切削，平面・たて壁面・傾斜面切削など）に応じた工具材種と切れ刃形状（すくい角，スクレーパフラット，切れ刃のコーナ部形状など）のインサートを交換できる．

（2） ソリッド型

切れ刃とシャンクが一体化したタイプである．比較的小径工具が多く，もっとも工具の剛性と切削性能が高いという特徴を有する．しかし，工具寿命に到達した場合の切れ刃交換は，再研削を行う必要があり，刃先交換型のように短時間で刃先を再現できない．

とくに高精度仕上げ加工，および部品の微細化に対応した微小径工具の分野で，ソリッド型の工具は増えることが予測できる（図 4.14 参照）．

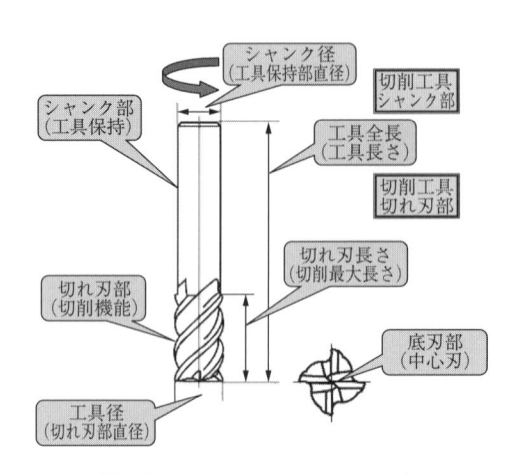

図 4.14 ソリッド・エンドミル例

図4.15は，CNC切削とよばれている，加工形状に最適な工具と工具軌跡を生成し，合理的な切削を行う場合の同時多軸送り切削における，各種切削例について示している．このようなCNC切削は，ソリッドエンドミルの加工方式として多くの生産現場で適用されている．

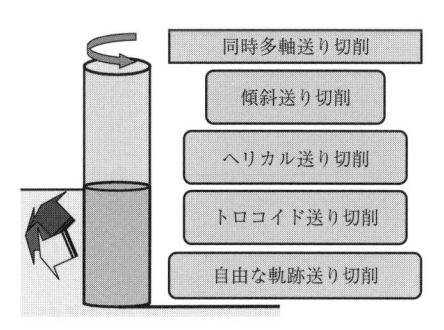

図4.15　CNC切削における各種切削例

4.1.3　穴加工用工具——ドリル

穴あけ加工（ドリル），穴内径の仕上げ（リーマなど），ねじ切り加工（タップなど）など，加工内容に応じて各種の穴加工用工具がある．これらの工具は，工具回転と1方向（たとえば，3軸制御マシニングセンタのZ方向）送り動作で穴加工を行う．

ドリルは穴あけ加工に用いる工具であり，切削特性の異なる中心刃と外周刃をもち，とくに中心刃部の切れ刃形状（チゼル部，およびシンニング形状）が切削性能に及ぼす影響は大きい．ドリルの切れ刃形状は，チゼル部（ドリル先端の切れ刃部），切れ刃エッジ部，および肩部（ドリル外周の切れ刃部）から構成されている．

ドリル先端の角度（ドリル先端角は工具材種で異なる），およびチゼル部（図4.17参照）の寸法は，ドリル切削時の切削力に直接的な影響を及ぼす．たとえば，図4.16に示したように，ドリル先端角を大きくすると切削トルクは減少し，逆にスラスト荷重は増大する．

また，図4.17に説明するように，チゼル部にシンニングを施してチゼル部の寸法を0に近づけると，スラスト荷重の分布はドリル中心部に集中するため全体として減少する．これらの現象を利用したドリル活用例として，比較的に靱性と硬度が高い金型用鋼材のような被削材におけるドリル穴加工は，図4.18に示すようにドリル先端角を130〜140°と大きくして，被削材と切れ刃部分の接触面積を少なくして切削トルクを減少，かつスラスト荷重が軽減できるX形シンニングを施してチゼル部分を最小限残すようなドリル切れ刃形状にすると，切削抵抗，および切削時の熱影響を最小限に抑えることができ，安定した切削が可能である．

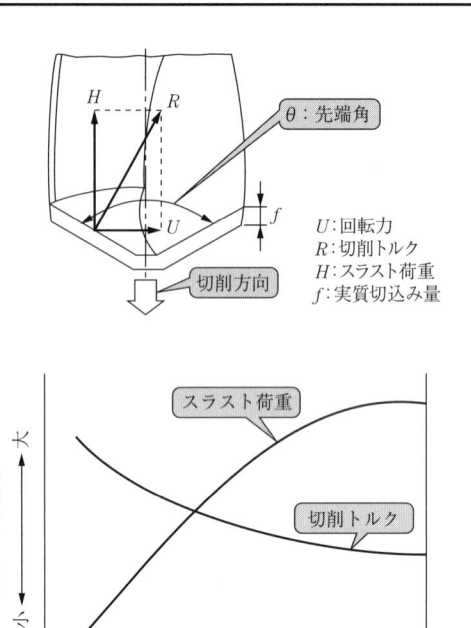

図 4.16 ドリルの切れ刃にはたらく切削力と刃先角の関係

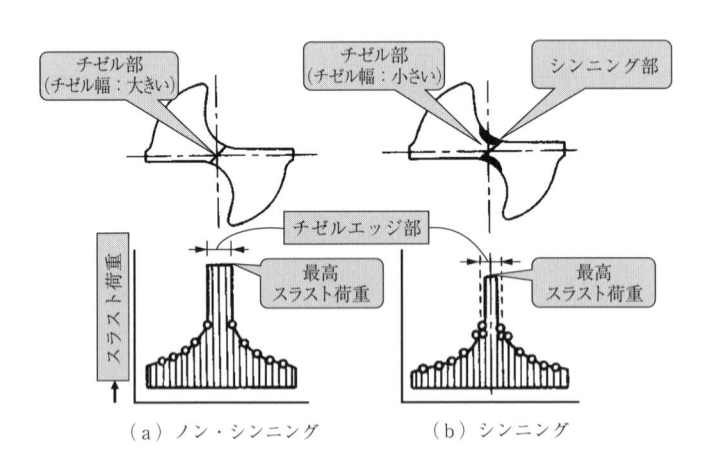

図 4.17 ドリルのシンニングとチゼル形状，およびスラスト荷重の関係

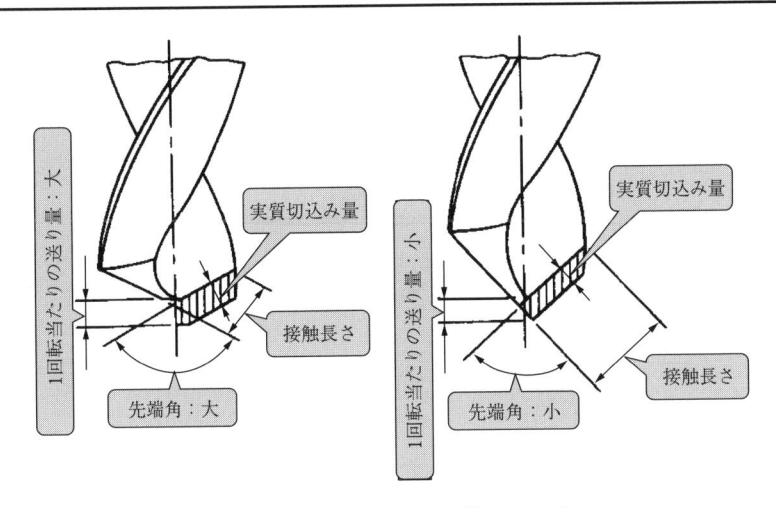

図 4.18 ドリル先端角と切削メカニズム

ドリルは，ドリルの形状，用途，および工具材種などで分類するが，ドリル形状ではソリッド・ドリルと切れ刃交換型ドリルに大分類できる．

(1) ソリッド・ドリル

切れ刃とシャンク部が一体化した構造で，もっとも一般に使用されているドリルであり，浅穴加工用，深穴加工用など，加工する穴の深さに応じた長さと断面形状（深穴加工用は切れ刃と全長が長くなるため，ドリルの溝形状を工夫し断面積を大きく確保し，切削時の剛性を確保したもの）が異なったものがシリーズ化されている．工具材種の面でも多種類化しており，たとえば，ハイス（高速度鋼），粉末ハイス，超硬合金，およびこれらの表面にコーティング処理を施したものなどが市販されている．保持具で把握するドリルのシャンク部は，モールステーパ（緩やかで全長が長いテーパ），およびストレート形状のものが多く用いられている．最近の高速切削化傾向はドリルの場合も例外ではなく，コーテッド超硬合金ドリルが中心的に用いられるが，高速回転時における刃先の振れ精度を考慮して，ストレート・シャンク形状が多く適用されている．

(2) 切れ刃交換型ドリル

穴径が 12 mm 以上の浅穴（ドリル直径の 3～5 倍程度が標準）加工用ドリルは，切れ刃部が交換できる方式のものを用いることがある．この工具は，コーテッド超硬合金の工具材種で，かつ独特な各種チップ・ブレーカ付きインサート（切屑を寸断する特殊形状の溝をもつインサート）を切れ刃としており，多様な被削材に対応したインサートの種類を有し，かつ切れ刃部が摩耗すると新しい切れ刃（インサート）に交換できる．このドリルはドリル直径の 5 倍以下程度の穴加工に適用するもので，刃先に

冷却液を供給するオイルホールがあり，高速切削条件で穴加工ができる．
図4.19，図4.20に刃先交換型ドリルと保持具例を紹介している．

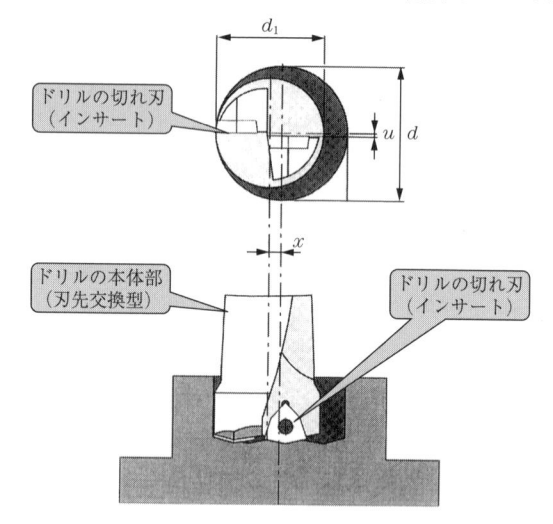

図4.19　切れ刃交換型ドリル例
（ケナメタル・ヘルテル：ドイツ）

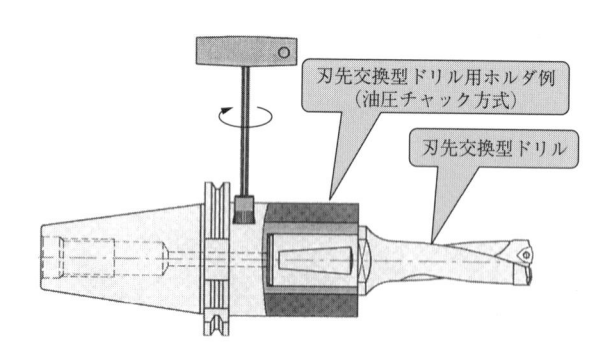

図4.20　切れ刃交換型ドリルと保持具例
（ケナメタル・ヘルテル：ドイツ）

4.1.4　穴加工用工具──リーマ（穴の仕上げ加工用工具）

リーマは，一般に比較的小径の穴の仕上げ加工用工具として多く用いられており，刃先調整なしで穴の仕上げ加工ができる特徴を有する．リーマは，図4.21に示したように，切削に加えてバニッシング機能ももっていることがほかの仕上げ用切削工具と異なる点である．

リーマの切れ刃部は，ストレート形状，ヘリカル形状，およびブローチ形状など多

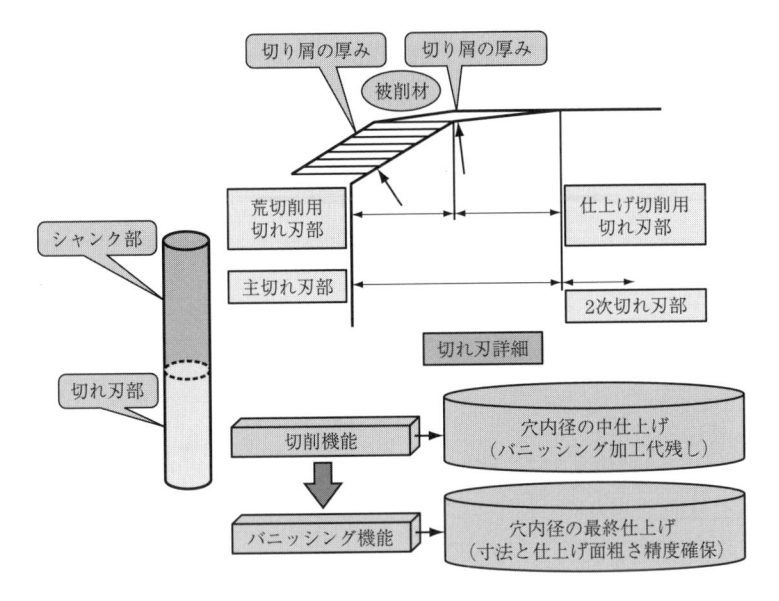

図 4.21 リーマの機能説明

様化しているが,ストレート切れ刃形状が基準であり,工具材種は,ハイス,粉末ハイス,および超硬合金(コーテッド超硬合金)のものが一般に用いられている.しかし,最近は特殊切れ刃形状の高速型,および cBN 焼結体,ダイヤモンド焼結体のリーマの登場で,リーマ加工もほかの切削工具と同様に高速化傾向が強まっている.

4.1.5 穴加工用工具——ボーリング工具(穴の仕上げ加工用工具)

ボーリング工具による穴の仕上げ切削は,比較的大きな直径の穴の仕上げ用工具であり,高精度加工用の工具は,刃先位置を 1 μm 単位で調整できる機構をもつものも市販されている.

図 4.22 は,穴の仕上げ加工用工具の適用領域例を示しているが,リーマは直径 20 mm 以下の小径穴,および 3〜5 μm 以下の高精度加工に適し,ボーリング工具はリーマ加工を適用する範囲以上の中〜大径穴の加工,例外的に高精度なリーマの下穴加工などにも適用する.

ボーリング工具の切れ刃部は,ろう付けバイト方式,切れ刃交換方式のものがあり,切れ刃に用いる工具材種は耐摩耗特性を重視した,コーテッド超硬合金,サーメット,cBN 焼結体,ダイヤモンド焼結体などが多く,被削材や加工する穴の精度と数量などの加工条件に応じて最適な選択を行う.

図 4.23 に一例を示したものは,切れ刃部がインサート交換方式,刃先位置がスラ

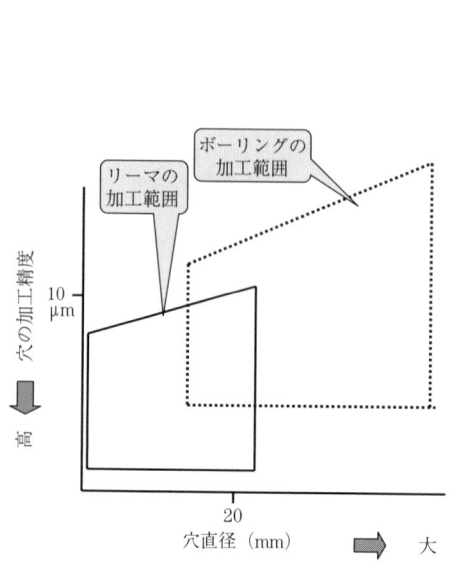

図 4.22　穴仕上げ加工用工具の適用区分例

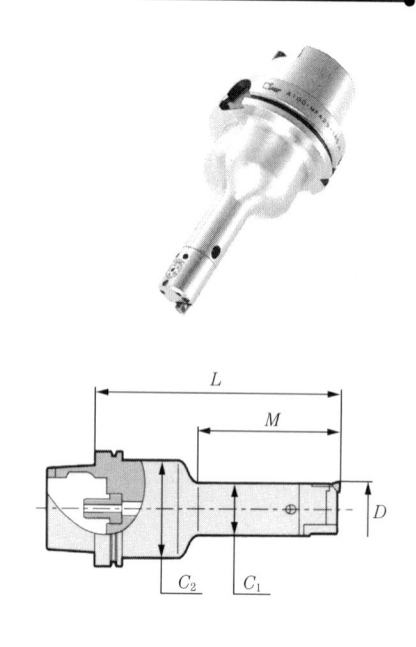

図 4.23　切れ刃交換方式アジャスタブル・ボーリング工具例（MSTコーポレーション）

イド機構で広範囲に調整でき，かつ $2\,\mu m$ ピッチの微調整機構を有する高速切削対応のボーリング工具である．

4.1.6　穴加工用工具――ねじ穴切削加工用タップ

　各種機械，装置，金型などにおける部品の締結は，一般にねじによる締め付け方式が用いられており，ねじ穴の加工はタップ工具による切削加工が多く適用されている．一方で，ねじ穴加工も多様化しており，従来のタップによる加工，およびねじフライス工具とヘリカル工具軌跡によるねじ加工方式（後述の図 4.27 にヘリカル工具補間によるドリル・ねじ同時加工を紹介している）の適用も増えている．これらの異なった加工方式におけるおのおのの特徴は，タップ工具の場合はねじのサイズと種類ごとに専用工具が必要であるのに比べ，フライス工具の場合は，ねじの種類（ねじ山の角度など）ごとの工具を用いて一定範囲のサイズを共通的に加工できるため工具の種類を減少でき，切屑つまりが少ないために，ねじの加工精度を高くできるなどが挙げられる．

（1）　タップによる切削加工

　タップはねじを切削加工するための総型工具であり，ドリルで穴あけ（ねじ下穴と

よぶ）後に，ねじ山形状を切削加工する．

タップはねじの種類，サイズ，被削材，および工具材種などに応じて各種のものがあり，適材適所な選択による工具を用いてねじの加工を行う．この加工は従来から，タッピング用保持具を用いている．タッピング用保持具はタッパーともよばれており，機械主軸の回転と1回転当たりの送り量を正確にコントロールする機能を有する．ただし，マシニングセンタなどCNC工作機械の主軸送り制御が高精度化した現在では，コレットチャック方式保持具でチャッキングした状態（タッピング用保持具レス）でタップによるねじ切削加工（リジットタップ加工）が可能になっている．

図4.24にタップ工具例を，図4.25にタッピング用保持具の一例を紹介している．さらに，図4.26にタッピング作業における条件について説明しているが，すべての要素について配慮することが，ねじ切削加工を最適化するためには不可欠である．

(2) ねじフライス工具による切削加工

マシニングセンタなどによるCNC切削（コンピュータ制御による工作機械において，切削工具を多方向に移動させ合理的な切削加工を指向した切削方式）が中心の現状において，ヘリカル補間（ヘリカル形状に沿って工具を移動させる）によるねじ切削加工が登場し，高速・安定した加工が可能になりその適用が増えている（図4.27参照）．

図4.24 タップ工具例（オーエスジー）

図4.25 タッピング用保持具例（カトウ工機）

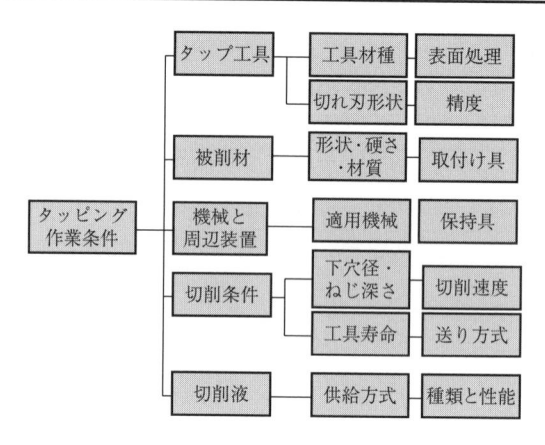

図 4.26　タッピング作業条件例

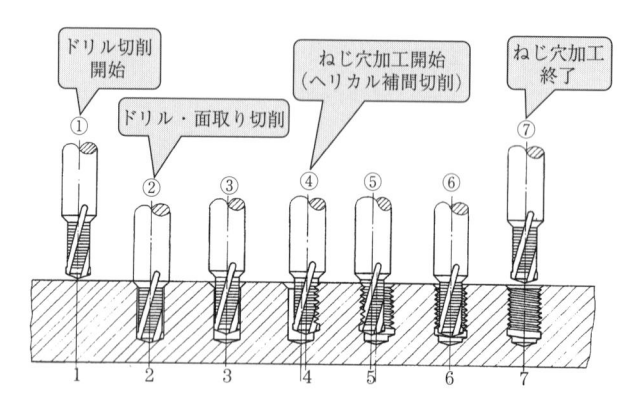

図 4.27　ドリル・ねじ切削同時加工例（JEL：ドイツ）

4.2　切削工具と保持具の実際

4.2.1　旋削工具の選び方・使い方

　旋削加工を行う工作機械が，汎用旋盤から NC 旋盤になり，CNC ターニングセンタ（旋削，およびフライス工具などの回転工具機能をもつ複合 CNC 加工機）の登場で，旋削用工具の多様化が進んでいる．すなわち，従来のバイトとよばれている工具形状から，マシニングセンタなどのツーリングと類似した工具と保持部が一体化した構造のものまで，CNC ターニングセンタにおいて適用されている（図 4.28 参照）．一方で，製品の小型化にともなって部品が微小化し，CNC 小型旋盤の適用で小型バイトを用いた精密旋削加工が行われている．
　従来から小型バイトは，ソリッド工具およびろう付け工具が多かったが，切削の高

4.2 切削工具と保持具の実際

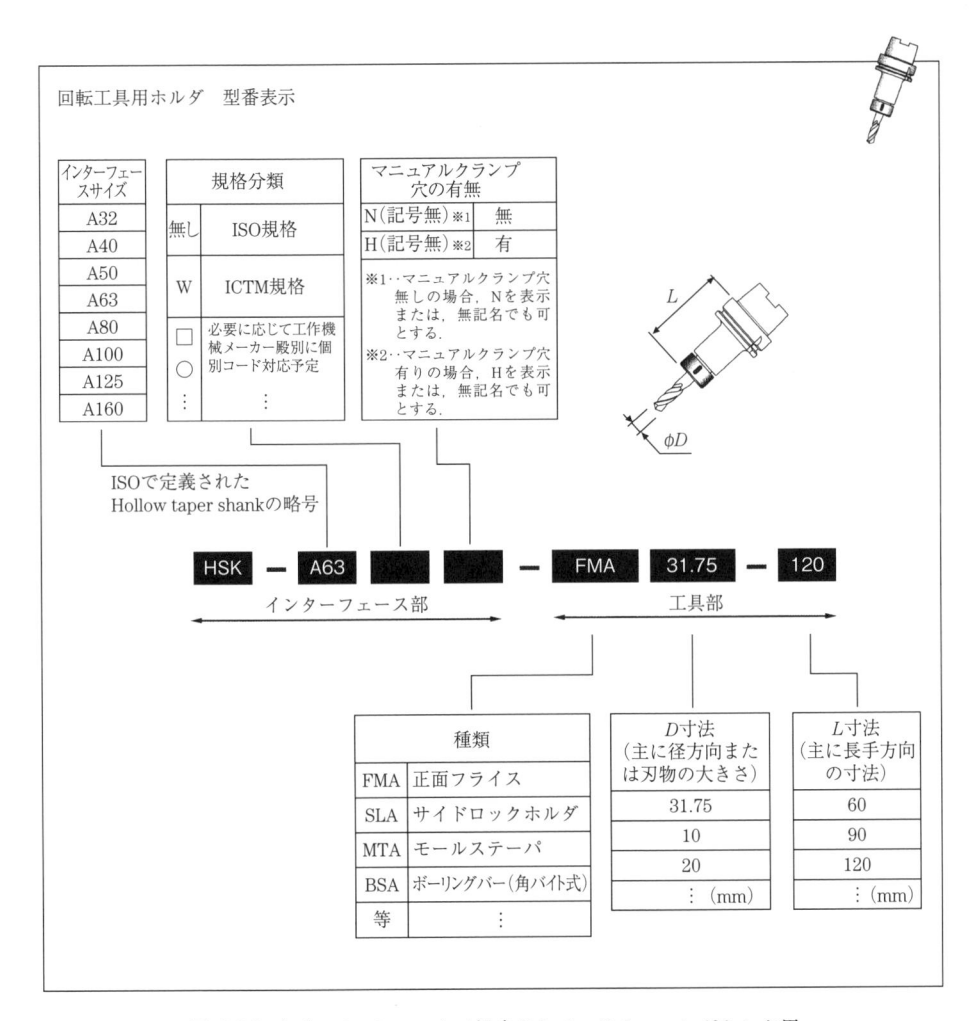

回転工具用ホルダ　型番表示

インターフェースサイズ
A32
A40
A50
A63
A80
A100
A125
A160

規格分類	
無し	ISO規格
W	ICTM規格
□	必要に応じて工作機械メーカー殿別に個別コード対応予定
○	
:	:

マニュアルクランプ穴の有無	
N(記号無) ※1	無
H(記号無) ※2	有

※1‥マニュアルクランプ穴無しの場合，Nを表示または，無記名でも可とする．
※2‥マニュアルクランプ穴有りの場合，Hを表示または，無記名でも可とする．

ISOで定義された Hollow taper shankの略号

HSK - A63 □ □ - FMA 31.75 - 120

インターフェース部　　　　工具部

	種類	D寸法 (主に径方向または刃物の大きさ)	L寸法 (主に長手方向の寸法)
FMA	正面フライス	31.75	60
SLA	サイドロックホルダ	10	90
MTA	モールステーパ	20	120
BSA	ボーリングバー(角バイト式)	: (mm)	: (mm)
等	:		

図 4.28（a）HSK シャンクで提案されているターニングセンタ用ツーリングシステム（ICTM 規格）例

外径旋削工具用ホルダ　型番表示

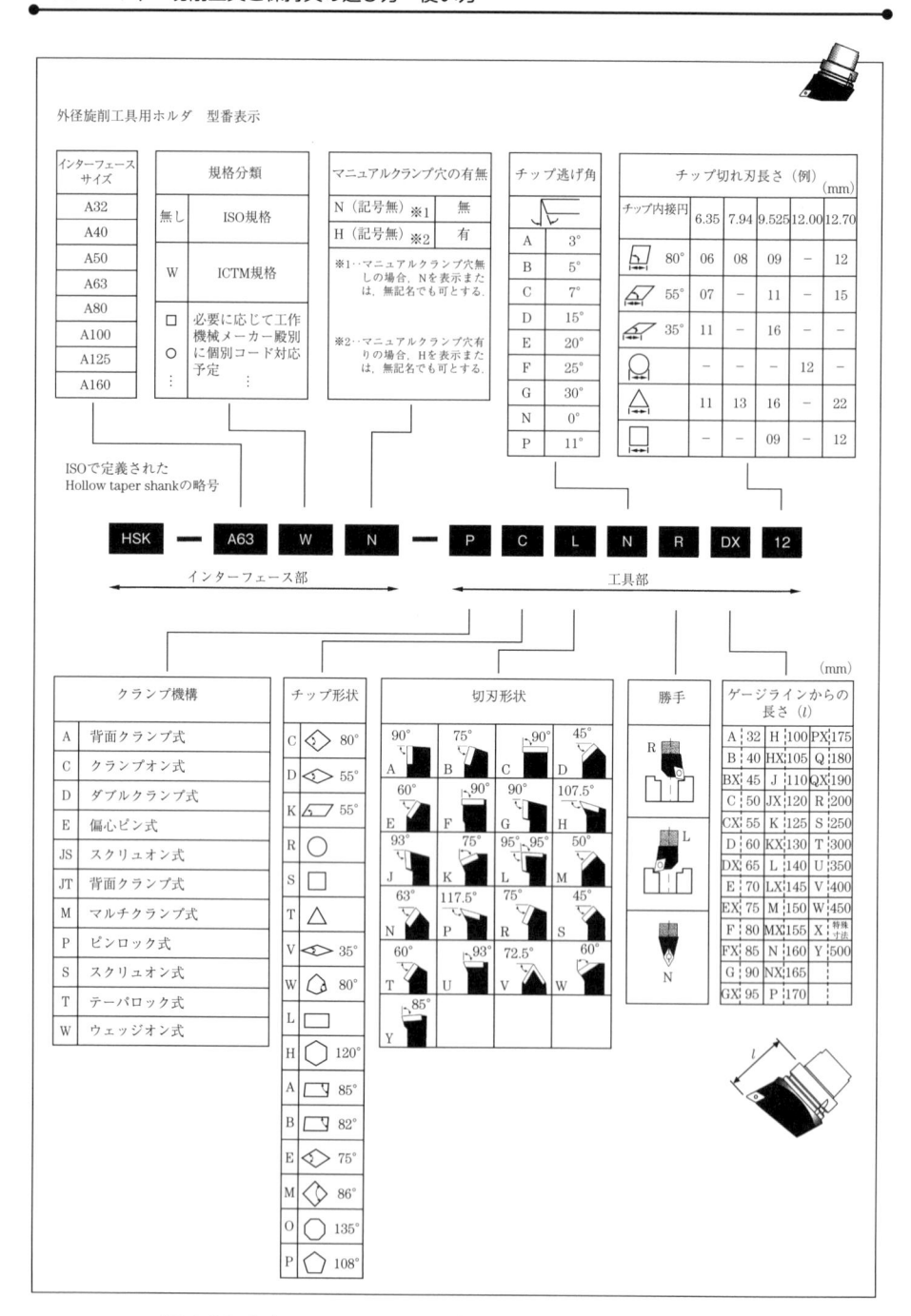

インターフェースサイズ
A32
A40
A50
A63
A80
A100
A125
A160

規格分類	
無し	ISO規格
W	ICTM規格
□	必要に応じて工作機械メーカー殿別に個別コード対応予定
○	

マニュアルクランプ穴の有無		
N（記号無）	※1	無
H（記号無）	※2	有

※1：マニュアルクランプ穴無しの場合、Nを表示または、無記名でも可とする。
※2：マニュアルクランプ穴有りの場合、Hを表示または、無記名でも可とする。

チップ逃げ角	
A	3°
B	5°
C	7°
D	15°
E	20°
F	25°
G	30°
N	0°
P	11°

チップ切れ刃長さ（例）（mm）

チップ内接円	6.35	7.94	9.525	12.00	12.70
80°	06	08	09	–	12
55°	07	–	11	–	15
35°	11	–	16	–	19
○	–	–	–	12	–
△	11	13	16	–	22
	–	–	–	09	12

ISOで定義された Hollow taper shank の略号

HSK – A63 W N – P C L N R DX 12

インターフェース部　　　工具部

クランプ機構	
A	背面クランプ式
C	クランプオン式
D	ダブルクランプ式
E	偏心ピン式
JS	スクリュオン式
JT	背面クランプ式
M	マルチクランプ式
P	ピンロック式
S	スクリュオン式
T	テーパロック式
W	ウェッジオン式

チップ形状	
C	80°
D	55°
K	55°
R	○
S	□
T	△
V	35°
W	80°
L	
H	120°
A	85°
B	82°
E	75°
M	86°
O	135°
P	108°

切刃形状

A 90°	B 75°	C 90°	D 45°
E 60°	F 90°	G 90°	H 107.5°
J 93°	K 75°	L 95°/95°	M 50°
N 63°	P 117.5°	R 75°	S 45°
T 60°	U 93°	V 72.5°	W 60°
Y 85°			

勝手	
R	右
L	左
N	中

ゲージラインからの長さ（l）（mm）

A	32	H	100	PX	175
B	40	HX	105	Q	180
BX	45	J	110	QX	190
CX	50	JX	120	R	200
	55	K	125	S	250
D	60	KX	130	T	300
DX	65	L	140	U	350
E	70	LX	145	V	400
EX	75	M	150	W	450
F	80	MX	155	X	特殊寸法
FX	85	N	160	Y	500
G	90	NX	165		
GX	95	P	170		

図4.28（b）HSK シャンクで提案されているターニングセンタ用ツーリングシステム（ICTM 規格）例

4.2 切削工具と保持具の実際

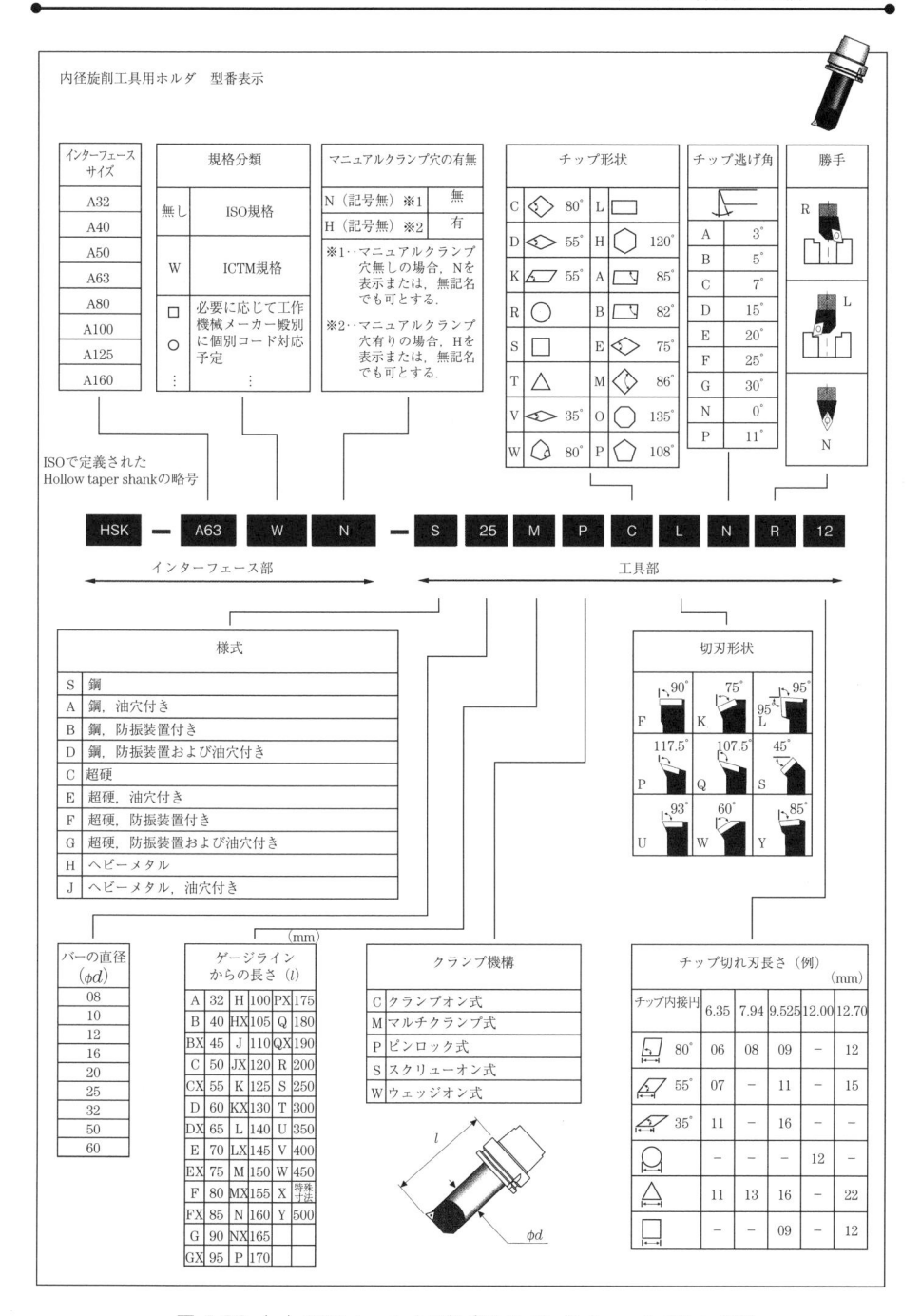

内径旋削工具用ホルダ 型番表示

インターフェースサイズ
- A32
- A40
- A50
- A63
- A80
- A100
- A125
- A160

規格分類
- 無し：ISO規格
- W：ICTM規格
- □：必要に応じて工作機械メーカー殿別に個別コード対応予定
- ○：（同上）

マニュアルクランプ穴の有無
- N（記号無）※1：無
- H（記号無）※2：有

※1…マニュアルクランプ穴無しの場合，Nを表示または，無記名でも可とする．
※2…マニュアルクランプ穴有りの場合，Hを表示または，無記名でも可とする．

チップ形状

記号	形状	記号	形状
C	80°	L	—
D	55°	H	120°
K	55°	A	85°
R	—	B	82°
S	—	E	75°
T	—	M	86°
V	35°	O	135°
W	80°	P	108°

チップ逃げ角

記号	角度
A	3°
B	5°
C	7°
D	15°
E	20°
F	25°
G	30°
N	0°
P	11°

勝手：R / L / N

ISOで定義されたHollow taper shankの略号

型番例：**HSK - A63 W N - S 25 M P C L N R 12**

（インターフェース部 ／ 工具部）

様式
- S：鋼
- A：鋼，油穴付き
- B：鋼，防振装置付き
- D：鋼，防振装置および油穴付き
- C：超硬
- E：超硬，油穴付き
- F：超硬，防振装置付き
- G：超硬，防振装置および油穴付き
- H：ヘビーメタル
- J：ヘビーメタル，油穴付き

切刃形状
- F：90°
- K：75°
- L：95°
- P：117.5°
- Q：107.5°
- S：45°
- U：93°
- W：60°
- Y：85°

バーの直径（φd）
08 / 10 / 12 / 16 / 20 / 25 / 32 / 50 / 60

ゲージラインからの長さ（l）(mm)

記号	値	記号	値	記号	値
A	32	H	100	PX	175
B	40	HX	105	Q	180
BX	45	J	110	QX	190
C	50	JX	120	R	200
CX	55	K	125	S	250
D	60	KX	130	T	300
DX	65	L	140	U	350
E	70	LX	145	V	400
EX	75	M	150	W	450
F	80	MX	155	X	特殊寸法
FX	85	N	160	Y	500
G	90	NX	165		
GX	95	P	170		

クランプ機構
- C：クランプオン式
- M：マルチクランプ式
- P：ピンロック式
- S：スクリューオン式
- W：ウェッジオン式

チップ切れ刃長さ（例）(mm)

チップ内接円	6.35	7.94	9.525	12.00	12.70
80°	06	08	09	—	12
55°	07	—	11	—	15
35°	11	—	16	—	—
（円）	—	—	—	12	—
（三角）	11	13	16	—	22
（四角）	—	—	—	09	12

図4.28（c）HSKシャンクで提案されているターニングセンタ用ツーリングシステム（ICTM規格）例

速・高精密化に加えて工具寿命の向上を指向して，図 4.29 に一例を紹介した刃先交換方式バイトも市販されている．これらのバイトはインサート形状，チップ・ブレーカ形状，インサート固定方式などにおいて各工具メーカーの特徴が発揮されている．

　旋削で重要なポイントは，工具形状，工具材種，インサート（切れ刃），チップ・ブレーカ形状，および切削条件の最適な選択が，加工能率と精度などを決定する．工具形状については，図 4.30 で説明しているが，バイトの横切れ刃角の決定は加工形状で制約を受けるが，切屑の厚さへ及ぼす影響が大きく，横切れ刃角を大きくすると実質切屑厚みが薄くなり，かつ切削抵抗が増え，とくに背分力（バイトを押し戻す方向の力）は増大するため，切削時のびびり発生も起こりやすくなる．一方で，同一切込み量における切れ刃長が長くなり，適用するインサートのサイズも大きめになるため，刃先強度は高まり工具寿命の面では有利（切削時のチッピングを抑えることができる）である．さらに，バイトホルダのサイズを大きめにしたり，バイト突出し量を最小限に抑えること，および高剛性なインサート固定方式を選択することも，安定した切削を行ううえで有効な対策になる．

　工具材種は，特殊な難削材などの場合を除くと，コーテッド超硬合金の適用が多く，荒切削，および仕上げ切削用のものを選択することでほとんどの場合は安定した切削が可能である．40HRC 以下の一般鋼材の仕上げ切削には，サーメット（TiC，TiN が主成分の超硬合金・工具材種）を適用することによって，仕上げ精度を高め，工具寿命の向上が期待できる．

　インサートは，丸駒型から 30° の倣い切削用まで多様な形状があり，加工形状に適用できる範囲でインサートの形状を選択するが，可能な限りインサートコーナ角度の大きな形状が刃先の剛性面で有利である．インサートのノーズ R（切れ刃コーナ部の R 寸法）は，加工形状（段付き軸における段付きコーナー部の最少 R 寸法など）で決まる場合が多いが，可能な限り大きなコーナ R 寸法を選択した方が仕上げ面粗さ精度一定の範囲で高送り切削が可能になり，工具寿命の面でも有利である．しかし，切込み量が少ない切削では，切屑処理に問題が発生することがあるため，ノーズ R 寸法と切込み量の関係には十分な配慮が必要である．

　チップ・ブレーカの選択は，まず，荒切削の場合は片面チップ・ブレーカを選択するとすくい角の大きなチップ・ブレーカインサート形状が選択でき，切削抵抗の軽減化と同時に，裏面がフラット面のため切削力を十分に支えることができ，安定した切削が期待できる．

　被削材と切削条件を前提としたチップ・ブレーカの選択は，図 4.31 に一例を示したように，各工具メーカーでカタログや技術資料などに表示している「チップ・ブレーカ性能グラフ」を参考にして行うのが一般的である．これらのグラフは，バイト

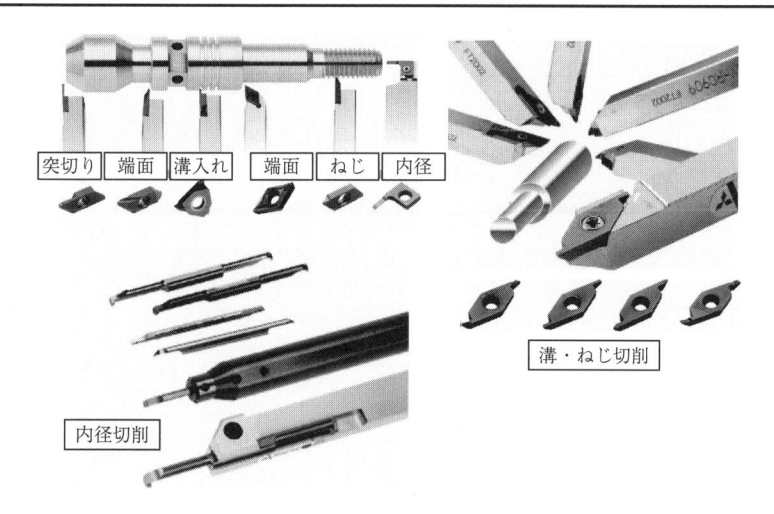

4.2 切削工具と保持具の実際　75

図 4.29　刃先交換方式・旋削工具例
（三菱マテリアル）

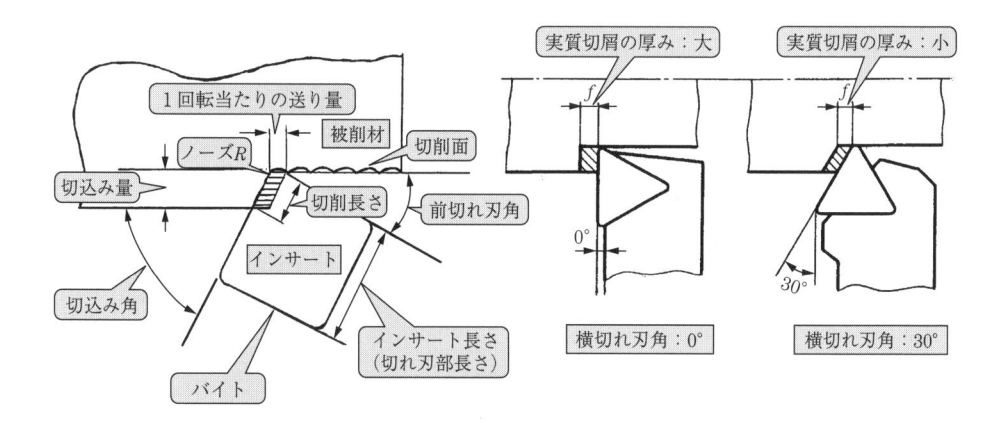

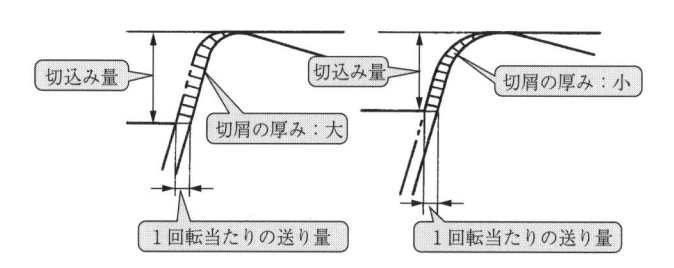

図 4.30　横切れ刃角と切屑厚みの関係

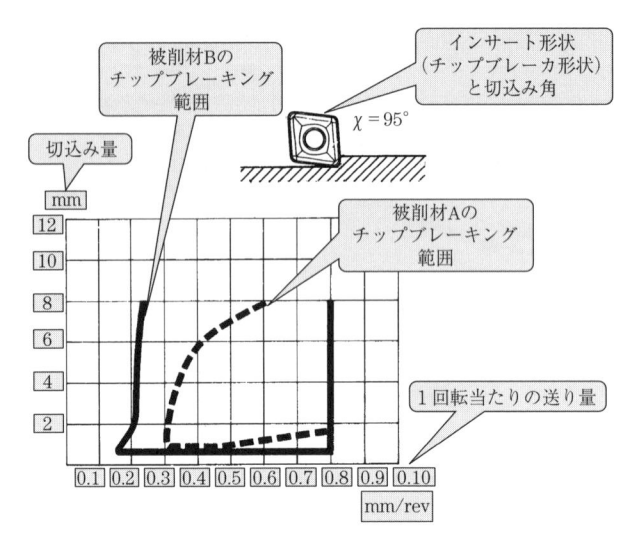

図 4.31　チップブレーカ有効範囲グラフ例

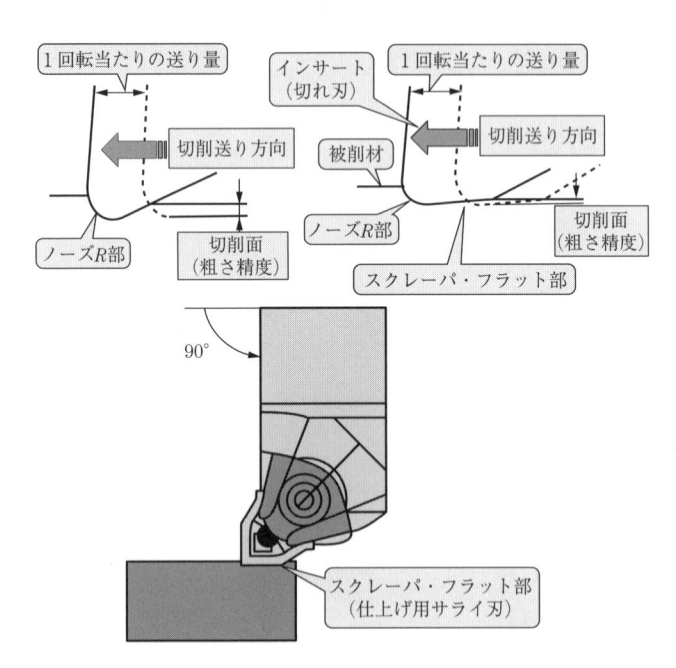

図 4.32　スクレーパフラット機能を有するインサート例（イスカル：イスラエル）

の形状ごと（切込み角，インサートの形状とサイズ）に，被削材ごとにチップ・ブレーカが作用する，切込み量と送り量の範囲が示されている．

最近は，高送り切削条件でも仕上げ面粗さ精度を高めることが可能な，スクレーパフラットを切れ刃のノーズ R 部分に有するインサートが登場し，高能率な仕上げ切削が実現できるようになっている．図 4.32 に，このスクレーパフラット機能を有するインサート例，およびバイトホルダに装着した状況について示した．

4.2.2 フライス工具の選び方・使い方
（1） フェースミル

比較的に大きな平面（プレートなどの平面加工など）を切削加工する場合に用いるフライス工具をフェースミルとよんでいる．

フェースミルの構造（インサートを固定する方式など）は工具メーカーにより異なる場合があるが，それらのなかから二例を挙げ，各部名称について図 4.33，図 4.34

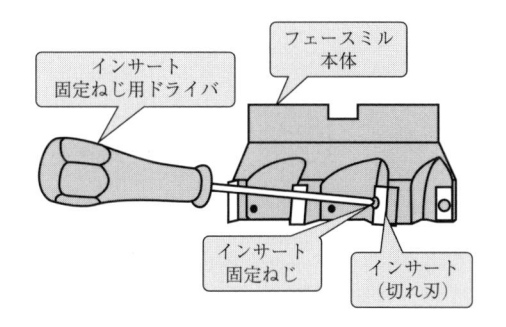

図 4.33　フェースミルの名称（ヘルテル：ドイツ）

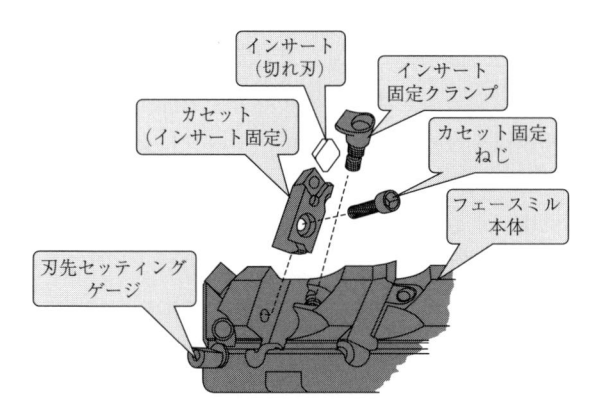

図 4.34　フェースミルの名称（ヘルテル：ドイツ）

にそれぞれ示した．フェースミル切削を行ううえで主な留意点について，以下に説明する．

① 切込み角（フェースミル外周の切れ刃エッジ部の傾斜角度を示す）を小さくすると（インサートのサイズは大きめになる），切込み深さに対する切れ刃長は長くなり，大きなインサートを必要するが，工具寿命の面で有利になる．たとえば，高靱性，かつ高硬度な特性を有する被削材には，切込み角の小さな（例：45°）フェースミルを適用すると，安定した切削が期待できる．

② すくい角は，アクシャルレーキ（軸方向のすくい角）と，ラジアルレーキ（半径方向のすくい角）があるが，すくい角がポジティブの場合は，切削抵抗を減少できるが刃先強度は低下する．これらの切れ刃角に応じて，図4.35に示したように切屑形状と排出方向が変化する．

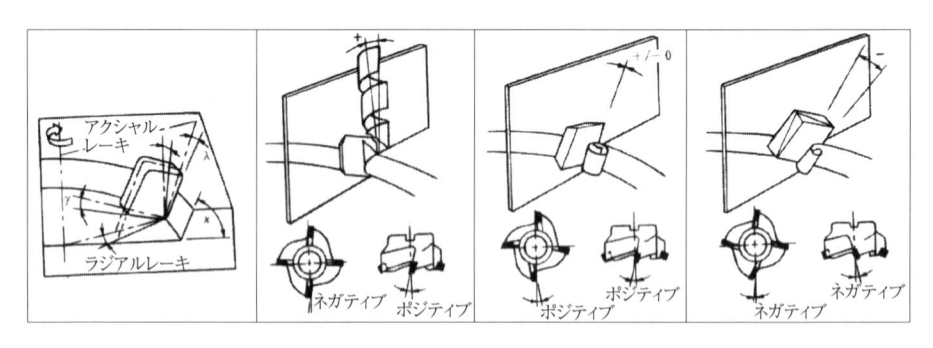

図4.35 フェースミルの切れ刃角と切屑生成
（ラジアルレーキとアクシャルレーキ）

③ 被削材の切削幅の30～50％程度大きな直径のフェースミルを用いると，フェースミル直径に対する切削している工具軌跡の円弧が短くなり，正味切削時間（実際に切れ刃が切削作用している時間）が短くなる．その分，非切削時間が長くなるため切れ刃の冷却時間が長くなり，工具寿命の面で有利になる．さらに，切削開始ポイントにおいて，インサートの切れ刃先端部が最初に被削材と接触することが防げ，刃先破損を含めて工具寿命の面で有利になる．

④ 図4.36に示したように，フェースミルと切削幅の中心がずれた方向で切削を行うと，実際に切削する工具軌跡が長くなり切れ刃の作用する時間が多くなるため，工具寿命の面で不利になる．さらに，フェースミルにはたらく切削力と切削送りの切削力のベクトルがずれるため，切削中に振動が発生しやすくなり，切れ刃にチッピングが発生して切削面粗さ精度の低下などを招く原因になる．

⑤ フェースミルの直径が被削材の切削幅に比べて大きすぎると，工具移動距離が長くなり，かつ工具回転数は工具直径に比例する．そのため，大径ほど低速回転

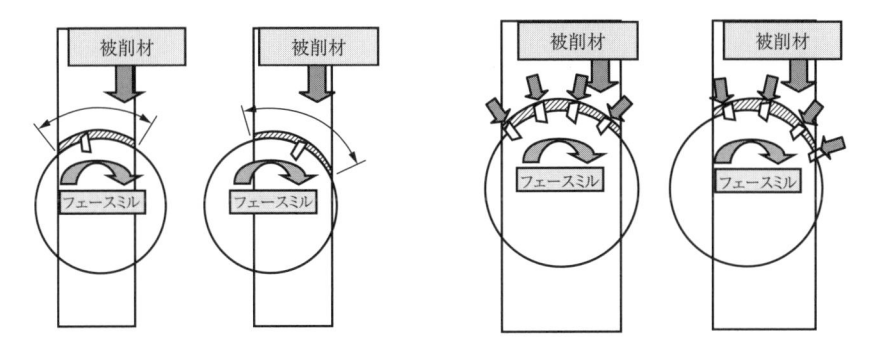

図 4.36 フェースミル切削における留意点例

になり,1刃当たり送りの量が同一の場合は送り速度 (mm/min) は低くなり,加工能率は低下する.

(2) エンドミル (ソリッド・エンドミル)

エンドミルは各種機械部品などの形状加工に用いられ,マシニングセンタやターニングセンタ作業における主役的な役割を担っている.加工形状,加工サイズ,および被削材などに応じて多種多様なものが市販されている.

一般には図 4.37,図 4.38 に示すように,曲面加工用としてのボールエンドミル,平面や溝などの加工用としてスクエアエンドミル,およびスクエアエンドミルのエンド切れ刃コーナー部に R 形状処理を施したラジアスエンドミルなどが多く用いられている.

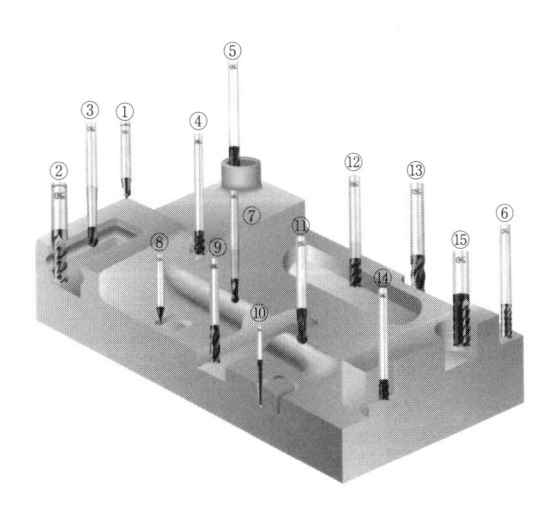

図 4.37 各種エンドミルと加工形状例(オーエスジー)

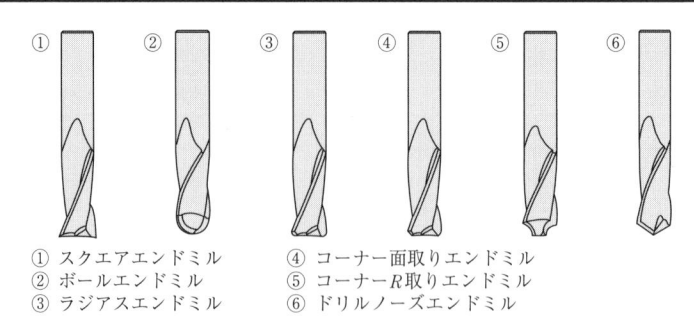

① スクエアエンドミル
② ボールエンドミル
③ ラジアスエンドミル
④ コーナー面取りエンドミル
⑤ コーナーR取りエンドミル
⑥ ドリルノーズエンドミル

図4.38　各種エンドミルの形状と名称例

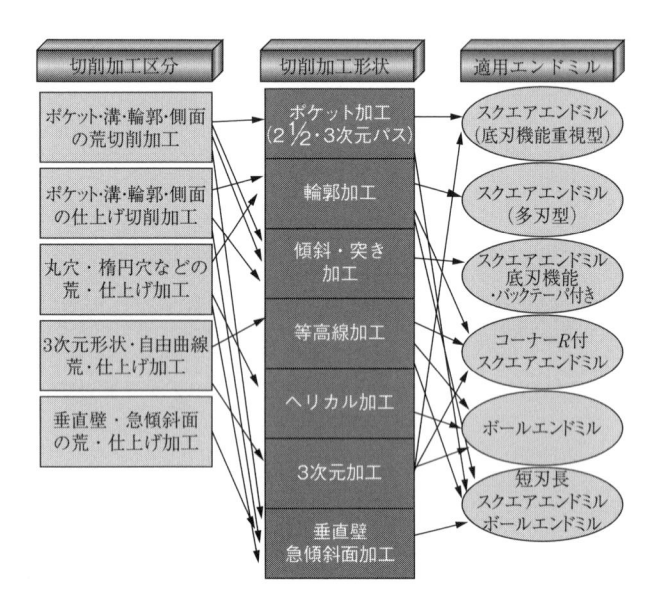

図4.39　エンドミルの選択例

　被削材別には，一般鋼材向け，アルミ合金や銅合金向け，および高硬度鋼向けなどがあり，切れ刃形状や工具材種（コーテッド超硬合金，cBN焼結体など）などが異なり，それぞれの加工において最適化が指向されている．

　主なエンドミルの種類と適用について，図4.39に説明する．

(3)　ボールエンドミル

　主に曲面形状の切削に用いるが，多様な形状に対応できる機能（切れ刃部形状が球面のため多様な形状に対応できる）をもっているため，工具軌跡を工夫すると，傾斜・垂直壁面の加工，ヘリカル工具軌跡による穴あけ（ドリリングと仕上げ加工），ポケット加工など広範囲にその適用が拡大している．

4.2 切削工具と保持具の実際　81

　ボールエンドミルの種類は，コーテッド超硬合金ボールエンドミルが中心的に用いられているが，用途に応じて超硬合金，cBN焼結体，ダイヤモンド焼結体などの工具材種のものを使い分ける場合がある．

　1刃当たりの送り量とピックフィード量（切削送り方向と直角方向に工具を移動する距離：mm），切込み量は，加工指定された仕上げ面精度，工具径などに応じて決め，図4.40に説明した計算式で基礎データを得ることができる．

　ボールエンドミルは，切れ刃部が球面形状であり，真実の切削速度は，切削している切れ刃のポイントで算出することになる（図4.41参照）．

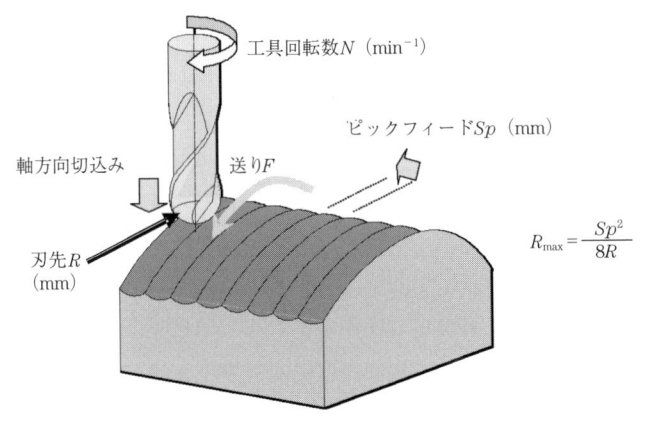

工具回転数N（min^{-1}）
ピックフィードSp（mm）
軸方向切込み
送りF
刃先R（mm）

$$R_{max} = \frac{Sp^2}{8R}$$

〈算出例〉：ボールエンドミル：直径10 mm（半径＝5 mm）
　　　　　ピックフィード量：0.5 mm（1パスごと）
　　　　　算出：(0.5×0.5)÷(8×5)＝6.25（μm）

図4.40　ボールエンドミル切削における仕上げ面粗さ精度計算式

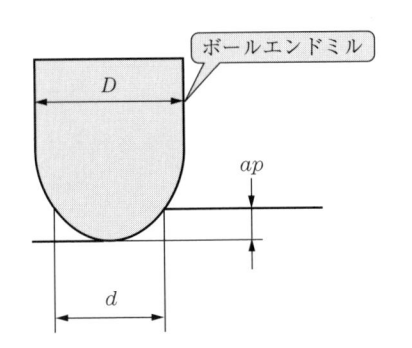

ボールエンドミル
D
ap
d

実工具径$(d) = 2\sqrt{ap(D-ap)}$

ap：切込み量
D：ボールエンドミル直径
d：実際に切削する切れ刃部

図4.41　ボールエンドミル切削における切込み量と実工具径（実切削ポイント）の計算式

たとえば，工具の外周部分を使用して切削する場合は，一般には工具直径で算出するが（例：工具直径＝10 mm の場合，切削速度 250 m/min で切削すると，工具回転数は約 8000 $\min^{-1}$ になる），平面形状における切込み量，または傾斜面などの切削で，切削ポイントが中心刃寄りになり，実切削速度（切削ポイントにおける切削速度）は低くなる．たとえば，直径 10 mm のボールエンドミルで，切削量 0.2 mm の場合は，実工具径は 2.8 mm になる．このような場合は，直径 10 mm 以下の小径ボールエンドミルを選択することで，高能率な切削加工が実現可能になり，工具回転数を高めることで，切削送り速度も高くすることができる（1 刃当たりの送り量を一定にする場合）ために切削時間を短縮することが可能になる．しかし，小径ボールエンドミルの適用よりも，大きな直径のボールエンドミルを用いたほうが仕上げ面粗さの面で有利になり，切削の目的（切削面精度または加工形状対応など）に応じた選択を行う．

同様に，ボールエンドミルの曲面形状加工でも，曲面の形状によって切削する切れ刃箇所が異なるため切削速度は変化する．とくに，半円形状の切削加工を行う場合，たとえば曲面の頂点付近ではボールエンドミルの中心刃に近い切れ刃で切削し，傾斜した壁部の切削では外周切れ刃部の切削になるため実切削速度は最高になるなど，異なった切削条件が組み合わされている．

このような形状の切削を工具摩耗の面から見ると，切れ刃の多くの部分が切削に関与するため，平面加工に比較すれば切れ刃摩耗は平準化され，有利になることが予測できる．

すなわち，ボールエンドミルは，中心刃付近の摩耗で工具寿命が決まることが多く，中心刃切削が少ない曲面加工は工具寿命の面で有利である．

反面，壁面の切削加工は，切削速度が限界値を超す危険があり，超硬合金ボールエンドミルでプリハードン鋼を切削するような場合，たとえば，切削速度が 400 m/min を超すと急激に摩耗が進行し，短時間でチッピングを生じるおそれがあるため，切削条件を設定する場合に注意を要する．

ボールエンドミル切削における留意点を以下に示す．

① ボールエンドミル切削は，とくに仕上げ面精度を高く要求される仕上げ切削において工具寿命を長くすることが必要条件になっているが，工具の最適な選択と同時に，浅切込み・高送り切削の切削条件が有効である．

② 円弧・球面形状のボールエンドミル切削における加工形状精度は，曲面頂部で凹，肩部で凸になることが多いが，これは円弧・球面の頂部で切込みは深めになり，その周辺で削り込み不足が生じ，側面切削に近いところでは形状精度が良好になる傾向が考えられる．このような形状誤差は，頂部では工具の曲げによる逃げが生じないためであり，また，側面壁部では切削性が良好なことによるものと

推察できる.

③ 工具の弾性変形量は工具形状などによる剛性のほかに，切削抵抗に起因しており，切込み量などの切削条件，工具の刃先摩耗などで切削抵抗が大きくなるほど増加する．

④ ボールエンドミル切削で進行する工具切れ刃の摩耗，とくに逃げ面摩耗幅が増大すると，切削抵抗が増すため，工具摩耗が増大するような切削条件，および一定の逃げ面摩耗量を超えた切削を行うと加工形状誤差は増える．

⑤ とくに超硬合金，cBN焼結体などのボールエンドミル切削では，切削速度を高めると形状誤差は少なくなる．ただし，高速回転時に工具と保持具の組み合わせにおける振れ精度を高める方策が必要である．かつ摩耗が減少する切削条件域があり，この条件で切削加工すると高速切削で良好な形状精度が得られる．

⑥ 曲面形状切削は，平面切削と異なり工具外周部で切削する場合も多く，工具回転数を高めていくと，工具材種の切削速度限界を越えることが考えられ，切れ刃のチッピングが早期に発生する．したがって，工具外周の限界速度以下で行う必要がある．

（4）スクエアエンドミル

主に側刃（外周刃）による垂直面，ポケット，小さな平面などの形状を切削加工する場合に用いる（図4.42参照）．

標準的なエンドミルの切れ刃のコーナエッジ部はシャープであり切削時の衝撃に弱いため，スクエアエンドミルは，コーナ部を面取り，またはR形状に処理して補強した形状のもの（コーナチャンファ付きエンドミル，およびブルノーズエンドミルとよばれて，シャープエッジのスクエアエンドミルと区分している）が多く用いられている．

主な用途別のスクエアエンドミルの種類は以下のとおりである．

図4.42 スクエアエンドミルによる加工形状例
　　　　（オーエスジー）

(a) 荒切削加工

ハイス（コーテッド）・ラフィングエンドミル，スローアウェイ・スクエアエンドミル（コーテッド超硬合金インサート），コーテッド超硬合金エンドミル．

(b) 仕上げ切削加工

コーテッド超硬合金エンドミル，サーメット・スクエアエンドミル，cBN焼結体エンドミル，ダイヤモンド焼結体エンドミル．

(5) 微小径エンドミル切削

精密・微細切削は，エンドミルの微小径化に依存するが，エンドミルを活かすための高精度ツーリング，精密微細用マシニングセンタ，および精密微細切削技術など総合的なハードとソフトで構成されるテクノロジーが必要である．

微小径エンドミルは，図4.43に求められている条件例を示したが，高速回転時の振れ精度，工具寿命特性，微小径化における新たな切れ刃形状の追求など，エンドミルの開発が求められている．たとえば，図4.44は微小コーテッド超硬合金エンドミルを紹介しているが，円錐形状の先端部に切れ刃を設けた工具形状で，切れ刃はポジ

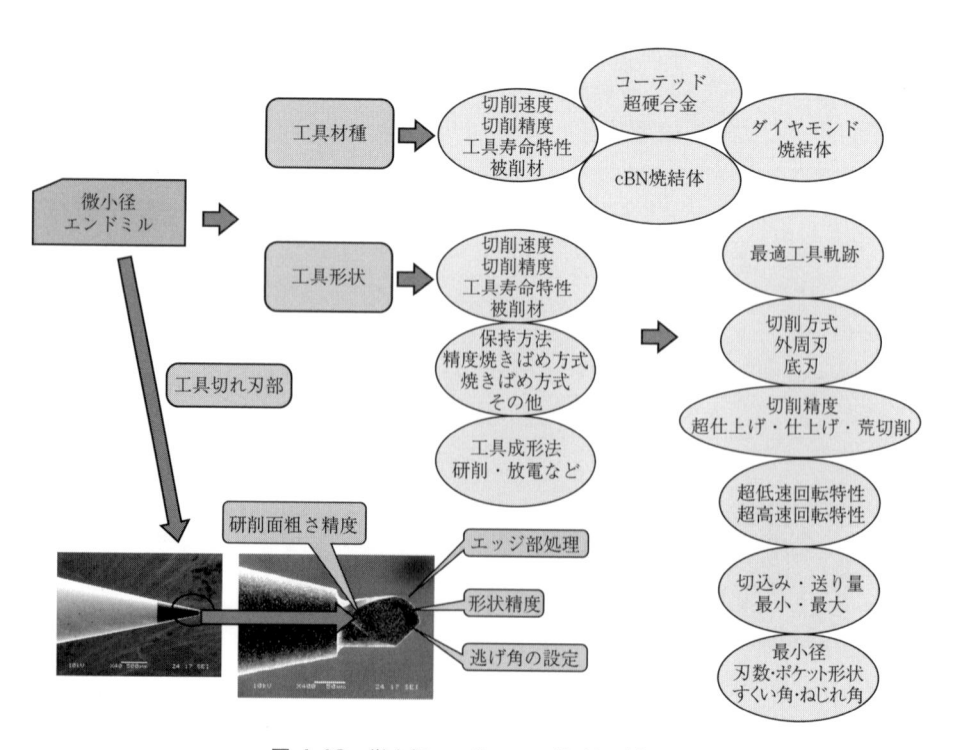

図4.43 微小径エンドミルに必要な要素例

ティブなすくい角とねじれ角，かつシャープな切れ刃形状を有する．この切れ刃形状は，マシニングセンタ主軸の最高回転数でも，毎分 5〜8 m 程度の超低切削速度で，切削時に発生するバリ抑制を指向した設計である．図 4.45 は，cBN 焼結体エンドミル例を紹介しているが，微小径ゆえに断面積を最大限確保するため，円筒形状を斜めにそぎ落とした切れ刃形状である．

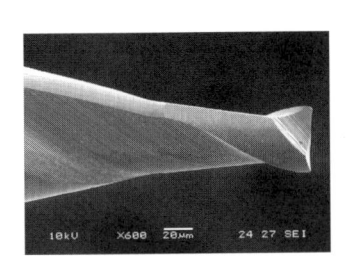

（a）直径 20 μm の超硬合金スクウェアエンドミルの形状例（日進工具）

（b）直径 20 μm の超硬合金超硬合金スクウェアエンドミルによる切削事例（日進工具）

図 4.44　微小径超硬合金エンドミルと切削事例（日進工具）

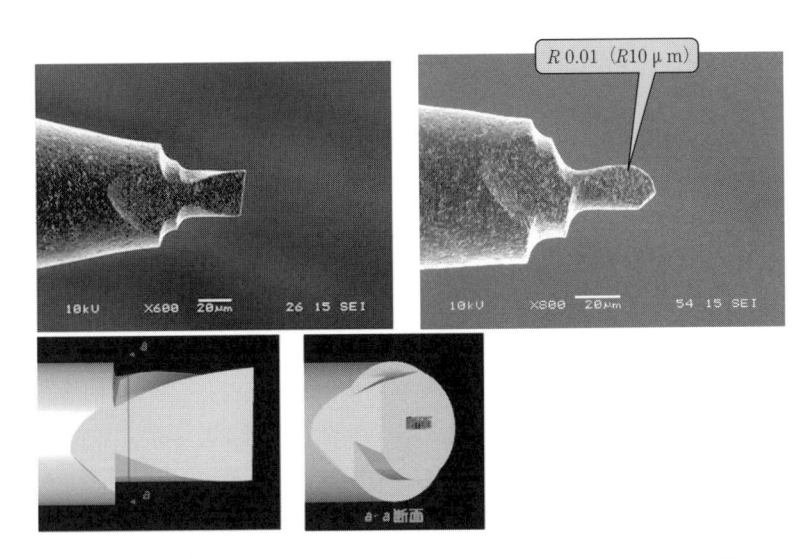

図 4.45　微小径 cBN 焼結体ラジアスエンドミルとボールエンドミル例（日進工具）

図4.46に，微小径エンドミルに適用可能な工具材種例を示したが，微細と精密の程度で，コーテッド超硬合金とcBN・ダイヤモンド焼結体のいずれかの選択をすることになる．たとえば，溝形状切削では，エンドミル底刃外周部のコーナ部における摩耗が速いと形状精度を維持することが難しくなり，耐摩耗特性の高いcBN・ダイヤモンド焼結体が用いられる．すなわち，「耐摩耗特性の高い工具」は，cBN焼結体，ダイヤモンド焼結体のような超工具材種の適用が中心になるが，コーテッド超硬合金は荒切削など適材適所に用いることで効果が期待できる．

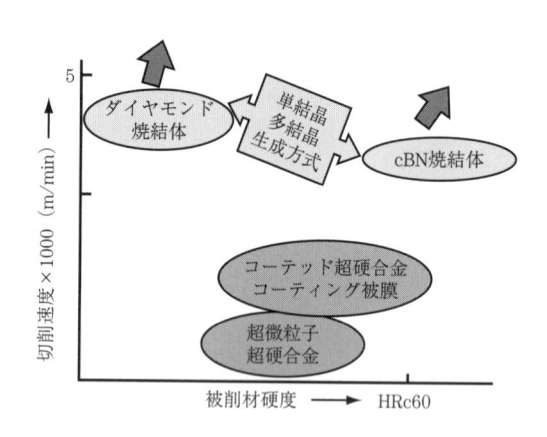

図4.46 微小径エンドミルの工具材種例

一方で，超微細エンドミル切削は，1μm以下の切込み量になり，切込み時のトラブルを避けるため，被削材の面性状（平坦度，面粗さ精度など）に配慮することが重要である．図4.47に示したcBN焼結体エンドミルは，ナノマイクロメートル（Ra）の研削を超える超高品位な平面を実現する目的で開発したもので，スクレーパフラット部を含む独特の切れ刃形状を有する．微細エンドミルの工具製作は，従来の研削のみでは難しくなっており，多軸制御ワイヤーカット放電加工，レーザ加工など新たな工具製作方式が提案され，すでに実用化ははじまっている．精密切削に期待する加工精度は，さらにエスカレートしており，いまやシングルナノメートル（Ra）の切削面精度を実現しており，この分野に適用するエンドミルは従来と異なったコンセプトで設計・製作されている．たとえば，放電加工後に特殊処理を行ったダイヤモンド焼結体エンドミルは，シングルナノ精度（Ra）の切削を実現している．当然，ナノメートルの切削は，マシニングセンタをはじめとしてすべてにおいて新規開発技術により実現できるものであり，ハードとソフト（使用技術を含む）の両面が求められる．微細精密切削用マシニングセンタは，微小径エンドミル特性を十分に発揮できる機能が求められ，以下のような機能を有するものが登場している．

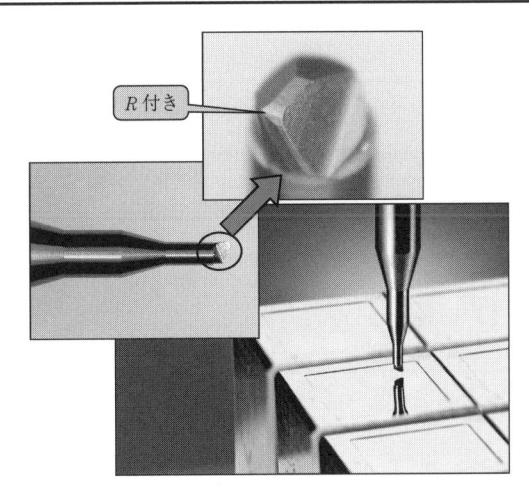

図 4.47 平面を 16.3 ナノメートル（R_z）の超精密平面切削用 cBN 焼結体エンドミルと切削面（日進工具）

① 微小径エンドミル切削用として，毎分 12 万回転（最高 16 万回転仕様），高速回転時の振れ精度，Z 方向の熱変位においてサブマイクロメートルの特性を有するエアータービン方式の主軸．
② 0.5 μm 以下の繰り返し工具保持精度，超高速回転時の振れ精度と保持剛性の高い焼きばめ工具保持方式．
③ 微小径エンドミルの工具寿命と高能率化を指向した，1 G を超える加速度特性，かつコンパクトな特殊リニアモータ方式の送り駆動系．
④ 超微細切削を監視できるモニタリングシステム工具の切れ刃部を非接触でサブ・マイクロメートルの信頼性を有するレーザ方式の機内計測システム．
⑤ 精密微細切削対応の新たな CNC 制御システム（DirectMotion 制御システム）は，モデルデータを直接 CNC 制御装置へ読み込み，モデルに忠実なカッターロケーションを生成，NC コードレスで直接軸移動指令をモーションコントローラへ出力するシステムである．

以下に，微小径エンドミルによる切削事例を紹介する．

図 4.48 は，燃料電池用金型部品（高硬度鋼）の微細溝形状を直径 1 mm の cBN 焼結体ラジアスエンドミルで切削した事例である．

図 4.49 は，cBN 焼結体ラジアスエンドミルを用い，LED 用型成形部を切削した事例を紹介したが，いずれの形状も，ラジアスエンドミルの外周刃による切削である．

図 4.50 は，ダイヤモンド焼結体エンドミルによる金型部品をナノメートルの超精密切削した事例であり，超微細精密切削用に開発されたマシニングセンタを用いてい

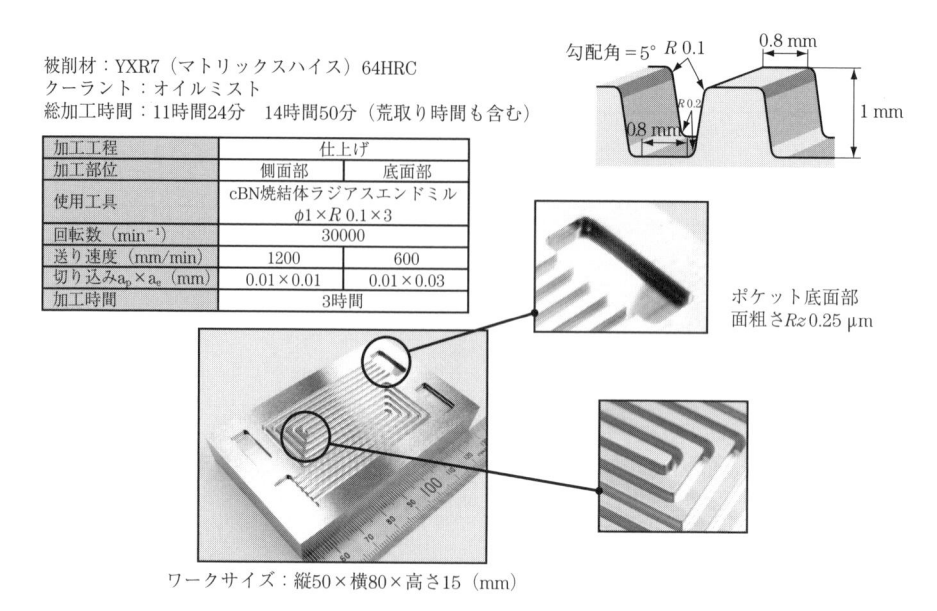

被削材：YXR7（マトリックスハイス）64HRC
クーラント：オイルミスト
総加工時間：11時間24分　14時間50分（荒取り時間も含む）

加工工程	仕上げ	
加工部位	側面部	底面部
使用工具	cBN焼結体ラジアスエンドミル $\phi 1 \times R\,0.1 \times 3$	
回転数（min^{-1}）	30000	
送り速度（mm/min）	1200	600
切り込み $a_p \times a_e$（mm）	0.01×0.01	0.01×0.03
加工時間	3時間	

ワークサイズ：縦50×横80×高さ15（mm）

図4.48 微細エンドミル切削事例（燃料電池用金属セパレータプレス型モデル）（日進工具）

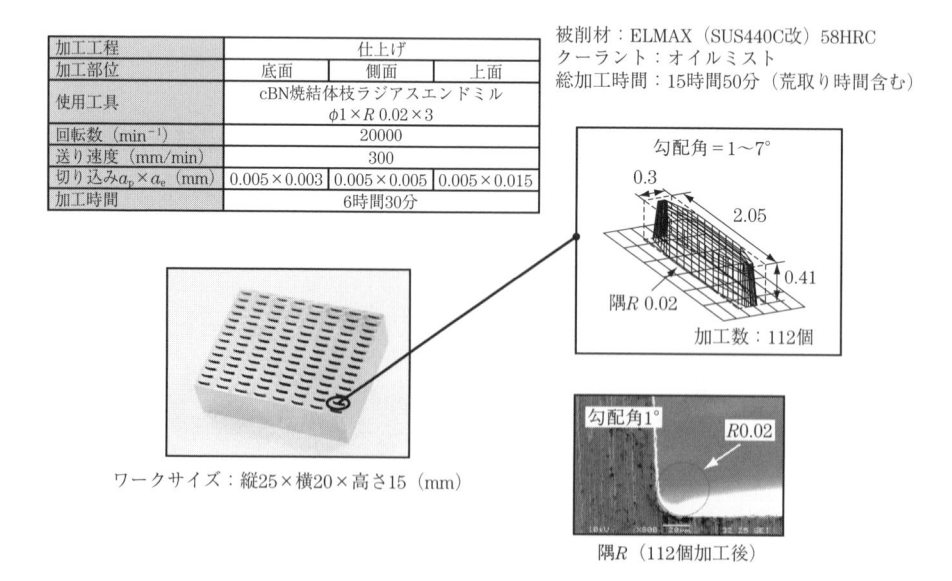

被削材：ELMAX（SUS440C改）58HRC
クーラント：オイルミスト
総加工時間：15時間50分（荒取り時間含む）

加工工程	仕上げ		
加工部位	底面	側面	上面
使用工具	cBN焼結体枝ラジアスエンドミル $\phi 1 \times R\,0.02 \times 3$		
回転数（min^{-1}）	20000		
送り速度（mm/min）	300		
切り込み $a_p \times a_e$（mm）	0.005×0.003	0.005×0.005	0.005×0.015
加工時間	6時間30分		

ワークサイズ：縦25×横20×高さ15（mm）

隅R（112個加工後）

図4.49 微細エンドミル切削事例（LED用型）（日進工具）

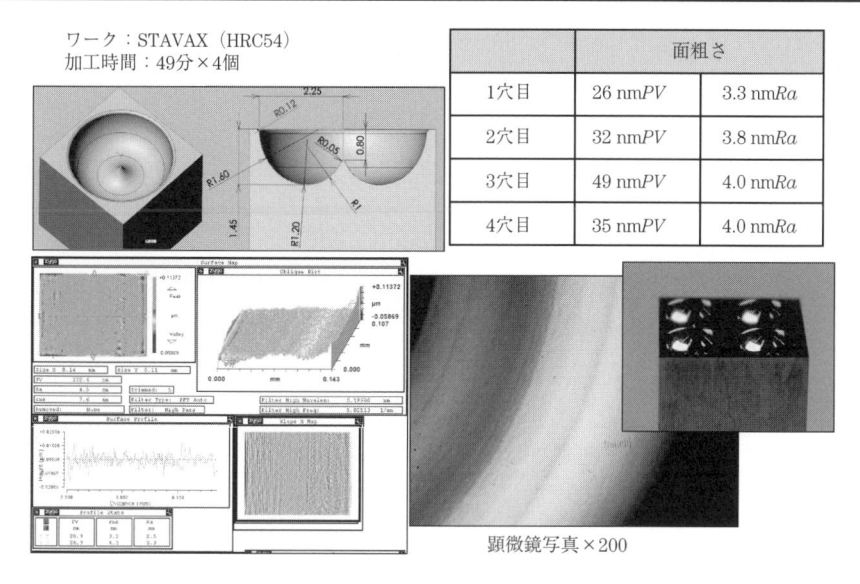

4.2 切削工具と保持具の実際　89

ワーク：STAVAX（HRC54）
加工時間：49分×4個

	面粗さ	
1穴目	26 nmPV	3.3 nmRa
2穴目	32 nmPV	3.8 nmRa
3穴目	49 nmPV	4.0 nmRa
4穴目	35 nmPV	4.0 nmRa

顕微鏡写真×200

図4.50　ダイヤモンド焼結体エンドミルによる金型部品の超精密の切削事例（ソディック）

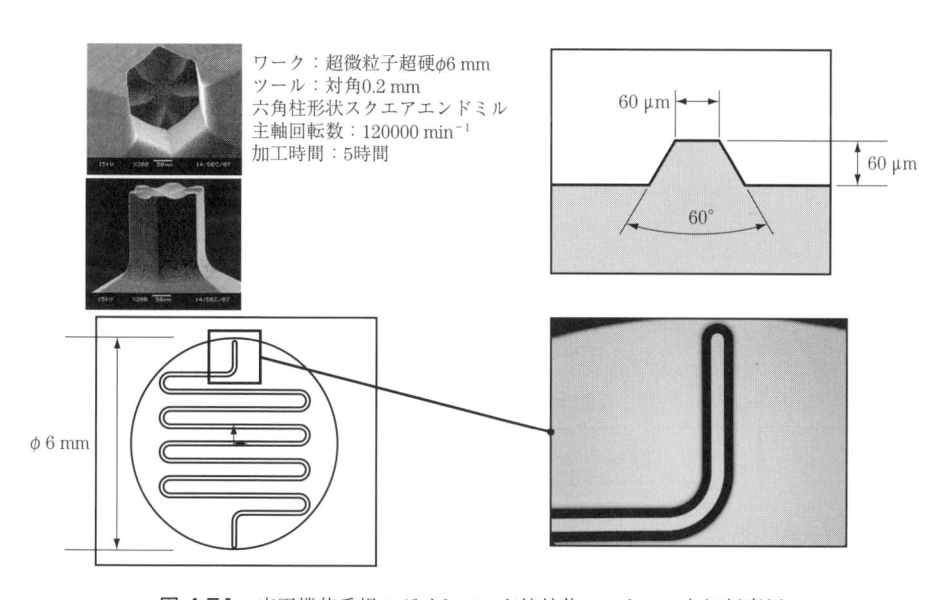

ワーク：超微粒子超硬ϕ6 mm
ツール：対角0.2 mm
六角柱形状スクエアエンドミル
主軸回転数：120000 min^{-1}
加工時間：5時間

図4.51　底刃機能重視のダイヤモンド焼結体エンドミルと切削事例
　　　　（メディカルデバイス（流路）用型例）（ソディック）

る．図4.51も同様なマシニングセンタで，特殊なダイヤモンド焼結体エンドミルを適用してメディカルデバイス用金型部品（超硬合金）の切削事例であり，いまや，高脆材の切削は増える傾向にある．

製造業において，超精密・微細切削技術の導入は，新たな生産技術として注目されており，その導入が進められているが，生産設備，計測システムなどを揃える以外に，基礎技術の習得を含めたこの分野の切削技術高度化は不可避である．

4.2.3　穴あけ工具の選び方・使い方
（1）　ドリルの種類と選択基準例
ドリル形状は，図 4.52 に示したようにつぎの主要部から構成されている．
① 先端角（ドリルの突端部）
② チゼル部（ドリル先端にあるエッジ部）
③ 切れ刃エッジ部（切削する刃の部分）
④ 肩部（ドリル径の測定部）
⑤ シャンク部
⑥ シンニング処理部

ドリル切れ刃の各部分が切削性能に及ぼす影響については，前述したように，先端角の大小によりスラスト力と切削トルクが変化する．

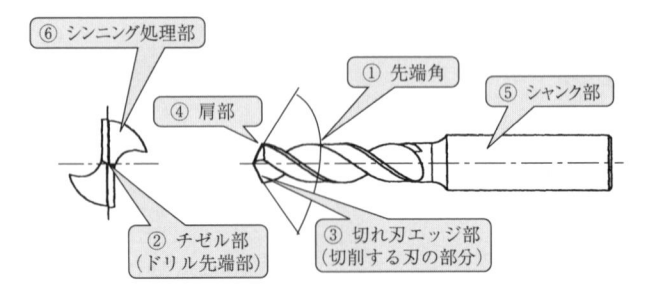

図 4.52　ソリッド・ドリルの各部名称

たとえば，金型材のように高硬度・高靱性の被削材におけるドリル切削では，図 4.53 に示したように，先端角を大きく（130～140°程度）することで切削トルクを軽減し，かつスラスト加重を少なくするなどの目的で X 形シンニングを施したものが効果的である．

すなわち，刃先のシンニング形状は，目的に応じて各種あるが，被削材と切れ刃部分の接触面積を減少させ，かつスラスト荷重を軽減するには X 形シンニングのようなチゼル部分を最小限残すドリル刃先形状の選択が望ましいといえる．

現在，市販されているドリルは各種あるが，これらは，用途（被削材，重視す要素：能率，工具寿命，工具コストなど）に応じての選択が基本で，各ドリルの特徴を理解することが，最適なドリルを選択する場合の条件である．

ドリルの工具材種にはつぎのようなものがある.

(a) ハイス（高速度鋼）

耐摩耗特性を高める目的でコバルトなどを添加しており，窒化チタン（TiN）などを数 μm の厚さでコーティングしたもの（コーテッドハイスドリル）も市販されている．工具材料の中では，もっとも高靱性の特性を有しており，硬度が低いため切削速度は他の工具材種に比べて低い条件となる．ハイスドリルは，被削材に応じて切れ刃部などの工具形状を最適化しており，一例を図 4.54 に示す．

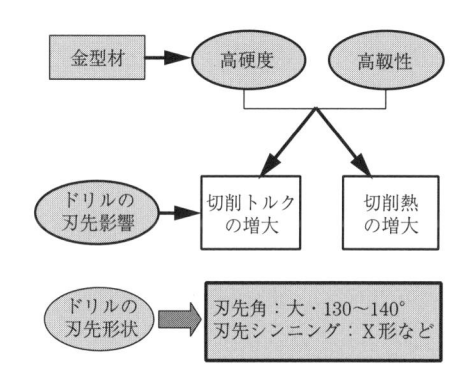

図 4.53 金型材におけるドリルの刃先影響と刃先形状例

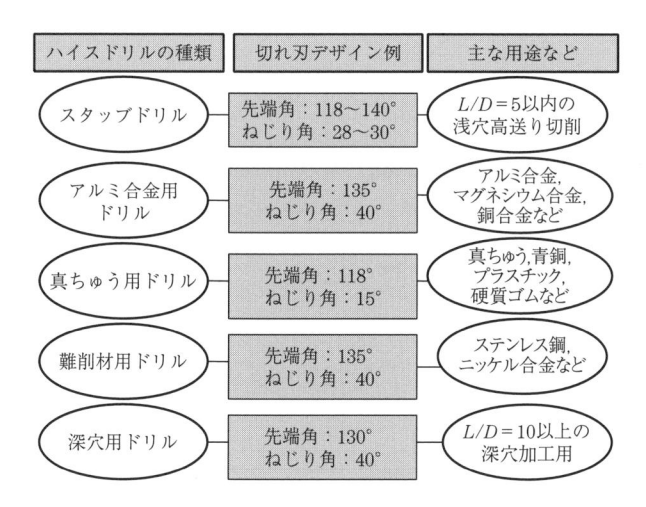

ハイスドリルの種類	切れ刃デザイン例	主な用途など
スタブドリル	先端角：118～140° ねじり角：28～30°	$L/D=5$ 以内の浅穴高送り切削
アルミ合金用ドリル	先端角：135° ねじり角：40°	アルミ合金，マグネシウム合金，銅合金など
真ちゅう用ドリル	先端角：118° ねじり角：15°	真ちゅう，青銅，プラスチック，硬質ゴムなど
難削材用ドリル	先端角：135° ねじり角：40°	ステンレス鋼，ニッケル合金など
深穴用ドリル	先端角：130° ねじり角：40°	$L/D=10$ 以上の深穴加工用

図 4.54 ハイスドリルの種類・切れ刃形状・被削材例

（b） 粉末ハイス

ハイス材を粉末にしてコバルト（Co），タングステン（W）など耐摩耗特性を高められるものを添加し，再び圧延して材料とする．

表面に数μmのTiN，TiCなどの物質をコーティング（PVD：物理的蒸着法・イオンプレーティング法など）したものが多くドリルとして用いられており，高靱性，かつ比較的に耐摩耗特性がすぐれている．

（c） 超硬合金

タングステンカーバイト（WC）が主成分であり，コバルト（Co）をバインダーとした焼結合金．穴の高速・高精度化傾向が強まるなかでこの工具材種が中心になりつつある．すなわち，ハイスに比べて高温硬度にすぐれており，かつヤング率も高いため，高速切削条件で高精度な穴加工が可能である．

反面，靱性はハイスに比べて劣るため，刃先形状と適用方法などにおいて，ハイスドリルと異なった対応が求められ，主にマシニングセンタ，ターニングセンタなどの高精度主軸を装備した機械で用いられることが多い．

超硬合金ドリルは，とくに，工具表面に数μmの複合コーティング（TiN，TiC，Al_2O_3 など）を施したコーテッド超硬合金ドリルが切削特性にすぐれているため，高速・高精度穴加工用工具として中心的に用いられている．

（d） cBN 焼結体

cBN 焼結体は，高温高圧下で人造的につくられた物質であり，ダイヤモンドにつぐ硬度を有し，かつ鉄との親和性がないため高硬度鋼，鋳鉄などのドリル切削において，高速・高精度，かつ抜群の工具寿命特性が期待できる．

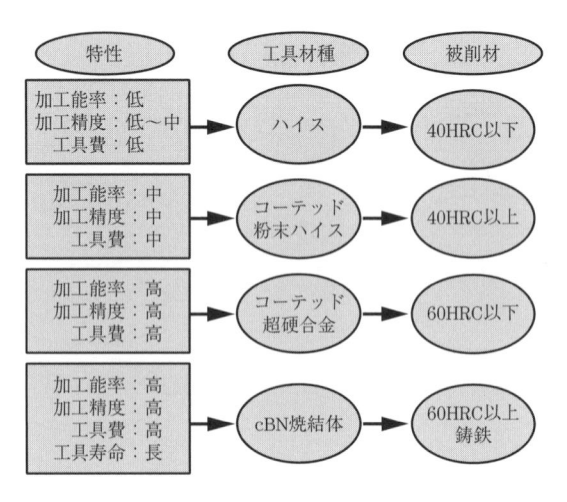

図 4.55 ドリル工具材種別の特徴と被削材硬度の関係例

反面，靭性は低いため，刃先剛性を高める形状にすることが，安定した切削を指向する場合の必要条件になる．各工具材種の特徴と被削材硬度の関係を図 4.55 に示す．

つぎに，代表的なドリルの使い方について説明する．

（2） ドリルのドライ・セミドライ切削事例と切削条件

環境に配慮して切削液を使用しない「ドライ・セミドライ切削（セミドライ切削は，刃先へ植物油などのオイルと高圧エアを混合して供給する方式で，オイル供給量は，毎時間当たり 180 ml 以下と微量）」が増えており，ドライ切削が難しいとされているドリル切削もドライ化傾向にあり，すでに浅穴加工用のものが市販され，実用段階に入りつつある．

以下に切削事例を紹介する．

1) 中硬度鋼（S45C）のドリル加工例（フジ BC 技研・データ）

　　ドリル径：3.3 mm（穴深さ・L/D（ドリル直径と穴深さの比）=5）

　　ド リ ル：コーテッド超硬合金ドリル

　　切削速度：50 m/min，送り速度：0.1 mm/rev

　　工具寿命：5393 穴

2) 深穴のドリル加工例（プレシジョンクロダ・データ）

　　ドリル径：6×250 mm（切れ刃有効長さ・突き出し量 212 mm）

　　ドリル材種：TiN コーテッドハイス

　　加工穴深さ：直径 6×120 mm（止まり穴：5 mm ステップフィード）

　　切 削 条 件：S45C　　　　　　　・切削速度：18.8 m/min

　　　　　　　　　　　　　　　　　　　送り：0.05 mm/rev

　　　　　　　　A5052（アルミ合金）・切削速度：99.8 m/min

　　　　　　　　　　　　　　　　　　　送り：0.18 mm/rev

　　加 工 穴 数：S45C・50 穴，A5052（アルミ合金）：150 穴

　　　　　　　　（いずれも切削継続が可能な摩耗状態）

3) ダイヤモンドコーテッド超硬合金ドリル加工例（オーエスジー・データ）

　　ドリル：6 mm（超微結晶ダイヤモンドコーティング・超硬合金母材）

　　被 削 材：AC4B（アルミ合金）

　　切削条件：切削速度：96 m/min，送り＝0.12 mm/rev

　　　　　　　加工深さ：24 mm

　　工具寿命：7177 穴で破損（切削はエアブローのみ）

（3） 小径・微細穴加工用ドリルと適用技術

切削による穴加工には通常ドリルを用いて行うが，最小穴径は現存するドリル径で限定され，現状では直径 20〜30 μm 程度が最小径である．

図4.56に，微小径ドリル形状例を紹介しているが，芯厚を最大限確保してドリル本体の剛性を高め，先端角120～140°，切れ刃部にX形シンニングを行って切削時の切れ刃とワークの接触面積を最小限に抑え，切削トルクの軽減化を志向した刃先形状のものが一般である．

さらに，切削時のセンタリング特性を考慮し，先端部を回転中心をずらしてガンドリル切れ刃形状と類似の微小径ドリルも用いられている．

工具材種は，コバルト・ハイスおよび超硬合金などが適用されているが，とくに超硬合金は，耐磨耗特性と靭性を高める手段としてタングステンカーバイト（WC）粒径が0.5 μm以下の超微粒子合金（たとえば，AF1（住友電工）・抗折力：500 kg/mm^2，硬さ：HRA92.5）が開発されている．

切削条件は，コバルトハイス・ドリルの場合は標準切削速度の回転数では回転時の遠心力で工具が振れるため，毎分1000～1500回転で切削することが望ましいが，超硬合金の場合はヤング率が高く，高速回転時の遠心力で工具刃先が振れることが少ないため，標準切削速度の高速回転数で切削することが可能である．

しかし，微小径ドリルは断面積が小さく，小径ほどドリル剛性が低くなるため，適用するマシニングセンタに求められる条件は，高速回転時の振れ精度が高く，高精度・スムーズな位置決め特性を有すること，および保持具のダイナミック特性が高い

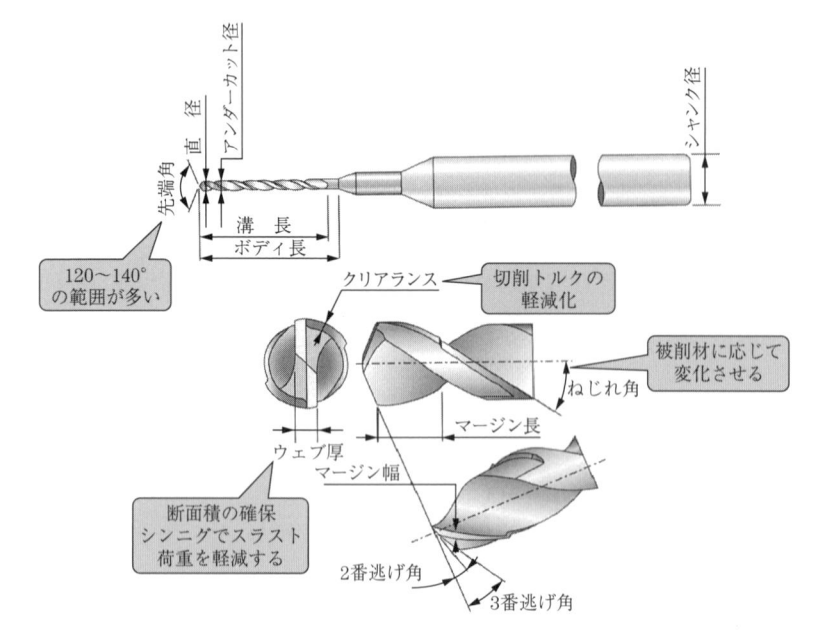

図4.56 微小径ドリル形状例（ユニオンツール）

ことなどが挙げられる.

図4.57は,マシニングセンタにおける微小径ドリルの穴加工例で,ミストクーラント供給による切削である.しかし,セラミックスのように粉末状の切屑が発生する被削材におけるドリル加工では,水溶性切削液の供給が切屑排出に有効である.

微小径ドリルは刃先形状,シャンク部との振れ精度を高く抑えることが穴加工の高精度,長工具寿命化に対して有効な手段になるため工具研削の高精度化は不可避である.すなわち,1μm単位で位置決めが可能な送り機構,高振れ精度の砥石主軸など

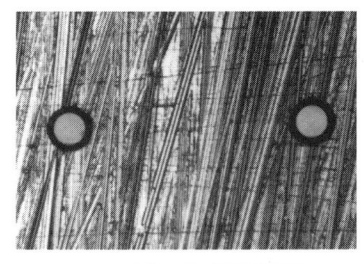

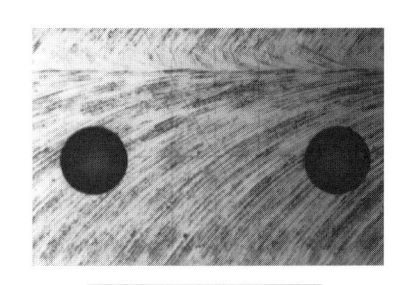

穴径:0.24　深さ:3

穴径:0.13　深さ:3

切削条件:$V = 12000\ \text{min}^{-1},\ F = 60\ \text{mm/min}$

■ドリル刃先の振れ:5μm以内

図4.57 微小径ドリル加工事例（被削材:SKD-11相当）
（リニア駆動マシニングセンタによる加工事例）（ソディック）

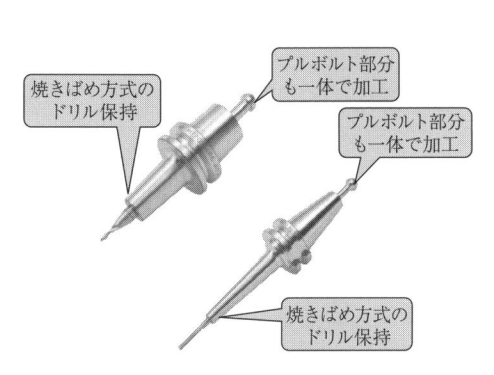

図4.58 一体化した焼きばめ方式保持具例
（MSTコーポレーション）

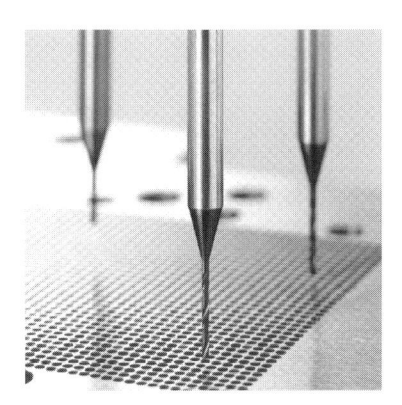

図4.59 高硬度鋼の微細穴ドリル加工例（OSG）
〈切削条件例〉被削材:SKD11, 60HRC, ドリル径:0.3〜2 mm, 切削速度:50 m/min, 送り:0.006〜0.2 mm/rev, ステップ量:0.03〜0.2 mm

を有する高精度な工具研削盤と高度な工具研削技術が求められる．

なお，一体化した焼きばめ方式保持具例を図 4.58 に，高硬度鋼の微細穴ドリル加工例を図 4.59 に示す．

（4） 刃先交換型ドリル

穴径が 12 mm 以上の浅穴（ドリル直径の 3〜5 倍程度が標準）加工用ドリルは，コーテッド超硬合金の工具材種，かつ独特な各種チップブレーカ付きインサート（切屑を寸断する特殊形状の溝を有するインサート）の切れ刃をもっており，高速穴切削加工が可能で，切屑処理特性も高く，マシニングセンタ，ターニングセンタなどの CNC 工作機械に用いることが多い．このドリルには，刃先に冷却液を供給するオイルホールがあり，難削材の加工も高速切削が可能である．

近頃の刃先交換方式ドリルは，切れ刃のインサート形状を工夫して切れ刃エッジ部を分割したデザインにより，切削抵抗の軽減と切屑分断効果を期待する新たな志向で開発されており，直径 30〜60 mm 程度の大きな穴のドリル切削に効果がある．

図 4.60 は，インサート形状に特徴をもち，低切削，かつ切屑分断機能を有する切れ刃交換方式ドリル例である．インサート切れ刃部のデザインを工夫して，ドリル切削性能を向上させる対応は，刃先交換型の方が比較的容易であり，このドリルは，切削速度：100〜200 m/min，1 刃当たりの送り：0.1〜0.25 mm（ドリル径：54 mm）の切削条件で穴加工でき，比較的に生産量の多い部品加工では，最初の切削時に最適な切削条件を確認しておけば，マシニングセンタやターニングセンタにおいて安定した自動運転が可能になる．

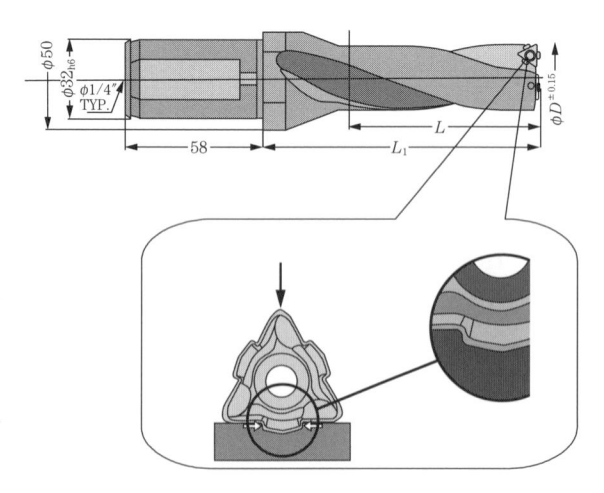

図 4.60　特殊なインサート形状を有する切れ刃交換型ドリル例
（イスカル社）

この方式のドリルは，被削材が変更になれば，新たなインサートで対応でき，さらに，高性能切れ刃を指向したインサート切れ刃デザインと工具材種が現れたら交換できるように，加工内容の変化に対して比較的に容易な対応することが可能であり，この点が刃先交換型ドリルの特徴である．

(5) ソリッド・ドリルの摩耗形態

ドリルは摩耗が進行して切れ刃部が破損したり，被削材の切削面に焼き付いたりするとその後の処理が難しくなるため，工具寿命の管理は重要である．そのためには，ドリルの摩耗形態についてよく知っておくことが大切である．

ドリルの切れ刃部分で発生する一般的な摩耗形態を，図 4.61 に示す．

(a) 逃げ面摩耗
(フランク摩耗)
(b) マージン部摩耗
(c) すくい面摩耗
(d) 肩部摩耗
(e) チゼルエッジ部摩耗
(f) 異常摩耗 欠損 チッピング

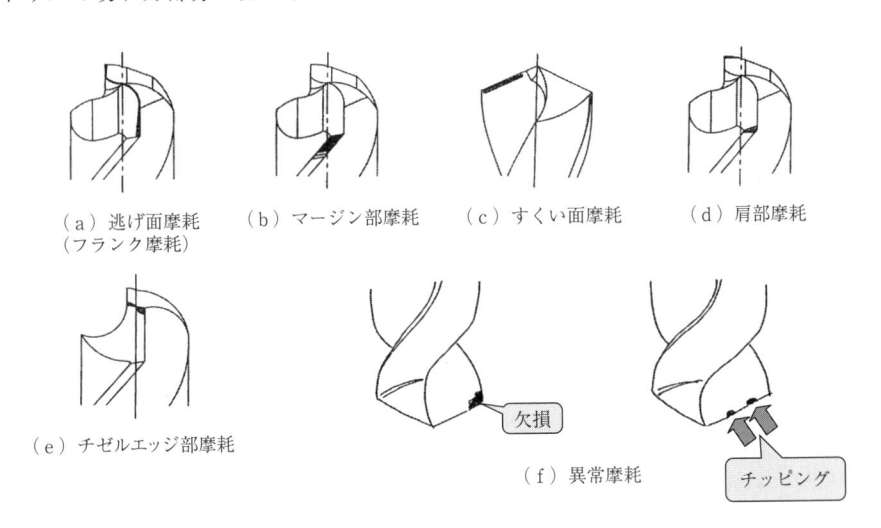

図 4.61 ドリルの主な摩耗形態例

(a) 逃げ面摩耗

フランク摩耗ともよばれており，この摩耗形態がもっともドリルの機能を低下させるといえる．すなわち，逃げ面摩耗が進行すると，被削材の切削面と切れ刃の摩耗部分との擦り現象が激しくなり，仕上げ面粗さ精度が低下し，切削時の発熱が高くなり，さらに摩耗が急速に進行するなどの現象が予測できる．ドリルの切削速度（回転数）が高すぎると，切れ刃の外周部の摩耗が急速に大きくなる．

ドリルは，再研削をほかの切削工具に比べて頻繁に，かつ容易に行うが，そのために再研削した場合の切れ刃エッジ部にバリが発生したり，超硬合金では切れ刃エッジ部におけるコバルトなどのバインダ（超硬合金は焼結金属であり，コバルトなどのバインダを用いてタングステン・カーバイトなどの高硬質物質を結合しているため）部分の研削熱による劣化，および切れ刃部の面粗さなどに起因するフランク摩耗の急速

な進行なども見受けられる.

(b) マージン摩耗

加工した穴の内面と切れ刃との擦り現象により,切れ刃に近い先端部に発生する.切削時の発熱とその後の冷却により,加工した穴径が収縮したり,ドリルの振れが大きい場合などに発生することが多い.この部分は,穴直径と仕上げ面粗さ精度を二次的にサポートする機能があり,急速な進行が見受けられるような場合には,対策が必要である.

(c) すくい面摩耗

切れ刃のすくい面に切屑が連続的に接触して発生する摩耗であり,通常は切れ刃エッジ部から離れた箇所にクレータ形状(月面のクレータと類似したえぐられたような溝形状)の摩耗が発生する.この摩耗が切れ刃のエッジ部の方向に進行し,エッジ部に到達すると,切れ刃にチッピングが発生する.高硬度鋼のドリル切削では,比較的切れ刃のエッジ部に近い箇所にこの摩耗が発生しやすいので注意を要する.

(d) 肩部摩耗

ドリルの肩部は切削速度が最大になる部分でもあり,かつ逃げ面摩耗とマージン摩耗が同時に進行する箇所になるため,この摩耗で工具寿命を判断することが適切であろう.この部分の摩耗は,切削条件,切削状態(ドリルの振れ,冷却効果,被削材とドリルとの適合性など)などドリル切削の状態の判断基準にもなるため,常に観察しておく摩耗箇所である.

(e) チゼルエッジ部摩耗

ドリル中心部のチゼルエッジが摩耗するものであり,潰れたような状態,および欠損などの現象も発生する.ドリルの送り量が多すぎたり,高硬度鋼の切削加工などチゼルエッジ部に過度な切削力が加わった場合に発生しやすい.通常は,適切なドリルの選択,切削条件の見直しなどで対策する.

(f) 異常摩耗

被削材とドリルの選択ミス,切削条件の設定ミス,ドリルの保持状態が悪いなど,ドリルを適用する場合の不的確な対応により発生する摩耗であり,すみやかに対策することが必要である.

これらの代表的なものとして,切削時の衝撃,振動,ドリル刃先の強度不足などに起因して切れ刃のコーナ部やエッジ部が損傷することを欠けとよんでいる.同様の現象に加えて,被削材の内部に含有する硬質な粒子や,切屑とともに切れ刃のエッジの一部がもちさられる現象などにより,切れ刃の一部分に小さな欠損が発生することを,チッピングとよんでいる.

4.2 切削工具と保持具の実際

(6) リーマ

リーマの切削条件は，切削とバニッシング機能のバランスを考慮して決定することが必要であり，切削速度を高めると切削機能の比率が高まり，切削速度を低下させると逆にバニッシング機能の比率が高まるため，バランスのよい設定が求められることになる．

すなわち，リーマの切削条件を決める要素は，

① リーマ加工代（下穴寸法とばらつき）
② 切削速度（m/min）
③ 送り速度（mm/min）
④ 被削材（被削性）
⑤ リーマの工具材種

などが挙げられる．

標準的なリーマの形状を図 4.62 に示したが，切削作用を行うのは先端の食い付き部である．リーマの種類と切れ刃形状，下穴寸法，および切削条件などの標準化とデータベース構築は，高精度な穴の仕上げ加工を安定化するためには不可欠である．

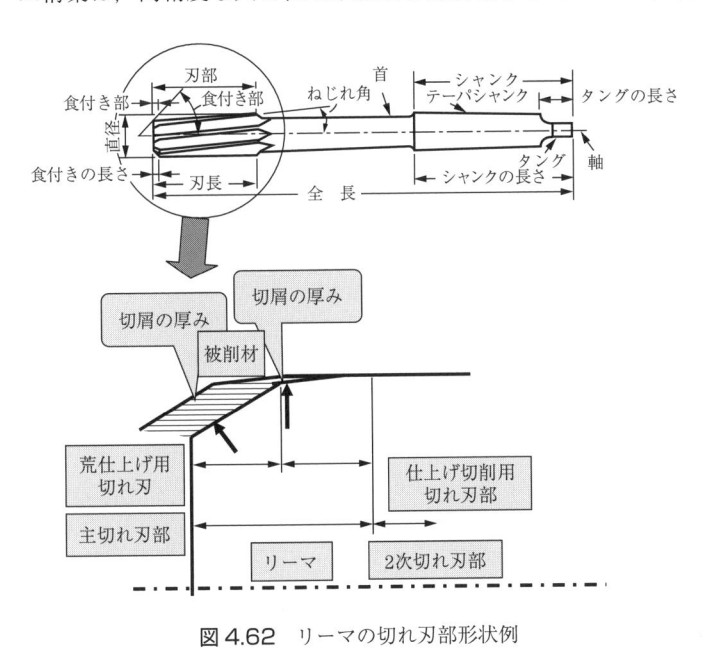

図 4.62 リーマの切れ刃部形状例

4.2.4 保持具の選び方・使い方

保持具は，マシニングセンタやターニングセンタなど機械の主軸と工具を接続する

役割を果たしており，フライス工具，ドリルなど回転工具の性能を十分に発揮させるためには不可欠なものである．

切削加工の高速・高精度化指向が強まっている状況下では，高速回転時における工具の保持剛性，刃先の振れ精度に対する要求は強まる一方であり，これに対応した保持具が開発されている．

(1) 機械主軸と保持具

機械主軸における保持具の装着部分は，マシニングセンタなどのCNC工作機械においてBT方式とよばれているものが一般化しているが，高速回転における切削の安定化を指向した2面拘束方式（従来の主軸テーパ方式は，テーパ部分のみの保持方式）の新たな提案が行われた．図4.63に，BT方式と2面拘束方式の曲げ剛性比較例を示す．

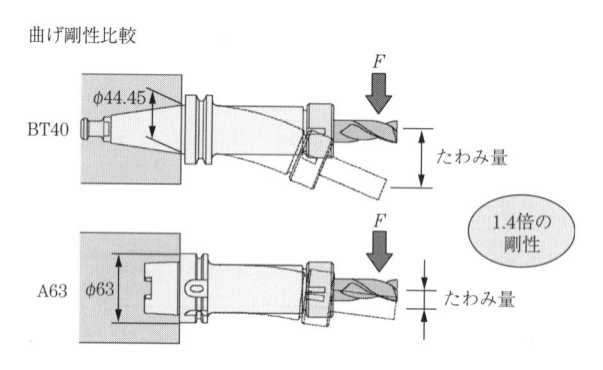

図4.63 BT方式とHSK（2面拘束方式）の曲げ剛性比較例

この2面拘束方式の原理にもとづいた提案は，保持具メーカーなどから個別に行われた経緯があって現在は多様化しているが，ISO（国際標準機構）において決められた規格（HSK方式）があり，ヨーロッパ地域を中核としてその採用が拡がっている．

現在，各保持具メーカーなどから提案されている主軸テーパ部の方式は，それぞれに特徴をもつが，各保持具メーカーなどが提案し特許権を保有しているため，法的な規制があり保持具を採用するうえで制約があり，一長一短である．

HSK方式は，法的な制約（特許権）が少なく，どの工作機械，工具，保持具メーカーでも自由に機械主軸ユニット，および各種保持具を製造販売できるため，それらを使用する側にとっては歓迎すべき方向である．

図4.64〜4.66は，主軸テーパ部における保持具，切削工具の接続方式例（HSK方式）を示しているが，この方式は前述したように2面拘束方式，かつ高速回転対応の機能を有している．なお，図4.67は従来からのBT方式保持具による事例である．

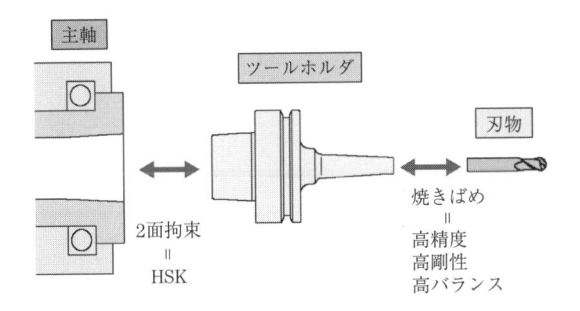

図 4.64　主軸テーパにおける保持具と切削工具の接続例
　　　　（HSK 方式と焼きばめ方式保持具による事例）

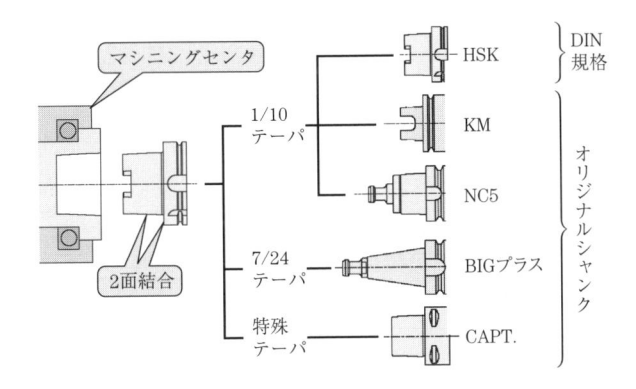

図 4.65　HSK 方式（ISO 規格）および各メーカーから市販
　　　　されている 2 面拘束のオリジナル保持具方式例

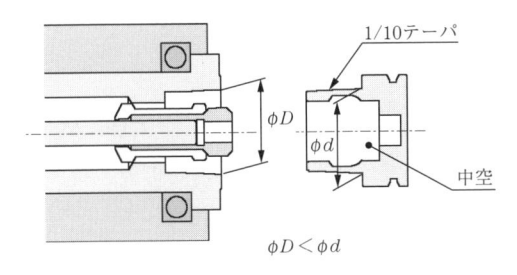

図 4.66　HSK 方式の主軸接続構造例（コレット引張り方式）

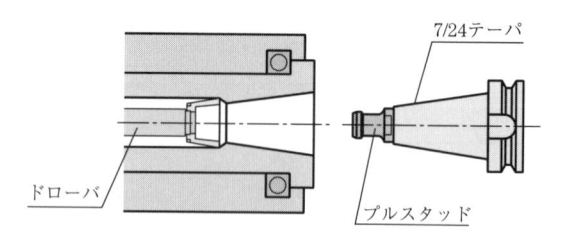

図4.67 主軸テーパにおける保持具と切削工具の接続例
（従来から適用されている BT 方式保持具による事例）

（2） 保持具の条件

切削工具の性能を十分に引き出し，かつ高速・高精度・安定した切削が可能な保持具の条件例について，図4.68 に説明している．

とくに回転工具の場合は高速回転時における保持剛性，工具は先の振れ精度などに注目して，最適な保持具の選択を行うことが高いレベルの切削加工を指向するうえで重要なポイントである．

最近の高速ミーリング加工に用いる保持具については，高速ミーリングの項で詳細な説明を行っている．

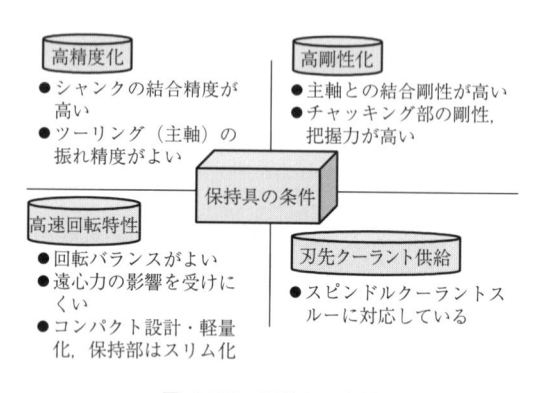

図4.68 保持具の条件

（3） 保持具の種類と選択

従来と比べると格段の高速主軸を有するマシニングセンタなど CNC 工作機械の登場，小径工具を高速で回転させ数 μm レベルの高精度切削加工の台頭など，切削加工をとりまく環境の変化とともに，保持具も新たな変化をしつつある．

各種回転工具用保持具として用いられているものを，ツーリングシステムとして図4.69 にまとめる．

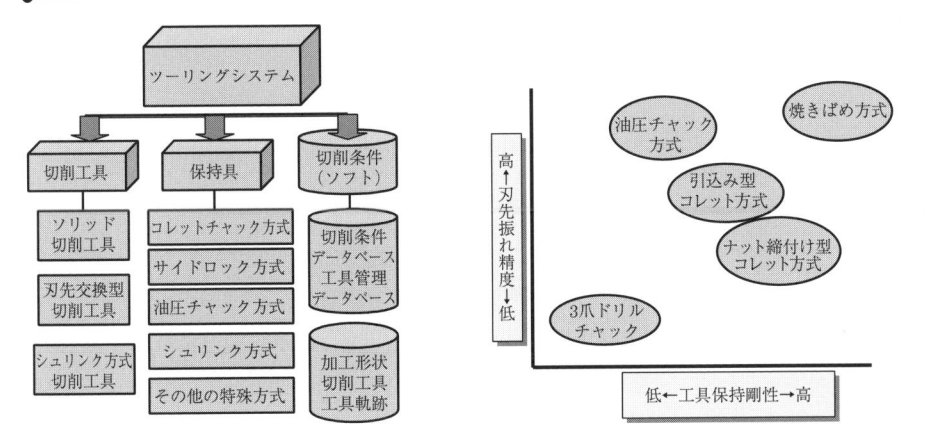

図4.69 ツーリングシステム例
（現在使用されている保持具を
取り巻くハードとソフト例）

図4.70 主なドリル用保持具とその特性の概念図

　これらのなかでは，コレットチャック方式保持具が最も一般に用いられているが，高速回転化，および高精度化などの傾向が強まっているなかでは，焼きばめ方式の適用が世界的に拡大している．

　ドリル切削も，高速・安定切削化指向が強まっており，ドリルと同時に，保持具の選択も重要視すべきである．図4.70は，ドリル用保持具に適用している主な方式について，振れ精度，および保持剛性の程度について概念的に表している．これら保持具の選択は，加工精度，加工条件，ドリルのサイズなどに応じて，最適な選択をすることが必要である．ドリルに多く用いられている保持具例を図4.71に示す．

　なお，前述のように最近注目されている保持具に焼きばめ方式がある．この方式は，金属が熱により膨張と収縮現象を発生する特性を利用し，焼きばめ保持具を300℃程度に加熱し膨張させて，エンドミルなどの工具を挿入し，その後，冷却して収縮することで工具を保持するものである．

　コレットチャック方式のようにメカニカルな方式でないため，保持具がシンプル，かつスリムになり，高速回転時の保持剛性と振れ精度が高い特徴を有する．とくに，超硬合金ソリッド・エンドミルなど高速回転，かつ高精度切削加工を指向する場合には最適なものであり，工具刃先の振れ精度も高い（3～5μm程度）ため仕上げ面精度，および工具寿命の面で有利である．

　図4.72，図4.73に焼きばめ方式保持具例を，ほかの保持具との性能比較例を図4.74，図4.75に示す．

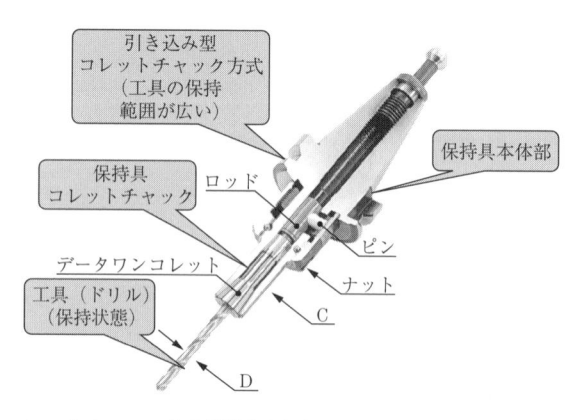

図4.71 コレットチャック方式保持具例（ドリルのシャンク直径に対応できる範囲が大きいため，比較的に少ないコレット数で対応できる特徴を有する）

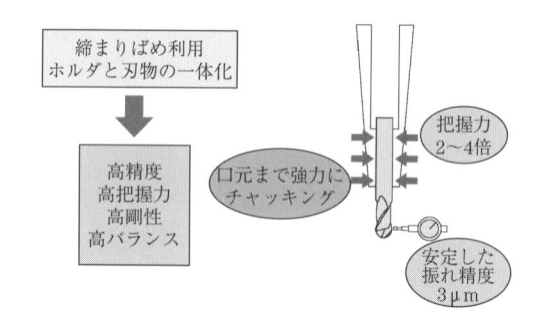

図4.72 焼きばめ方式保持具（MSTコーポレーション）

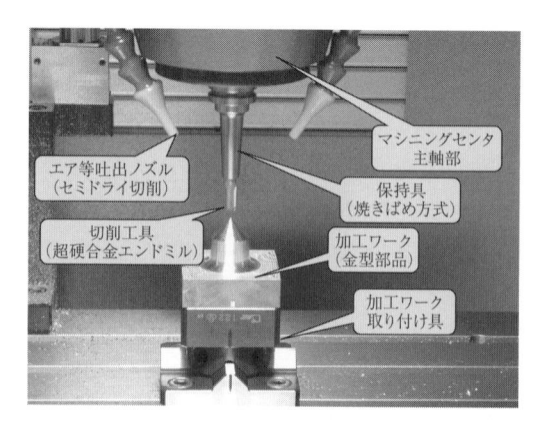

図4.73 焼きばめ方式保持具の適用例（ソディック）

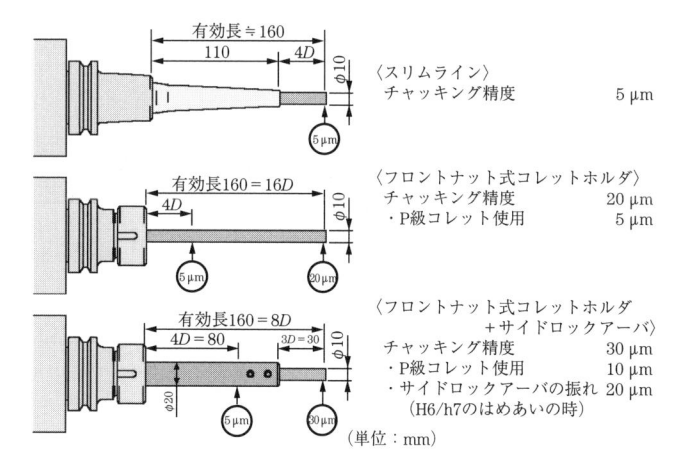

図 4.74 各種保持方式における刃先振れ精度の比較例（MST コーポレーション）

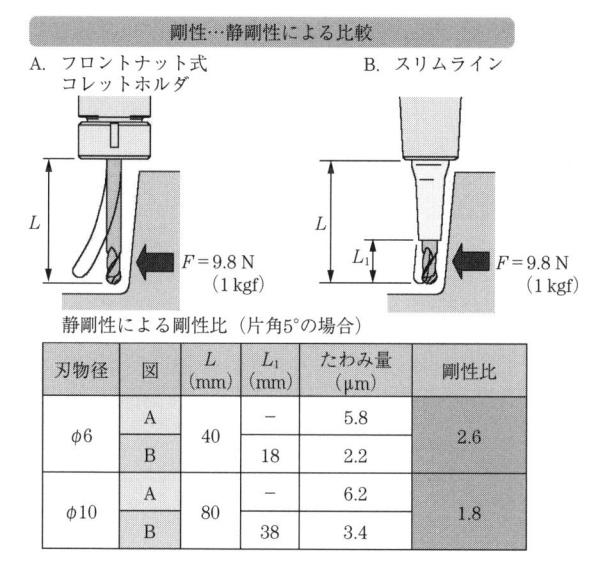

図 4.75 コレットチャック方式と焼きばめ方式の静剛性比較例（MST コーポレーション）

静剛性による剛性比（片角5°の場合）

刃物径	図	L (mm)	L_1 (mm)	たわみ量 (μm)	剛性比
$\phi 6$	A	40	–	5.8	2.6
	B		18	2.2	
$\phi 10$	A	80	–	6.2	1.8
	B		38	3.4	

COLUMN 2：微細部品と切削技術

　エレクトロニクス，オプチカル，メディカル分野などで，製品のコンパクト，高機能，高密度化が進み，部品が精密・微細化しており，精密・微細切削技術が注目されている．

　精密・微細切削は，エンドミルの微小径化に依存するが，エンドミルを活かすための高精度ツーリング，精密微細用マシニングセンタ，および精密微細切削技術など総合的なハードとソフトで構成されるテクノロジーが必要である．

　たとえば，微細形状切削は，切削後の修正加工が難しく，刃先摩耗発生を抑制する「減りにくい工具」が追求される．

　精密・微細切削技術は，国内製造業にとって魅力的な新分野の一つであるが，切削工具から切削技術まで独自な取り組みが必要な段階にある．

　すなわち，生産技術力が高く，挑戦的な国内の製造業にとって魅力的，かつやり甲斐のある分野ともいえよう．

微小径エンドミルによる $R2$ レンズ型の形状精度 $2\,\mu m$，面粗さ精度 $10\,nm$（ナノメートル，Ra）の超精密切削事例（ソディック）

5 新しい切削加工技術

　切削加工の分野で，これまでの常識を覆す画期的な加工法が生まれた．小径工具を高速回転させて送りを早くする「高速ミーリング」である．本章では，超硬ボールエンドミルを用いて金型用鋼材を切削した実験結果，NC ミーリング機を用いた小径ボールエンドミルの切削特性，および加工事例を紹介する．

　これまで，切削加工について，CNC 工作機械，工具，ツーリングなどについて述べた．ここからは，本書の核心である高速ミーリングについて触れる．
　著者らの高速ミーリングに関する研究のはじまりは，毎分 10 万回転（♯30）のスピンドルを有した NC フライス盤を約 20 年前に導入してからである．残念ながら，当時は周辺技術の進歩が間に合わず，普及するには至らなかった．その 5 年後くらいであろうか，工作機械見本市において，数万回転の主軸を有するマシニングセンタを工作機械メーカー各社が展示していた．それでもマシニングセンタが高速指向になって，高速加工仕様の CNC，CAM，ツーリング，工具などが揃ってきたのはここ数年である．したがって，高速ミーリングに関するデータを掲載した一般書が出版されることはほとんどなかった．大げさにいえば，高速ミーリングはこれまでの切削加工の常識を覆す画期的な加工法である．ここでは，最近数年間の高速ミーリングに関するデータを中心に，新しい加工技術としての高速ミーリングについて言及する．

5.1　高速ミーリングへの期待

　ボールエンドミル加工で精度よく加工しようとすれば，小径ボールエンドミルを用いて，ピックフィードとステップフィードを小さくすればよいのだが，そうすると，当然，長時間を要し，コストもアップする．加工時間を短縮するには，送り速度を早くすればよいのだが，そうすると 1 刃当たりの送りが大きくなり，工具への負担が増加する．これを解決するには工具の回転数を増大すればよい．このようにして，削り残しを少なくして精度よく，しかも長時間を要さず，かつコストダウンが，小径ボールエンドミルを高速回転させ，高送りすることによって実現された．さらに小径工具を使用することによって周速の増大を抑制し，工具摩耗を減少させ，長寿命化が実現でき，場合によっては後工程である仕上げを削減あるいは軽減でき，切削加工以外の仕上げなどの加工時間の短縮も期待できる．
　また，高速ミーリングの大きな特徴の一つに，切削後被削材，工具ともに温度上昇

が認められないという現象がある.切屑のせん断による発熱,逃げ面と被削材のこすれによる発熱があるが,高速で回転,高送りするために,切屑からの熱伝達がほとんどないためである.

5.2 高速・高精度加工を実現するための要素技術

高速・高精度に金型の形状加工を行うには,多くの要素技術を有機的に結合して,それぞれのポテンシャルを十分に活用する必要がある.

図5.1 に,高速・高精度加工を実現するための要素技術を示す.加工精度を追求するためには,工作機械の運動精度の解析,工具精度の向上,CAD/CAM データの精度向上が重要である.

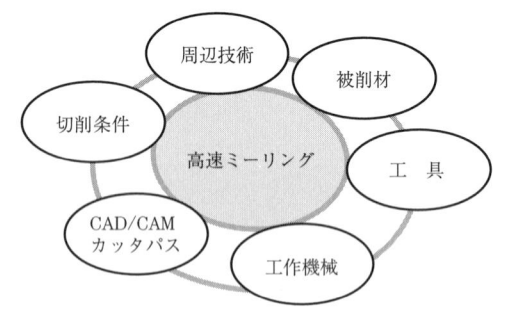

図5.1 高速ミーリングを実現するための要素技術

高精度化を阻害する諸要因としては,工作機械では,運動精度,主軸の振れ,熱変位,位置決め精度などが挙げられる.CAD/CAM ではモデリング精度,CAM 精度,工具では摩耗,逃げ面粗さ,ダイナミックバランスなどの要因により,面精度が大きく左右される.どのような被削材,ツーリング,加工条件を選択するかによっても精度が大きく変わるのはいうまでもない.

5.3 高速ミーリングのメリット

最近のマシニングセンタの傾向をみると高速指向が強く感じられる.ただし,スピンドルが高回転で送りが速いだけでは高速ミーリングを実現することは難しいが,幸いにも,工具,ツーリング,CAD/CAM などの付随する要素技術もあわせて高度化しており,バランスがよくなってきた.

ここでいう高速ミーリングは,浅切込み,高送りを前提とし,できるだけ工具にかかる負荷を抑えた断続切削法である.高速に回転した小径ボールエンドミルを用い

て，少ない種類の工具（大きな径の工具では，それ以下の径の加工はできないが，小径なら順次広げることで加工可能．小は大を兼ねる）で形状加工することによるCAMの軽減も狙っている．高速に回転させて，速く送れば生産性がアップするから当然そのほうがよいと思われるが，実は以下に示すように高速ミーリングには必然性がある．

金型の曲面などの形状加工では，一般にボールエンドミルが使用される．この際に工具進行方向とこれと直角方向にそれぞれ送りをかけて切削するが，前者は1刃当たりの送り，後者はピックフィード（Pf）である．1刃当たりの送りは，機械，工具の剛性で決まり，かつチップポケット（切屑を排出するための空間）より大きくできないのは容易に理解できる．これが削り残し形状に及ぼす影響はPfほど大きくない．

ボールエンドミルを用いた場合の切削後の表面粗さは近似的に$Pf^2/8R$で表され（Rは工具半径）[1]，工具半径を大きくするかPfを小さくすれば切削後の表面粗さは小さくなる．しかし，できるだけ少ない種類の工具で加工しようとすればおのずと最終仕上げRの工具で加工することになり，Pfを小さくすることが表面粗さを小さくする最良の手段であることがわかる．

切削後の表面粗さは，できるだけ小さいほうが研磨・仕上げ工程の軽減（型によっては削減）になり，さらなるリードタイム短縮が期待できる．しかし，Pfを小さくすればそれだけ加工時間がかかり，それを短縮するためには工具を速く送ればよいが，回転数を変えずに送りを速くすると1刃当たりの送りが大きくなって工具への負荷が増大する．これを減少させるには回転数を増大させて1刃当たりの送りを小さくすればよい．こうして小径工具を高速回転させて送りを速くする高速ミーリングの必然性が生じる．

とはいうものの，小径工具だけですべての加工が済むわけではなく，比較的径の大きなボールエンドミルを用いた加工も重要である．小径工具での加工は後述するとして，以下に市販超硬ボールエンドミル工具を用いた際の比較的径の大きい超硬ボールエンドミルを用いた高速ミーリング実験を通して得られたメリットについて述べる．

5.4 各種金型用鋼材の超硬ボールエンドミル加工における摩耗特性

図5.2に，各種金型用鋼材の切削距離約56 m後の逃げ面最大摩耗幅と実切削速度の関係を示し[2]，表5.1に実験条件を示す．図5.2において，同一鋼材種で塗つぶし印は中心刃近傍（$r=0.5$ mm），白抜き印は外周（$r=3$ mm）での工具摩耗で，中心近傍の摩耗は，いずれの鋼材種でも切削速度の増加にともない減少しているが，外周

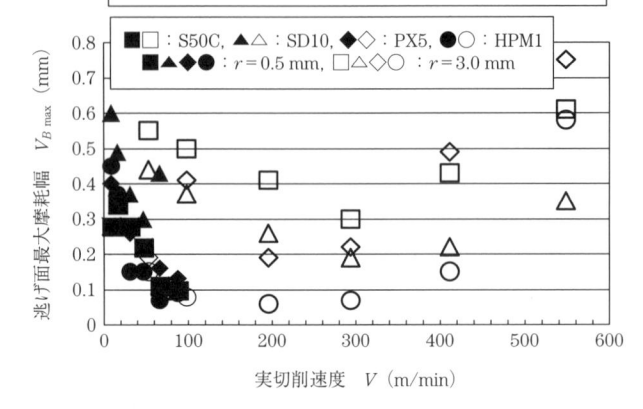

図5.2 各種金型用鋼材を超硬ボールエンドミルで切削した際の実切削速度と逃げ面最大摩耗幅の関係

表5.1 切削条件

加工機	マシニングセンタ：FX-5 （松浦機械製作所：30000 min^{-1}）
工具回転数	2700〜28000 min^{-1}
ピックフィード	0.4, 0.8 mm
1刃当たりの送り	0.15 mm/刃
切込み深さ	0.1, 0.5 mm
切削方式	平面および60°傾斜切削，乾式および水溶性クーラント，ダウンカット
測定機器	CCDカメラ：HI-SCOPE (HIROX) 粗さ計：SEF-30D (Kosaka)
被削材	プレハードン鋼 (43HRC) 150×130 mm

部での摩耗は切削速度の増加にともない増大している．ボールエンドミルにおける高速域での摩耗増加は，従来，旋削加工でいわれているのと同様に，切削時の発熱による超硬のバインダー成分の拡散摩耗や，酸化摩耗によるものと考えられる．低速域での摩耗減少は，同様な減少が旋削加工では認められない事実（図5.3参照）から推定すると，断続切削であるボールエンドミル加工では，回転数が低くなると工具・被削材の接触時間が長くなり，それによる工具切れ刃への伝達熱量が多くなること，空冷の効果が高回転の場合に比べてはたらかないこと，切屑が噛み込みやすくなること，

5.4 各種金型用鋼材の超硬ボールエンドミル加工における摩耗特性

```
● : R10超硬ボールエンドミル
▲ : 超硬チップ : 旋削
切込み深さ : 0.5 mm, ピックフィード : 0.8 mm,
1刃当たりの送り量 : 0.15 mm刃 (mm/rev)
切削長 : 約56 m
被削材 : HPM1 (die steel, 43HRC) 乾式切削
```

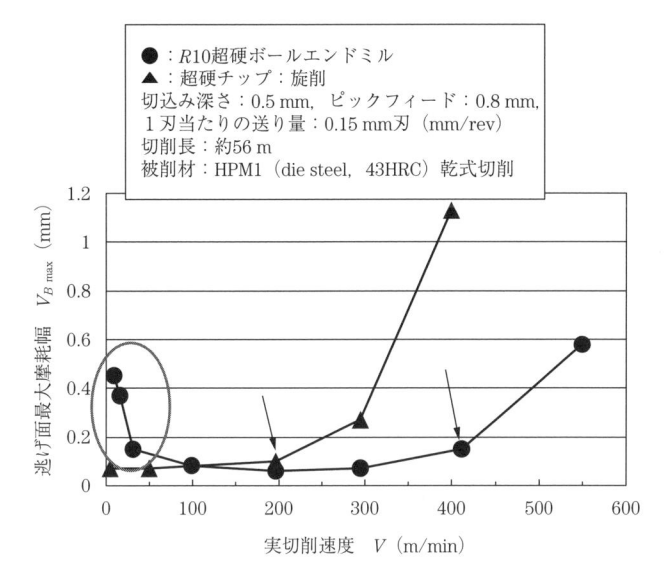

縦軸: 逃げ面最大摩耗幅 $V_{B\,max}$ (mm)
横軸: 実切削速度 V (m/min)

図 5.3 調質鋼材を超硬ボールエンドミルで切削した場合と旋削した際の実切削速度と逃げ面最大摩耗幅の関係（高速側での摩耗が急激に増大しはじめる速度と低速側での摩耗に，ミーリングと旋削では差異が生じる）

圧力凝着しやすくなること[3]などの総和によって低速域での摩耗が増大していくものと考えられる．

一方，高速で回転させれば，それだけ工具がもつ運動量も大きくなり，工具が被削材に対してする仕事（撃力）も大きくなる．撃力は運動量の変化を接触した時間で除した式で表されるから，質量が大きいほど，速度が速いほど，接触時間が短いほど大きなエネルギーをもつことになる．高速回転した質量一定の工具が被削材に衝突して切屑を生成するということを撃力だけで説明することは難しいかもしれないが，前述した影響との兼ね合いで，ある程度高速回転させて断続切削させるということは，エネルギー的にいっても優位なのである．

以上のことから，超硬ボールエンドミルを用いた鋼材の高速ミーリングでは，刃先が熱的に劣化（バインダーの結合力低下）しなければ，できるだけ高い回転数（周速）で切削することが工具摩耗の点から望ましいといえる．ただし，焼入れ鋼材のような50HRCを越える被削材ではこの限りではない．

一方，より高速で切削すれば，図5.4に示すように，低速側での切屑厚みに比べて高速側でのそれは薄くなっており，せん断角が変化しているのが推測される[4]．さらに図5.5に示すように，切削速度の上昇に伴う切削抵抗の減少もみられ，高速での優位性が確認されている[5]．

112   5章 新しい切削加工技術

<R10超硬ボールエンドミル>
切込み：0.5 mm, ピックフィード：0.3 mm,
ドライカット, 1刃当たりの送り：0.15 mm/刃, 切削長：56.25 m, 被削材：HPM1（45HRC）

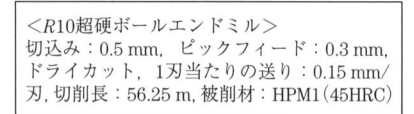

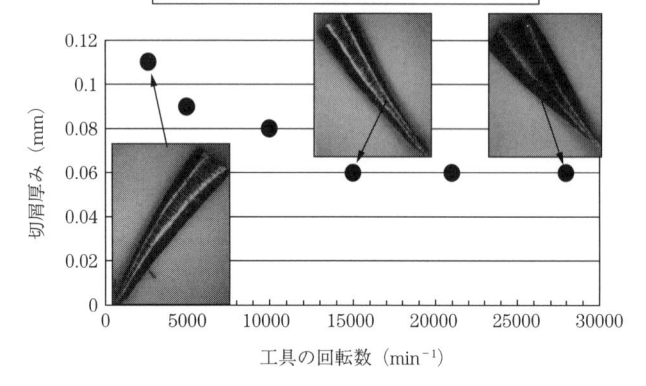

図5.4 金型用鋼材を超硬ボールエンドミルで切削した際の工具回転数と切屑厚さの関係

<R3超硬ボールエンドミル>
アキシャルレーキ/ラジアルレーキ
A：-5°/-3°, B：-5°/3°, C：5°/3°, ドライカット,
切込み：0.3 mm, ピックフィード：0.3 mm
1刃当たりの送り：0.05 mm/刃, 切削長：30 m
被削材：HPM1（43HRC）動力計：キスラー9256A2

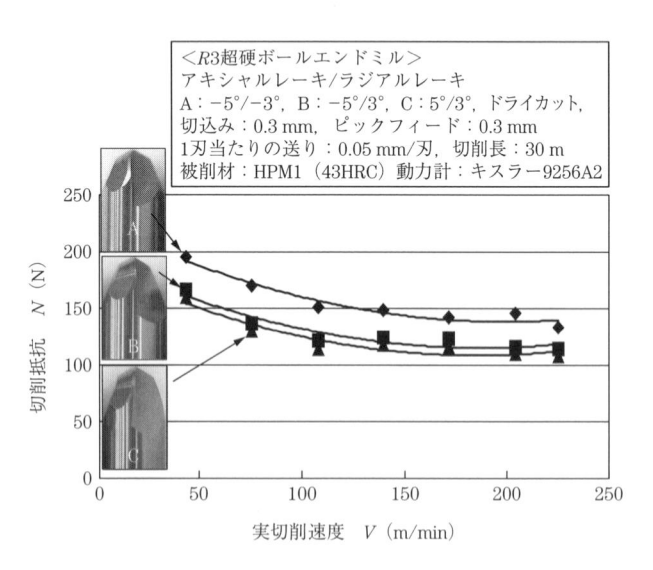

図5.5 金型用鋼材を超硬ボールエンドミルで切削した際の切削速度と切削抵抗の関係

5.5 高速ミーリングにおける表面粗さ

図5.6に，各工具回転数における調質鋼材の切削距離と，切削後の被削材表面粗さの関係を示す[6]．低速側では切削長の増加にともない表面粗さが増加している．一方，15000 min^{-1} 以上の高速では，切削長に関係なく表面粗さは一定値を示す．この傾向は，ほかのいずれの金型用鋼材でも同様に観察された．

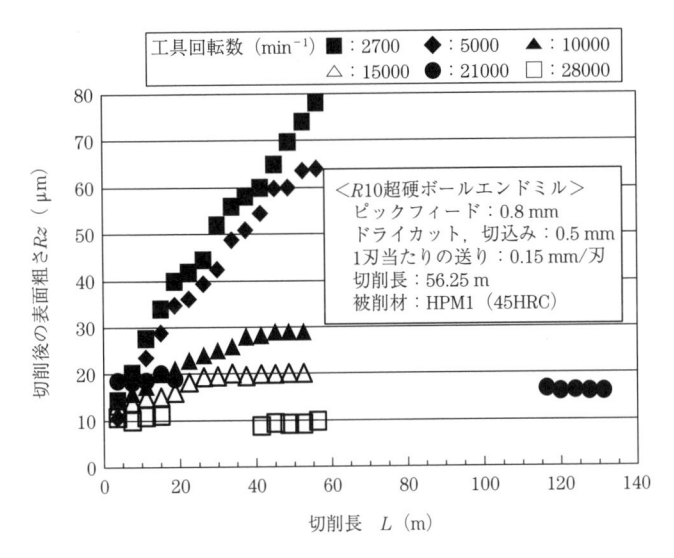

図5.6 金型用鋼材を超硬ボールエンドミルで切削した際の切削長と表面粗さの関係

ここでの表面粗さは，切込み深さおよび Pf の値から工具中心近傍の形状に依存する．これは，低速側では切れ刃中心が，高速側では外周部が摩耗しているため，高速になればなるほど，中心刃近傍は摩耗しないので，高速側では摩耗しない本来の切れ刃で切削していることになる（図5.7参照）．表面粗さは切れ刃の転写であるから，当然，高速側で良好な表面粗さが得られることになる．したがって，高速での逃げ面最大摩耗幅は大きくなるものの，表面粗さに対しては悪影響を及ぼさないので，精度の観点からすれば15000 min^{-1} 以上の高回転で切削することが望ましいといえる．

より高速で切削したほうが，表面粗さに対してよい切削条件ということは，1刃当たりの送りを同一にして加工するなら送り速度をより高速にすることができる．さらに，Pf を小さくしても加工効率を落とすことなく切削できることを意味し，のちの仕上げ工程の軽減あるいは省略などが考えられ，高速送りすることによるほかの問題が生じなければ，高速ミーリングによって高精度で高効率な形状加工が可能になる．

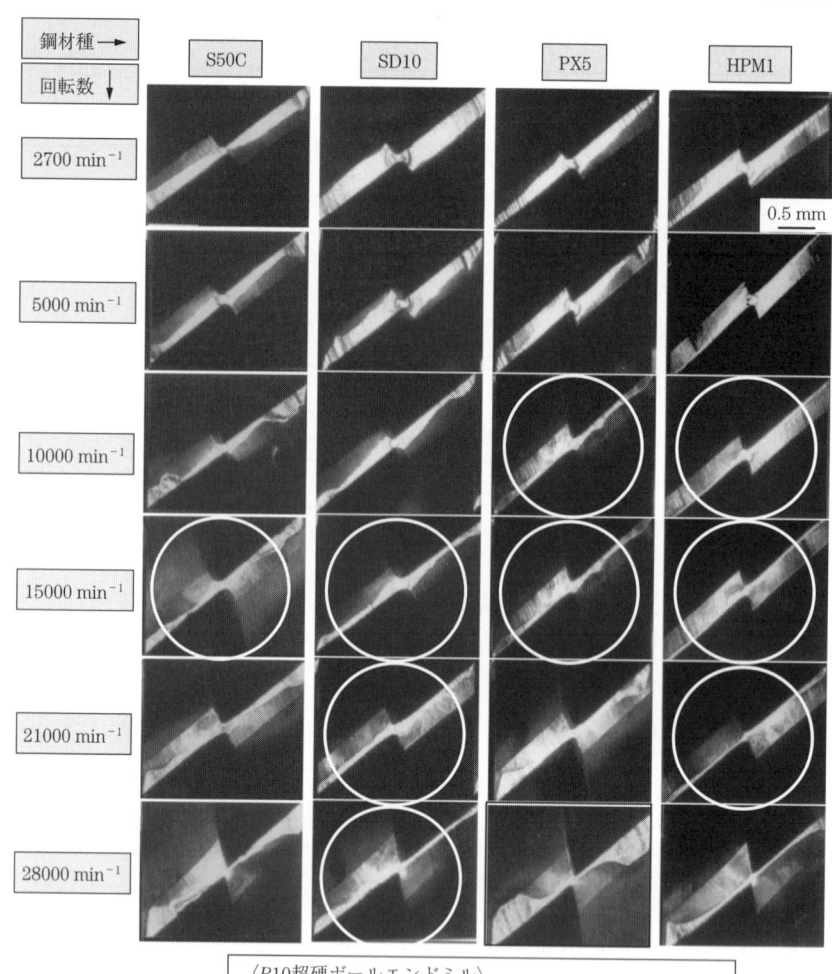

図5.7 各種金型用鋼材を超硬ボールエンドミルで切削した際の工具の摩耗状況（低回転では中心刃付近が摩耗しており，高速ではそれが外周方向へと移行する．どの被削材でも高速側で摩耗が少ないが，それ以上の高速では摩耗が増大する）

5.6 焼入れ鋼の超硬ボールエンドミルによる高速ミーリング

前述したように，調質鋼材のミーリングでは，高速で切削するほうが工具寿命，切削後の表面粗さの点から，良好な結果が得られた．ここでは，より高硬度な焼入れ鋼材の超硬ボールエンドミルによる切削特性について述べる．

図5.8に，各金型用鋼材をミーリングした際の工具寿命と切削速度の関係を示す[7]．

5.6 焼入れ鋼の超硬ボールエンドミルによる高速ミーリング

〈R10 超硬ボールエンドミル〉
切込み：0.5 mm，ピックフィード：0.8 mm，ドライカット，
1刃当たりの送り：0.15 mm/刃，逃げ面摩耗幅：0.2 mm，
被削材：S50C（16），SD10（23），PX5（31），HPM1（45），
SKH（55, 60HRC），工具回転数：2700 〜 28000 min^{-1}

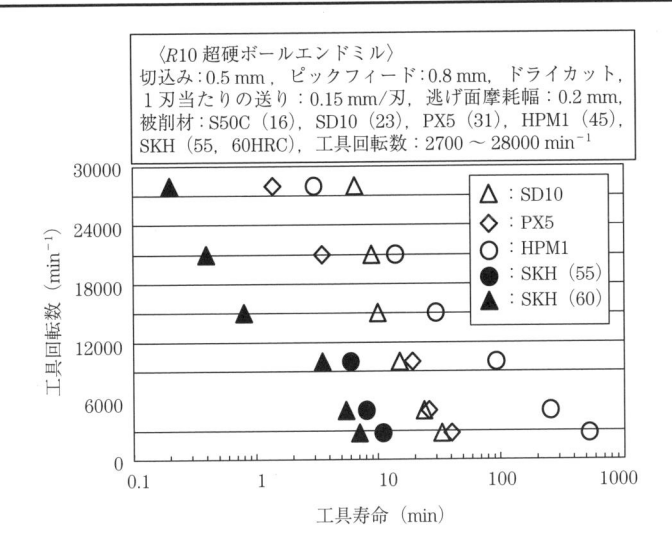

図 5.8 焼入れ鋼を超硬ボールエンドミルで切削した際の工具寿命と工具回転数の関係

一部前述したように，45HRC 以下では，硬度が高いほうが長寿命であるが，焼入れ鋼ではこれらの金型用鋼材に比して工具寿命は短い．しかし，5000 min^{-1} 以下の回転数では 55HRC でも 60 でも比較的寿命は長い．ただし，それ以上の切削速度では極端に工具寿命は短い．

通常，焼入れ鋼材を用いた金型加工では，放電加工が一般的であるが，電極の切削加工，加工精度，経済性などを考慮した場合，50HRC 程度なら適当な加工条件を選択すれば超硬ボールエンドミルでも有用であるし，コーティング超硬合金で十分実用に耐えるものと思われる．それ以上の高硬度金型鋼材の加工は，cBN 工具あるいは放電加工に頼らざるをえないであろう．

cBN ボールエンドミル工具での焼入れ鋼材の仕上げ切削では，高速にすればするほど工具寿命が延長するという結果も過去に得られており[8]，高含有率 cBN 工具のチッピングを抑制して安定な切削ができるかどうかとコストが大きな問題であろう．

市販の超硬ボールエンドミルを用いて，金型用鋼材を切削した際のメリットを実験結果にもとづいて述べた．工具摩耗に関しては高速にしたほうが優位な箇所が存在し，かつその条件下での表面粗さは良好であることがわかったことと思う．ボールエンドミル加工における工具摩耗と切削の関係は，おおよそ図 5.9 のようになる[9]．被削材種，工具種，工作機械に応じて最適な加工条件を探すのが重要であり，CAD/CAM とのマッチングなども重要である．

しかし，あらゆる生産現場で同じ条件が再現できるかどうかは難しい問題である．工作機械も違うし，形状も違い（複雑になればなるほど CAD/CAM などの問題もで

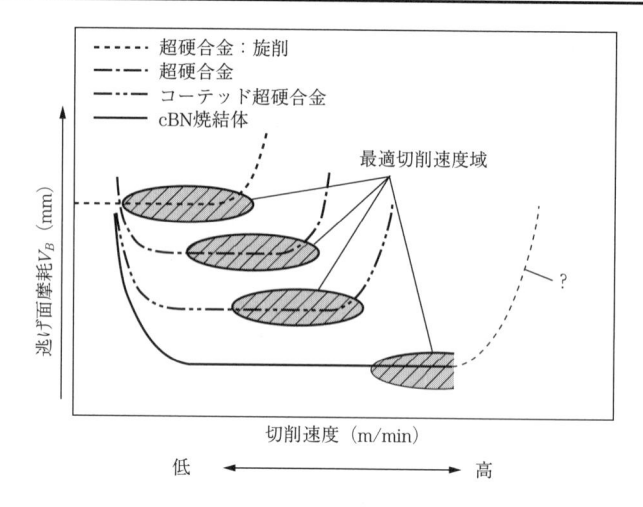

図 5.9 各種ボールエンドミル工具における切削速度と摩耗の関係（概念図）

てくる），工具や被削材もロッドによって大きく異なる．また，ほかの除去加工との棲み分けの問題もある．いずれにせよ，高速ミーリングのメリットを素直に認めつつ，ここしばらくは高速ミーリングを中心にほかの除去加工との正確な棲み分けと，加工条件などの最適化が重要になってくるであろう．これにより，リードタイムの短縮と高度化が実現され，わが国における製造業の競争力増強の一助に高速ミーリングがなるものと期待している．

5.7 HICARTによる高速ミーリング特性[10]

これまで，市販のマシニングセンタや，比較的大径の超硬ボールエンドミルを用いた高速ミーリング特性について述べた．本節では，著者らが開発した毎分15万回転の主軸を搭載したNCミーリング機HICARTを用いて行った実験にもとづいた，小径ボールエンドミルによる超高速条件下における切削特性について述べる．極小径（たとえば $\phi 1$ mm 以下）ボールエンドミルで形状加工することはそれほど珍しくなくなってきており，今後もさらに小径工具による形状加工は重要になってくると思われる．

表5.2に，主な切削条件を示す．なお，切削条件の影響に関する実験では括弧中の範囲内で条件を変化させた．使用した工具と被加工材種の仕様および測定に用いた機器仕様を表5.3に示す．使用した工具は市販品であり，購入ロットにより実験結果にばらつきが生じたため，目的が異なる実験ごとに同一ロット品を用いた．被加工材として金型用調質鋼（43HRC）を用いた．

表5.2 切削条件

回転数 (N)	100000 min^{-1}	(28000～115000)
切込み (Ad)	0.3 mm	(0.18～0.5)
ピックフィード (Pf)	0.3 mm	(0.15～0.45)
1刃当たりの送り (Sz)	0.1 mm/刃	(0.002～0.2)
切削方式	ダウン,ドライカット	

表5.3 工具,被削材,各種機器の仕様

工　具	Ti(Al)N コーテッドボールエンドミル シャンク径:4 mm,2枚刃 R 1 mm×l 8 mm, R 0.5 mm×l 1.5 mm, R 0.75 mm×l 2.5 mm　突き出し:14 mm
被削材	プレハードン鋼(43HRC) 150×130 mm
測定機器	CCDカメラ:HI-SCOPE(HIROX) SEM:JSM-T220(JEOL) 粗さ計:SEF-30D(Kosaka)

5.7.1 切削特性の変化

$N = 100000$ min^{-1},$F = 20$ m/min の高速切削条件下で長時間の加工が可能であった.その際の工具摩耗は図5.10(a)に示すように逃げ面側のみに進行しており,すくい面側にはほとんど認められなかった.また,加工初期の切れ刃の一部に小さな欠けがみられるものの,漸進的な擦り摩耗が主体であり,正常な摩耗形態を示していることがわかる.さらに,この逃げ面摩耗は工具中心近傍では少なく,外周に向かって増大している.切削速度は,切れ刃の最外周部で最大値 448 m/min に達し,高い速度で被削材を切削するため,そのときに発生する熱の上昇もあって逃げ面摩耗が促進される.切屑形状は,加工開始時の規則正しい針状の扇形が,切削距離の増加にともない徐々に不規則な形状に変化しており(図5.10(b)参照),またその色も黄褐色 → 褐色 → 青 → 薄青に変化している.これは,工具摩耗の進行によって切削性が悪化し,切屑の創生機構や切屑温度(切削温度)が変化したためと推察される.

切削面粗さも加工の進行にともない,図5.10(c)に示すように,ピックフィード(Pf),ステップフィードの両方向とも大きくなっており,とくに Pf 方向での悪化が顕著となっている.しかし,本実験条件では平面加工であるため,工具中心付近の工具摩耗が切削面粗さに影響を及ぼすので,逃げ面摩耗幅の進行ほどには面粗さは悪化していない.これらの変化は,工具逃げ面側の外周で摩耗が生じ,それにともなって切削状態が変化したためである.

(a) 工具摩耗状況　　　0.1 mm

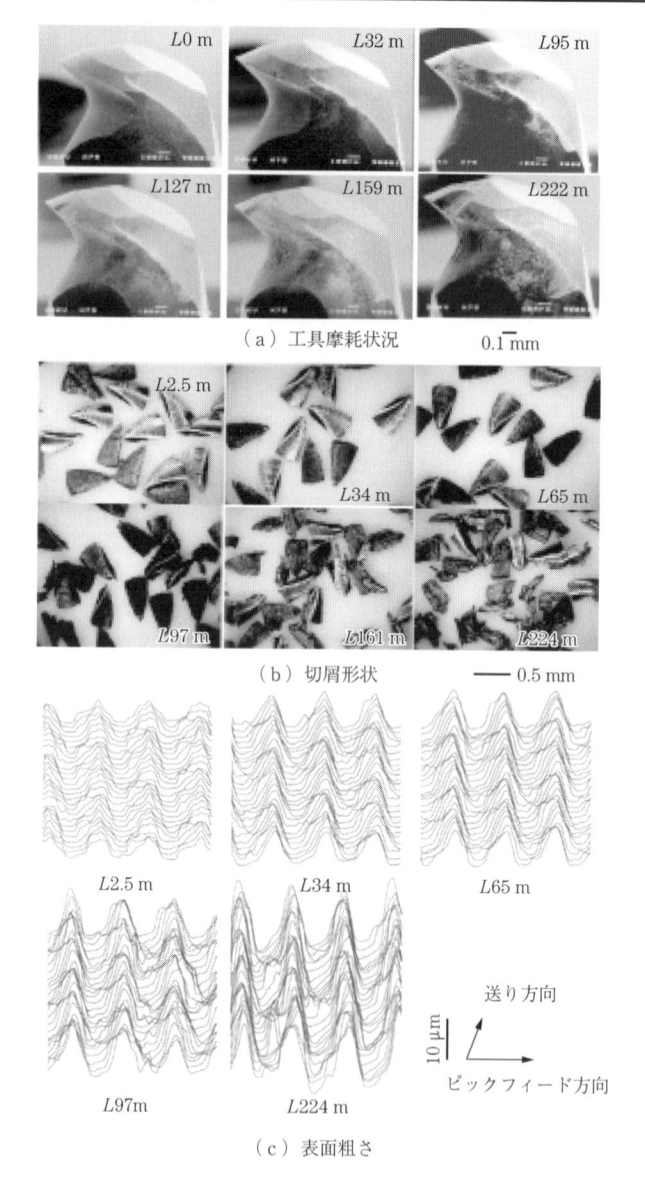

(b) 切屑形状　　　── 0.5 mm

(c) 表面粗さ

図 5.10　高速ミーリングにおける工具摩耗, 切屑形状, 表面粗さの変化

5.7.2　各種切削条件が工具逃げ面摩耗に及ぼす影響
(1)　工具回転数と工具寿命の関係

　$R=1.0$ mm の工具を用い, 軸方向切込み量, ピックフィード量, 1刃当たりの送り量を一定の条件で, 工具回転数を変化させたときの最大逃げ面摩耗幅 $V_{B\,\max}$ を測定

して，工具摩耗曲線を求めた．回転数はスピンドルの共振域を避けて $N=46200$，72500，85800，100000，115000 min^{-1} とした．また，HICART では低速回転域の切削が困難なため，ほかの高速マシニングセンタを使用した $N=28000$ min^{-1} の条件での実験結果も付け加えた．

工具摩耗曲線から工具寿命 T（$V_{B\,\mathrm{max}}=0.1$ mm）および工具寿命に達するまでの除去体積 V_c を算出し，工具回転数および最大実切削速度との関係を求めた結果を図5.11 に示す．工具回転数が高いほど工具外周部で最大となる実切削速度も高く，工具寿命は短くなる．各切削速度における工具寿命は対数グラフ上でほぼ直線上にあり，その傾きと切片からテイラー（Taylor）の工具寿命方程式として，およそ $V \cdot T^{0.34}=800$ と求められる．この指数および定数の値は旋削実験などからすでに求められている鋼材における実験値[11]と大差はない．100000 min^{-1} を超える高速ミーリングにおける小径ボールエンドミルの工具寿命と切削速度の関係においても従来則が成立する．しかし，これはあくまでもこの回転数の範囲であって，これ以下の低回転領域ではこの式は成立しないだろう．

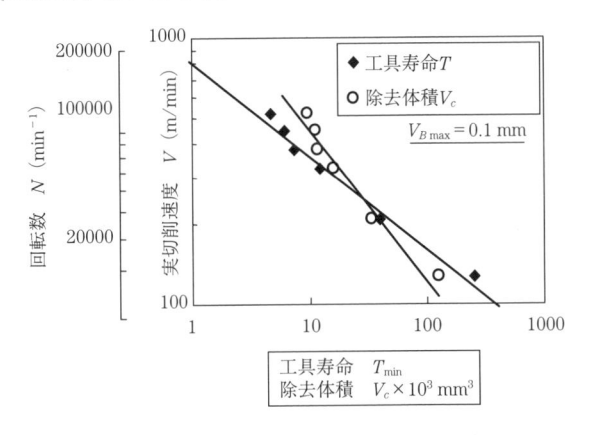

図5.11 高速ミーリングにおける V-T 線図

（2） 半径方向切込み量が工具摩耗に及ぼす影響

工具回転数，軸方向切込みを一定とし，半径方向切込み量が工具逃げ面摩耗に及ぼす影響について述べる．図5.12 に，1刃当たりの送り量 Sz をパラメータにとった摩耗曲線を示す．横軸に通常用いる切削距離 L（工具の累積移動距離）をとると，Sz が大きいほうが摩耗の進行は緩やかであり，Sz が極端に小さくなる条件ではわずかな切削距離において摩耗量が大きくなる．同一摩耗幅に達するまでで比較すれば，Sz が大きいほうが切削距離 L は長く，除去体積（$L \times Ad \times Pf$）も大きくなる．また，除去能率は送り速度 F（$=Sz \times N$）と軸方向切込み量 Ad，ピックフィード量 Pf の

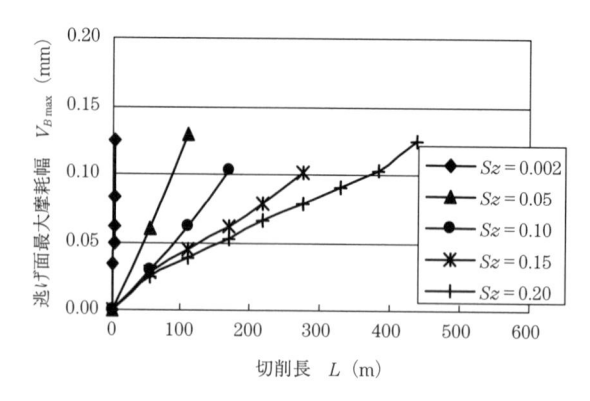

図 5.12 1 刃当たりの送り量を変化させた際の切削距離と逃げ面最大摩耗幅の関係

積で求められることから，Sz を大きくとるほど当然高効率化がはかられる．ただし，Sz の最大値は工具形状や切削抵抗に耐える工具剛性によって制限される．本実験で用いた工具では，すくい面のチップポケット形状から 0.25 mm が限界であった．

図 5.13 に，図 5.12 の横軸を真実切削距離 Lc に変換した結果を示す．Sz の変化にかかわりなくほぼ同一直線上にプロットされ，$V_{B\,max}$ は切れ刃の累積切削弧長さである Lc に依存し，1 刃当たりの送り量には影響されないことがわかる．つまり，1 回の切削量には関係しない．

図 5.14 に，ピックフィード量が摩耗に及ぼす影響として，Pf をパラメータとした真実切削距離と最大逃げ面摩耗幅の関係を示す．Pf の大きさにかかわらず摩耗幅は一定値を示し，Sz と同様に $V_{B\,max}$ は Lc によって決まり，Pf にも影響されない．

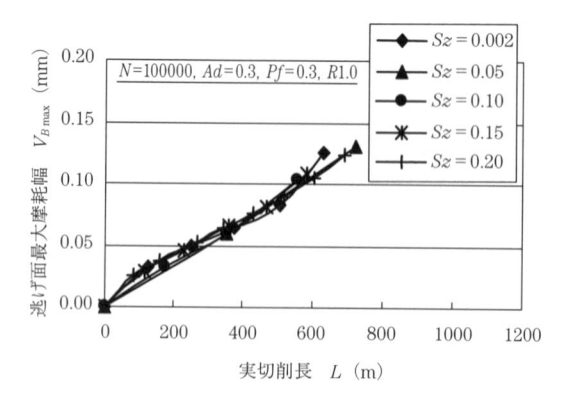

図 5.13 1 刃当たりの送り量を変化させた際の実切削距離と逃げ面最大摩耗幅の関係

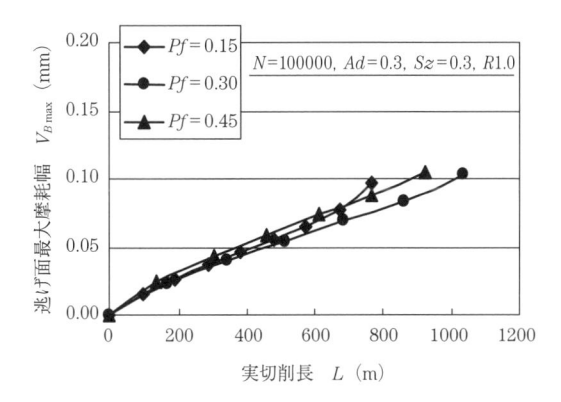

図 5.14 ピックフィードを変化させた際の実切削長と
逃げ面最大摩耗幅の関係

よって，高効率な高速ミーリングの実現のためには，工具チップポケット部の形状や切削力に耐え得る工具剛性などの工具仕様から決まる制限内で，大きな半径方向切込みの切削条件設定が望ましい．

(3) 軸方向切込み量が工具摩耗に及ぼす影響

図 5.15 に，軸方向切込み量が工具摩耗に及ぼす影響について，軸方向切込み量 Ad とピックフィード量 Pf の積が一定となる図中の3条件における真実切削距離と，最大逃げ面摩耗幅の関係を示す．Ad が大きいほど摩耗の進行が速い．

本実験では Pf も変化させているが，前述の結果より Pf の影響は少ないこと，$Ad \times Pf$ 一定より除去能率は一定であること，Ad が大きいほど図中に示すように最大実切削速度 $V_{\max}$ が大きくなることを考慮すると，Ad の増大にともない切削速度が高くなり，$V_{B\max}$ が大きくなるものと考えられる．この考え方は，Ad が大きく

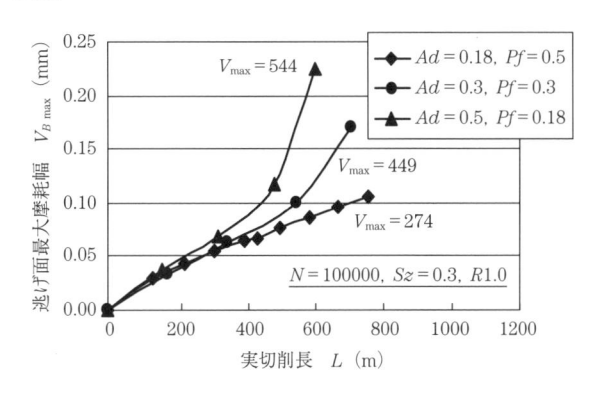

図 5.15 軸方向切込みを変化させた際の実切削距離と
逃げ面最大摩耗幅の関係

Pf が小さいとき $V_{B\max}$ が 0.1 mm を超えてから急速に摩耗が進行していることからも支持されている.

したがって,同一除去能率でありながら低摩耗となる高速ミーリングの実現には,浅切込みでピックフィードを大きくとることが望ましい.

(4) 工具半径が工具摩耗に及ぼす影響

工具半径 R の異なる3種のボールエンドミル ($R=0.5$, 0.75, 1.0 mm) を用いたときの真実切削距離と,最大逃げ面摩耗幅の関係を図 5.16 に示す.各工具は工具半径の違いによって,刃長などの工具仕様も異なる.また,切削条件も工具半径が小さい場合にその剛性が弱く切削抵抗によって折損を招くおそれがあるため,工具径に比例して Pf 量を小さくした.よって,N, Sz, Ad は同一条件であるが,除去能率は工具径が小さいほど低い.$R=1.0$ mm に対し,より小径である $R=0.5$, 0.75 mm の工具で最大逃げ面摩耗幅が少ないことがわかる.これは小径工具ほど最大実切削速度が低いためである.

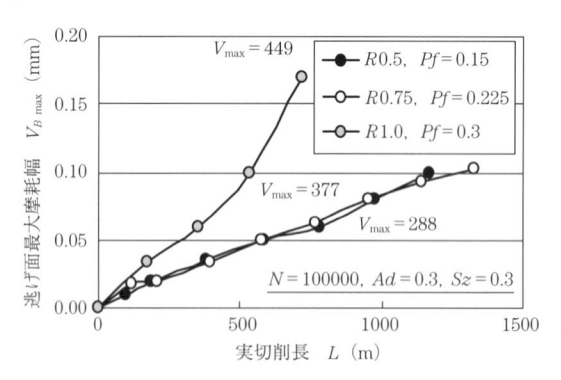

図 5.16 工具半径を変化させた際の実切削距離と逃げ面最大摩耗幅の関係

よって,工具の折損などを招かずに,かつ必要な除去能率が達成できる範囲内で小径な工具を選定することが工具摩耗の点からは望ましい.

(5) HICART による高速ミーリングのまとめ

HICART によりコーテッド超硬製の小径ボールエンドミルを用いた金型用鋼材の超高速ミーリング特性について述べた.工具摩耗の特性と各種切削条件が工具摩耗に及ぼす影響についてまとめると以下のとおりである.

① 工具回転数 10 万 $\min^{-1}$ の高速切削条件で十分実用的な鋼材加工が可能である.
② 工具摩耗は,工具外周切れ刃部の逃げ面摩耗が大きく,すくい面摩耗はほとんどない.
③ 平面加工における切削面粗さを決定する工具中心近傍の摩耗は少なく,$V_{B\max}$

の進行ほどには面粗さは悪化せず，安定した面粗さが得られる．
④　最大逃げ面摩耗幅 $V_{B\,\max}$ は，加工進行にともない増大し，被削性と精度を悪化させるため，$V_{B\,\max}$ が工具寿命を決定する．
⑤　最大実切削速度と工具寿命の関係から求めた V–T 曲線はおよそ $V \cdot T^{0.34} = 800$ で表される．切削速度の高速化によって加工能率は向上するが，工具寿命は短くなる．しかし，低速側での切削では必ずしもこの関係は成立しない．
⑥　最大逃げ面摩耗幅は切れ刃の最外周点の接触弧長さから求めた累積実切削距離に依存し，1 刃当たりの送り量 Sz，ピックフィード量 Pf には関係しない．
⑦　軸方向切込み量と工具半径は実切削速度に関係し，工具摩耗に影響する．

　市販の超硬ボールエンドミルを用いて金型用鋼材を切削した際の高速ミーリングメリットを実験結果にもとづいて述べた．あわせて，小径のコーテッド超硬ボールエンドミルを用いた毎分 10 万回転の超高速ミーリング特性について言及した．高速ミーリングこそが切削加工で出現した新たな加工法であり，この特性を上手に使いこなせることこそ生産加工技術の重要なノウハウの一つになる．

5.8　高速ミーリング用 CNC 工作機械

5.8.1　高速ミーリング用 CNC 工作機械の歴史

　高速ミーリングは，比較的小径のフライス工具（エンドミルなど）を浅切込み，高速回転，かつ高速送りの切削条件で，高能率・高精度化を実現する加工法である．
　この条件に対応した機能を有する CNC 工作機械が高速ミーリング用として用いられており，現在は，日本，ヨーロッパ地域中心の工作機械メーカーから高速ミーリング用マシニングセンタとして市販されている．
　1988 年に，(株) 新潟鐵工所で金型加工用として開発された，最大主軸回転数 10 万回転（送り速度が毎分 10 m）の超高速 CNC フライス盤（UHS-10）が，実用機としてヨーロッパにおける展示などを通して世界の注目を集め，かつ国内で高速ミーリングの研究開発を行う発端になった．
　この超高速 CNC フライス盤の第 1 号機は，理化学研究所・板橋分所に設置され，新潟鐵工所との共同研究により，cBN ボールエンドミルによる焼入れ鋼の高速ミーリングや高速ミーリング用工具の設計指針など多くの実験結果が示され[11)～13)]，はじめて鋼材の高速ミーリングの有効性が報告された．
　当時，高速対応のマシニングセンタは，主軸回転数が毎分 1 万回転程度で，しかも最初は航空機部品であるアルミニウム（Al）の高速高能率加工を指向したものであったが，高硬度な金型用材の切削加工を対象として従来より 1 桁以上の高い主軸回転数

を実現したことは画期的であった.

しかし,当時の高速ミーリングを取り巻く要素技術の基盤は十分でなく,この超高速機は金型などの生産現場に多く導入されるには至らなかった.これを契機に,高速ミーリング用マシニングセンタの研究開発が工作機械メーカー間において盛んになり,その結果,松浦機械製作所,キタムラ機械,ヤマザキマザック,牧野フライス製作所,豊田工機など多くの工作機械メーカーから,各種の高速ミーリング用マシニングセンタが市販されるに至った.

一方,1994年に新潟県総合技術研究所が中心になり,新潟県戦略技術支援委員会(理化学研究所,新潟鐵工所,新潟県金型メーカーなどのメンバーで構成)の支援を受けてスタートしたプロジェクトグループから,空気静圧スピンドルを用いた高硬度材の高速エンドミル加工に関する研究が報告された[14].それまで超精密切削加工や研削加工の分野に限定されて使用されていた空気静圧軸受がはじめて切削加工へ適用された.

同グループのその後の研究により,高硬度鋼を素材とした金型部品の高速ミーリング適用の有効性が確認された[15],[16].

その後,さらなる高速切削の実験を行うべく理化学研究所において実験用に開発された超高速 CNC フライス盤(HICART とよばれている.図 5.17 参照)は,主軸最高回転数が毎分 15 万回転(空気静圧軸受方式),送り速度が毎分 100 m(U 軸付加の特殊な送り機構,図 5.18,表 5.4 参照)であり,小径エンドミル中心の超高速切削実験を行っており,多くの研究成果が報告されている.

たとえば,小径エンドミルの高速ミーリングにおける,1 刃当たりの送り量の最適値の把握,最適な工具形状,工具材種,および工具軌跡の追求などを行い,それらに関する研究成果を報告している.

高速ミーリングは,切込みを浅くして高速切削速度と高速送りが基本的な切削条件であり,工具の切れ刃に及ぼす負担は少ないため,マシニングセンタの主軸などの負荷も低く抑えられることがわかっており,高速ミーリング用マシニングセンタのコンパクト化が可能である.

この点に着目して,現在はコンパクトな構造を有し,俊敏な動作が可能な高速ミーリング用マシニングセンタの開発も行われている.理化学研究所で開発試作された超高速 CNC フライス盤(DCART とよばれている)は,主軸回転数が毎分 45000 回転,送り速度が最大で毎分 18 m(X-Y 軸),加速度特性は 1.5 G であり,従来の高速型マシニングセンタに比べても 2〜3 倍以上の俊敏性をもち,かつ高硬度鋼などの高速ミーリングも十分可能な特性を有するものである.

製品の軽薄短小化にともなって微小部品加工の要求も増えており,以下のような理

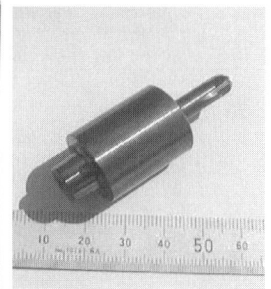

主軸部　　　　工具とシュリンク保持具

図 5.17　超高速ミーリング機例（HICART）
（理化学研究所）

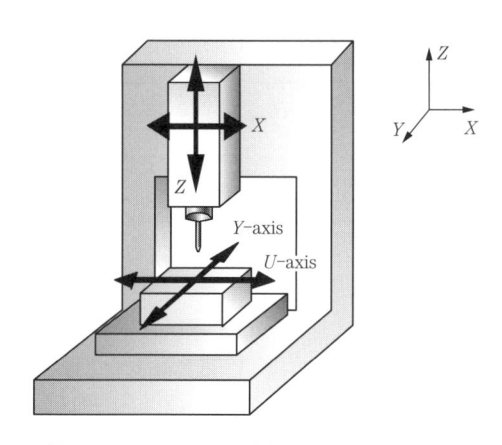

図 5.18　HICART の主軸部とテーブルの動作

表5.4 送り駆動系の要素決定のための仕様

	X軸	Y軸	Z軸	U軸
移動体重量（kg）	170	200	55	85
搭載重量（被削材）（kg）	0	100	0	100
最大ストローク（mm）	600	600	300	305
最大切削送り速度（m/min）	60	36	36	40
加減速加速度（G）	1.0	0.6	0.6	1.0
ボールねじリード（mm）	20	12	12	16
ボールねじ径（mm）	25	25	32	25
位置決め精度（mm）	±0.025			
繰り返し精度（mm）	±0.01			
摺動面摩擦係数	0.01			
駆動モータ	ACサーボモータ（3000 min^{-1}）			
定格出力（kW）	1.4	0.9	1.4	0.9

由で，コンパクトな高速ミーリング用マシニングセンタへの期待も高まっている．すなわち，

① 駆動部を小型，軽量化することで，俊敏な動作が可能になり，高速・高精度化の実現が容易になる．
② 機械の設置面積が小さくなり，高精度加工に必要な温度管理などの環境を整えやすい．

今後，高速ミーリングが部品加工における中心的な加工技術としての地位を確立するにつれて，高性能化と同時にマシニングセンタの多様化も急速に進むことが予測できるが，高速ミーリング技術の高度化を指向するうえで，CAD/CAM，切削工具，保持具など周辺技術の高度化も不可欠な条件である．

5.8.2 高速ミーリング用マシニングセンタと条件

高速ミーリング仕様のマシニングセンタを選択する場合の条件は，まず，高速回転主軸と高速送り機能，かつそれぞれにおいて，立ち上がり時間の短いこと，高速ミーリング対応のCNC制御装置であること，CAD/CAMとの接続と通信機能が高いことなどが挙げられる．

これらの条件を満たすためには，たとえば，主軸と保持具の接続方式などについても十分な検討が必要であり，現状においては，高回転対応の2面拘束方式のもので標準化されたHSK方式（ISO）が望ましい．従来からの保持具との接続方式は，BT方式が多かったが，テーパシャンク部が大きく重いため，高速回転，かつ俊敏な送り動

作にとって不利であり，高速ミーリングには不向きといえよう．このほかに考えられる条件例について，図 5.19 に示しているが，その導入にあたっては，細部にいたる十分な検討が必要であることはいうまでもない．

　高速ミーリングの切削条件の基本が，図 5.20 に示すように低切込み，高速回転，高速送りであるため，この切削条件に対応した諸機能を有し，かつ高精度加工の実現が可能な性能であることは，高速ミーリング用マシニングセンタの必要条件といえる．

　これらの条件について具体的に説明すると，まず，高速ミーリングには，高速回転可能な主軸部（スピンドルともよばれている）と俊敏な高速送りが可能な送り駆動部，高速・高精度な切削が可能な CNC 制御装置，およびこれらの高速ミーリング機能をサポートする諸機構が必要である[17),18)]．それらを機械要素技術ごとにまとめ，

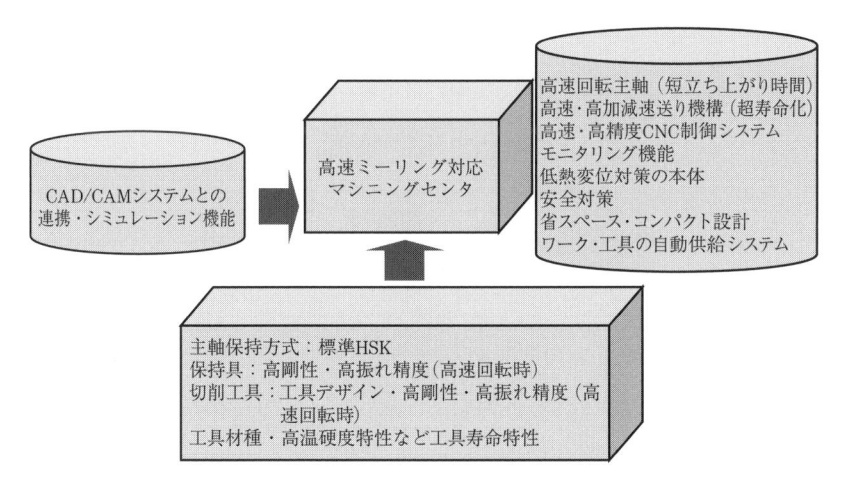

図 5.19 高速型マシニングセンタ選択における条件例

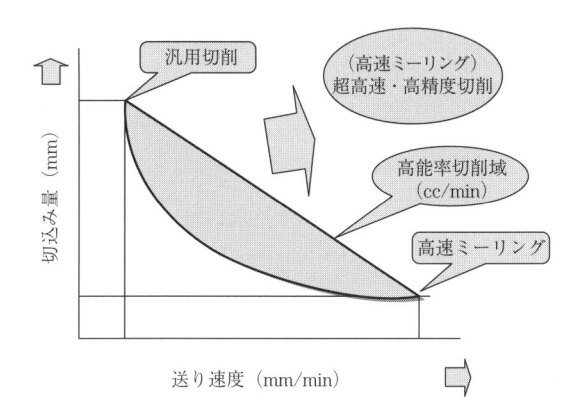

図 5.20 高速ミーリングと汎用切削

かつ，高速ミーリング用に期待されている新しい要素技術について**表 5.5** に示した．これらのなかから主要な要素技術について，具体的な内容で以下に説明する．

　高速主軸部は，高速回転にともなうアンバランスに起因する振動の発生と遠心力による回転体の弾性変形の影響は無視できなくなる．高速主軸部用の転がり軸受は，アンダーレース潤滑，ジェット潤滑とよばれるオイルミストによる潤滑技術を用いたものが主流となっている[19]．転動体部はセラミックス球が用いられるが，強度，耐摩耗特性がすぐれていることと，比重が鋼球に比べ小さく遠心力の影響がより少なくできるためである．軸受に発生する熱による変形や内輪の遠心力による変形に対して，予圧のかけ方などは工夫を要する点である．

　空気静圧軸受と磁気軸受は，回転軸との機械的接触がないことから，回転精度および軸受寿命の点で有利で，高速スピンドルとして有望であるため，一部で適用されはじめている．

　高速送りを実現する駆動系は，一般的には直動ベアリングを用いたボールねじ駆動が主流であり，ボールねじのリードを大きくして高速送りに対応している．

表 5.5 高速ミーリング機に求められる内容

機械要素		考慮しなければならない項目	期待される要素技術
スピンドル	軸受	・高速回転性，軸受寿命，剛性，回転精度，振動 ・発熱，変形（温度，遠心力），材料，冷却，潤滑，保守	ころがり軸受 空気静圧軸受 磁気軸受
	駆動装置	・高速，高馬力，発熱，振動，騒音，カップリング	高周波モータ エアタービン
送り駆動系	案内	・精度，剛性，振動，寿命，高速移動	直動ベアリング すべり案内 リンク機構
	駆動装置	・サーボモータ，高出力，低慣性	サーボモータ＋ボールねじ リニアモータ
制御装置	サーボ技術 （ハード）	・高速・高精度，高速データ転送	ディジタルサーボ制御
	補間方式 （ソフト）	・直線，円弧補間→曲線補間，NURBUS 補間	
周辺機器	工具ホルダ	・高把持力（遠心力，発熱），高精度（ダイナミックバランス）	BT シャンク 2 面拘束シャンク コレットホルダ 焼きばめ
	その他	・切屑処理 ・切削油剤の供給法 ・ATC，APC ・カバー安全対策	

図 5.21 に,高速ミーリングに対応した工具軌跡例(切削工具を加工形状に応じて送り運動させるときの軌跡を工具軌跡とよぶ)を,図 5.22 に,この工具軌跡による切削加工事例を紹介しているが,高速送り速度の指令値どおりの送りを実現しやすい

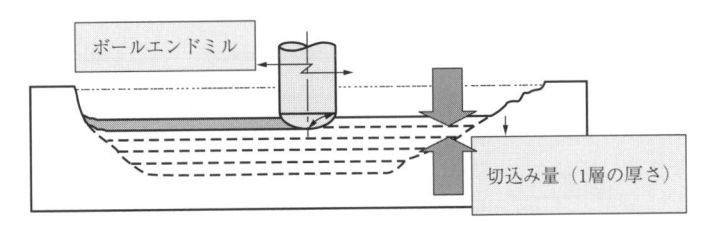

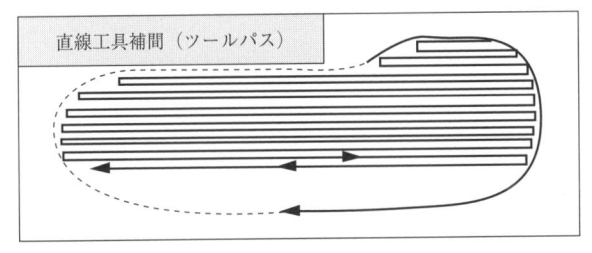

図 5.21 直線工具補間(直線ツールパス)による荒切削加工例

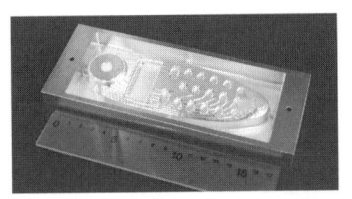

(a) 表面,荒加工後
$R1.5 \times 14$ mm,ボールエンドミル
加工時間:2時間10分

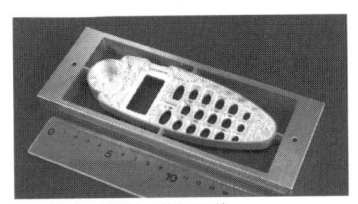

(b) 裏面,荒加工後
$R1.5 \times 14$ mm,ボールエンドミル
加工時間:2時間

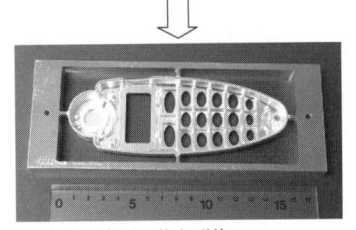

(c) 裏面,仕上げ後
$R1.0 \times 16$ mm,ボールエンドミル
加工時間:4時間56分

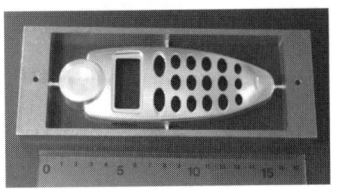

(d) 表面,仕上げ後
$R1.5 \times 14$ mm,ボールエンドミル
加工時間:5時間14分

図 5.22 直線工具補間による高速ミーリング加工例(モデル加工)
(理化学研究所)

直線工具補間（工具を直線で移動して切削すること）を中心とした工具軌跡で切削する方式である．すなわち，高速ミーリングにおいては，切削時の切削工具の送りは往復運動を繰り返すため，マシニングセンタの送り駆動部は加減速を頻繁に繰り返すことになり，送り駆動系の耐久性はマシニングセンタを選択する場合の重要なポイントの一つになる．

さらに，高速ミーリングのように高速送りで切削する場合，CNC制御装置から指令された送り速度に短時間で到達できる俊敏な送り動作機能（この送り動作機能の俊敏性を加速度特性，G値で表現する場合が多い）が必要である．送り駆動部は，前述したハイリードボールスクリュを用いた方式が多いが，最近はリニアモータ方式のもの（図5.23参照）や，パラレルリンク機構（図5.24に一例を示した）を利用した高速送り駆動方式のものなどが開発され製品化している．

切削工具をマシニングセンタの主軸に装着するためのツーリングについても検討すべきである．たとえば，従来から用いられているBTシャンクとコレットチャックの方式の組み合わせは，高速回転時における主軸側の熱と遠心力による変形によって引き込まれる現象，および高速回転時における保持剛性と工具刃先の振れ精度の面でも不安があるなどの問題が指摘され[20]，2面拘束シャンクと焼きばめ方式を利用した保持具の組み合わせ方式の適用が増加している．

以上で述べてきたように，高速型マシニングセンタは，自社における生産技術を大

図5.23　リニアモータ駆動系を有する微細切削用マシニングセンタ例

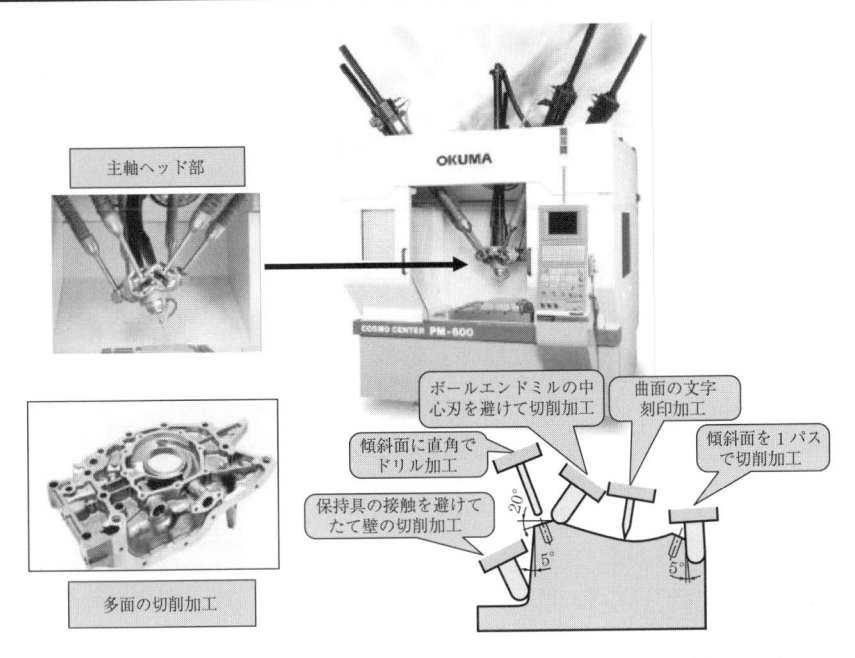

図 5.24 パラレルリンク方式高速ミーリング用マシニングセンタ（オークマ）

きく変革する可能性を秘めているが，その選択と適用方法により大きな差が出ることも認識すべきであろう．

たとえば，比較的小型部品で直径 10 mm 以下のエンドミルによる複雑形状加工を対象とした場合，主軸径が小さく軽量で，毎分 3 万回転以上，かつ高精度・俊敏な立ち上がり，および俊敏な送り機能を有するコンパクトなマシニングセンタが最適である．

高速型マシニングセンタの導入により，高能率加工が可能になるため，加工機械の集約化ができる．一方で，従来機械が外注および購入していた部品加工に適用できるため，コスト削減と利益確保に寄与できる．しかし，このためには，事前の検討を行い，CAM，ツーリング技術，技術者教育など周辺整備を十分整えることが必要な条件である．

すなわち，従来からの生産設備の中に高速加工機を加えただけでは，その新鋭機械を十分に活かすことが難しくなるため，この機械中心の生産体制を構築することが重要である．

5.8.3 高速ミーリング用マシニングセンタの現状と動向

高速ミーリング用マシニングセンタは，主軸，送り駆動系，および CNC 制御装置

などで高速・高精度指向の機能を有し，図 5.25 に示したように高硬度鋼，チタン合金など難削材，および薄肉形状など熱影響が懸念される加工形状の高速切削の実現など，新たな切削領域の拡大が期待されている．

高速ミーリング用マシニングセンタは，HSM（high speed milling），または HSC（high speed cutting）と表示され，毎分 2～5 万回転数の主軸，毎分 30～60 m 程度の送り駆動系が一般的で，比較的に小物部品用として，毎分 10 万回転を超えるエアータービン主軸，および俊敏性を有するリニアモータ駆動系を有するものも登場している．当初，高速ミーリング用マシニングセンタは，日本において開発され，その後，ドイツなどヨーロッパ地域の工作機械メーカーからも登場し，世界的に普及した経緯があるが，最近は台湾，韓国，および中国の工作機械メーカーも競って開発，製品化して市場に展開している．図 5.26 は，マシニングセンタ，および高速ミーリングに

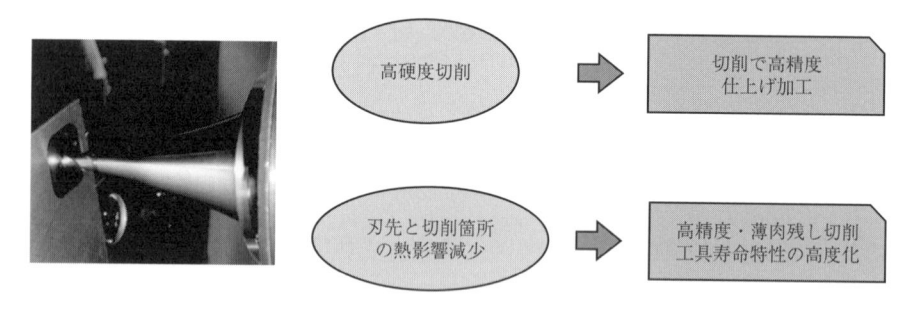

図 5.25 高速ミーリングに期待される効果例（高硬度鋼，チタン合金など難削材，および薄肉形状など熱影響が懸念される加工形状の高速切削の実現）

図 5.26 マシニングセンタ，および高速ミーリングによる高精度・高能率化を実現した放電用電極，高硬度鋼の切削事例（牧野フライス）

よる高精度・高能率化を実現した放電用電極，高硬度鋼の切削事例などを紹介している．図 5.27 は，毎分最高 6 万回転の空気静圧主軸を有するマシニングセンタとワークサンプル例を紹介しているが，高速ミーリングで超精密切削を実現している．エレクトロニクス，メディカル，およびオプチカル分野で微小・超精密切削のニーズが高まっており，図 5.28 に紹介したような超精密・微細切削用マシニングセンタが開発された．すなわち，毎分 12 万回転のエアータービン主軸，特殊リニアモータ方式の送り軸とカウンタ軸（制振機構），およびダイレクトモーション CNC 制御装置など新機軸を有し，シングルナノ（Ra）の切削面精度を実現した．パソコン，モバイル機器などの部品を，切削により量産する方式が登場し，膨大な量のマシニングセンタが供給されている．図 5.29 は，インデックス装置搭載の多面切削機能を有する小型マシニングセンタと加工する部品例を紹介した．部品生産の合理化を指向して，5 軸

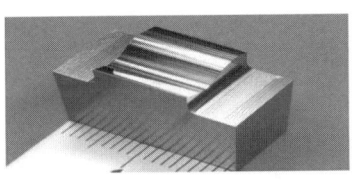

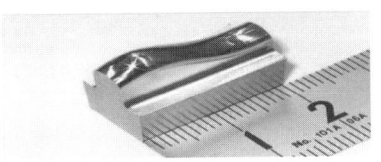

図 5.27 毎分最高 6 万回転の空気静圧主軸を有するマシニングセンタとワークサンプル例（東芝機械）

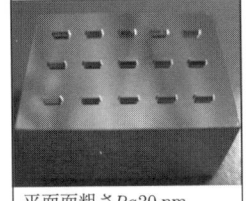

図 5.28 超精密・微細切削用マシニングセンタ（ソディック）

図 5.29 インデックス装置搭載の多面切削機能を有する小型マシニングセンタと加工する部品例（ファナック）

制御マシニングセンタの適用が注目されている．図 5.30 は，中～小型部品の生産に適用できる 5 軸制御マシニングセンタ，および加工ワーク例を紹介しているが，ボールエンドミル，ラジアスエンドミルなどの外周刃を中心とした切削が可能で，切削面粗さの均一化と工具寿命の延長などの効果が期待できる．

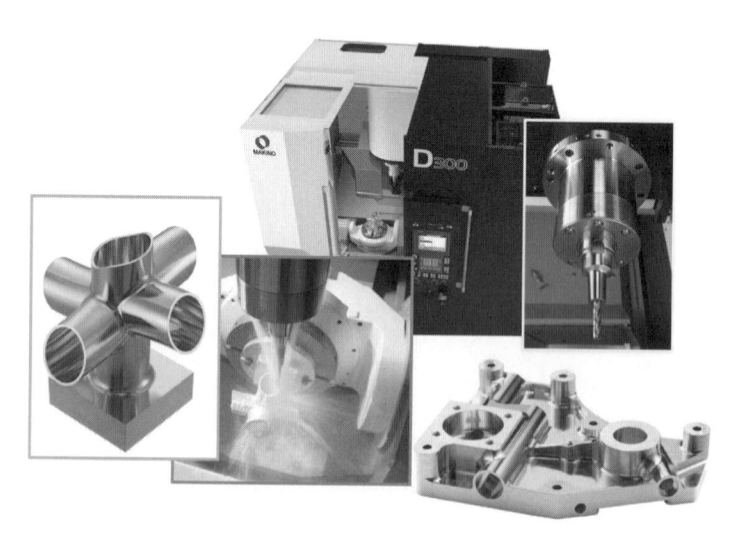

図 5.30 中～小型部品の生産医適用できる 5 軸制御マシニングセンタ，および加工ワーク例（牧野フライス）

5.9 高速ミーリング対応工具，ツーリング

5.9.1 高速ミーリング対応工具
(1) 特徴と適用
(a) 3次元形状と高硬度材に対応

　高速ミーリングは，図5.31に一例（携帯電話のモデル：素材はプラスチック）を紹介したような機械部品および金型部品加工分野において注目を集めている．これらの加工のなかで，製造される製品の高度化により，複雑かつ精度の高い3次元形状の創成加工が要求される場合，被削材は金型用鋼，とりわけ高硬度鋼が多く用いられる傾向が強まっている．高速ミーリングは切削工具の切れ刃にかかる負担が，深切込み切削条件に比較して少なく，かつ切削工具の進歩もあり，焼入れ鋼の切削が可能になって切削の適用範囲が拡大している．

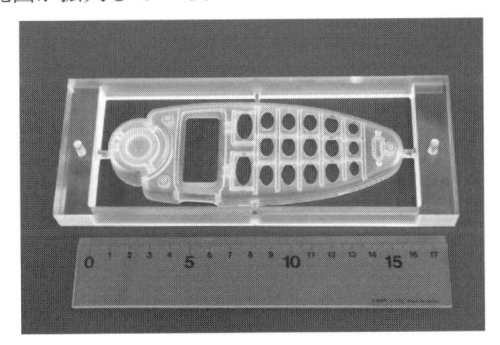

図5.31 高速ミーリングによるプラスチック製品モデル例．超硬合金ボールエンドミルで高速ミーリングすると，プラスチック材もこのように透明に切削することが可能であり，試作品の加工にも有効な切削加工技術である．

(b) 切込み量が少ない軽切削条件，小径化傾向

　3次元曲面の切削では，ボールエンドミル工具が適用され，とりわけ，仕上げ加工に用いる工具径は，加工形状における最小コーナ半径によって決定され，小径のものが多い．曲面のボールエンドミル加工では，R形状切れ刃の一部を使用することになり，切込みは小さく軽切削条件になる．

　切削による加工に限界がある場合には，放電加工が適用されることが多い．しかし，放電加工は，切削加工に比べて加工時間を多く要し，かつ電極製作も必要となるために，生産工程が増す，加工精度も十分でないなどの課題も多く，切削による直彫り加工への代替えが求められ，必然的に小径化の傾向が強まっている．

(c) 高速回転，1刃当たりの送り量を最大限に高める切削条件に対応

切削加工の場合，切削時間を短縮するには，回転数を高く，かつ高速送りの切削条件にすれば可能であり，この点において高速ミーリングが注目されている．すなわち，エンドミルなどの切削工具における1刃当たりの送り量（あるいは1回転当たりの送り量）はある程度の範囲内に限定されるので，工具を高速回転させることによって高速送りが実現でき，加工時間の短縮が可能となる．

高速切削条件の場合，切屑厚さは薄くなり応力と切削力が減少し，かつ切屑排出性は高い[21]．すなわち，切削速度を高めると，同一送り，同一切込み量の条件において，切削面粗さ精度が向上する[22]．また，切削熱による被削材への悪影響が減少する[23]．

切削速度の増大にともない，図5.32に示すように，熱的・化学的摩耗が増大して，工具の損傷が激しくなることがよく知られている[24]．現実的に，旋削加工や工具径の大きなフライス加工における高速切削では，工具の耐久性によって切削条件の上限が決まり，実用上の限界に到達することが多い．そのため，高速ミーリングのような断続切削では，切削工具の切れ刃に対する機械的・熱的衝撃は高くなり，工具への負担が大きくなるとされていたが，むしろ非加工時（空転時）の冷却効果により，熱影響が軽減されることがわかってきた．

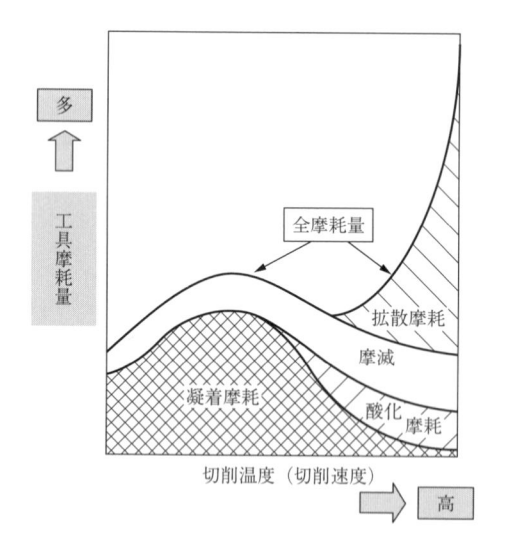

図5.32 切削速度と工具摩耗量，および摩耗要因との関係（H. Opitz）

たとえば，図5.33は，旋削とエンドミル切削における切削速度と工具寿命の関係を比較しているが，毎分100m以下の低切削速度域における摩耗形態以外では，前述したように断続切削のエンドミル切削のほうが有利な結果を示している．

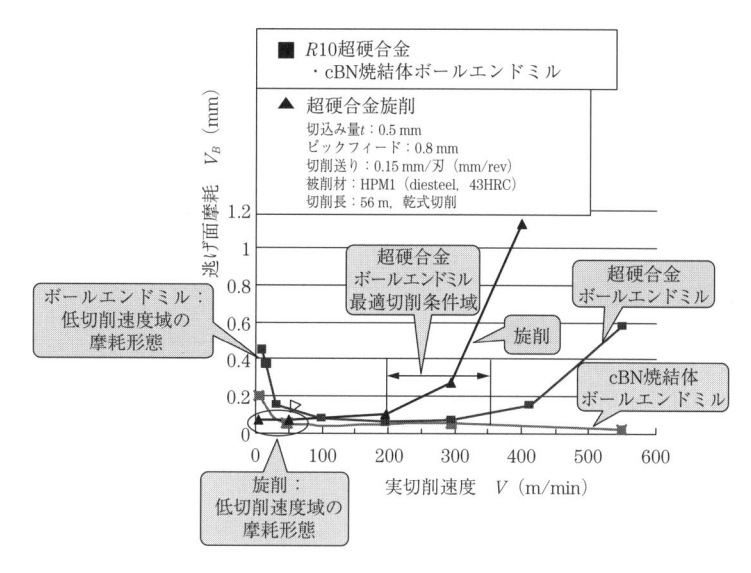

5.9 高速ミーリング対応工具, ツーリング

図 5.33 鋼材切削における旋削とエンドミル切削の V–T (V_B) 曲線の比較例（理化学研究所）

ステンレス鋼鋳鋼（SCS），耐熱鋼鋳鋼（SCH），高マンガン鋼鋳鋼（SCMnH）などは，切削時に刃先への熱的影響が大きく切削工具の選択，切削条件の設定に際して留意すべき被削材である[25]．図 5.34 に，切削における難切削の要因と影響例を示している．これらのなかで加工硬化および高硬度・高靱性などが鋳鋼材における直接的な難削要因と考えられ，刃先の熱的負担が軽減できる高速ミーリングは難削な鋳鋼に

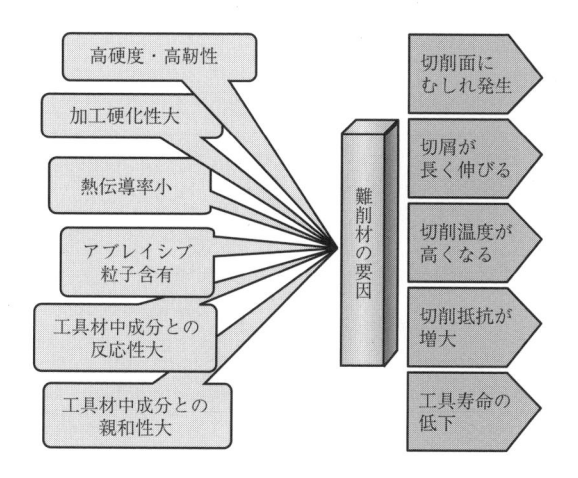

図 5.34 難削材の特性と切削に及ぼす影響例

は有効な切削法である[26]．

難削材の切削では刃先の振れなどを抑えることが，安定した切削を実行するうえでことさら重要であり，高速ミーリングのように，工具を高速回転させる場合は，工具と保持具におけるダイナミックバランス特性にも留意する必要がある．

（d） 高速ミーリングで工具刃先に発生する高い切削温度に対応した工具材種

最近開発されているセラミックコーテッド超硬合金工具やcBN焼結体工具を適用すれば，高速ミーリング条件における工具寿命の短命化を対策できる．

（2） 理化学研究所における開発事例

たとえば，エンドミルを毎分10万回転で切削する場合，高速回転における剛性とダイナミックバランス特性などに配慮した工具デザインが必要である．そのため，切屑排出空間を最小限に抑えた，ネガティブすくい角のエンドミルが理化学研究所において考案された．

当時，ネガティブすくい角を有するエンドミルは，溶接部分の修正加工などの特殊な目的用に市販されていたが，図5.35に示した負（−60°）のすくい角を有し，かつねじれ角の異なった各種超硬合金エンドミルを考案，試作し，同所において切削実験が行われた．

その結果，高速切削条件ではアルミ合金，S50Cなどの鋼材など，従来から刃先を

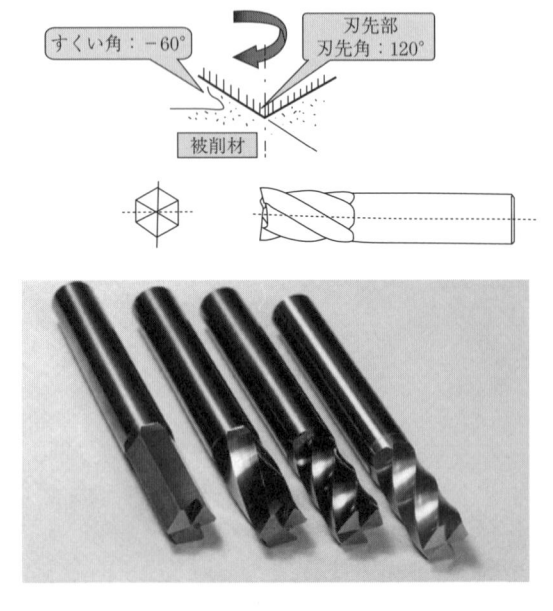

図5.35 高速ミーリング実験に用いたエンドミル例
（理化学研究所）

シャープにした（正のすくい角）切れ刃形状が必要とされていた被削材も，高速ミーリング条件では十分に切削加工できることを実証した．図5.36に，実験結果例を紹介しているが，従来の切削条件と高速ミーリングの切削条件では，エンドミル切削面の仕上げ粗さ精度が大きく異なり，高速ミーリングに期待する効果を確認した．

さらに，この実験結果をもとにして，図5.37に示したような，cBN焼結体を切れ刃に採用したボールエンドミルを開発したが，高速ミーリング用として独自な設計のものであり，ボールエンドミルの中心刃切削における仕上げ面粗さ精度の向上を目的とした特殊中心刃を有し，かつすくい角は$-10°$とネガティブである．

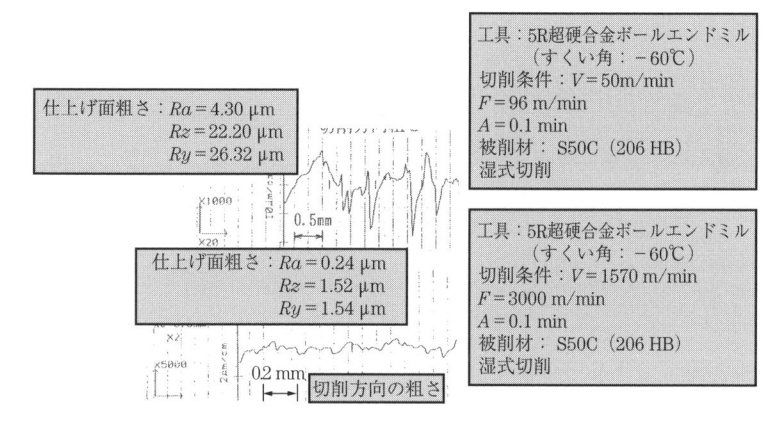

図5.36 ネガティブすくい角エンドミルの切削実験における切削面粗さ比較例
（理化学研究所）

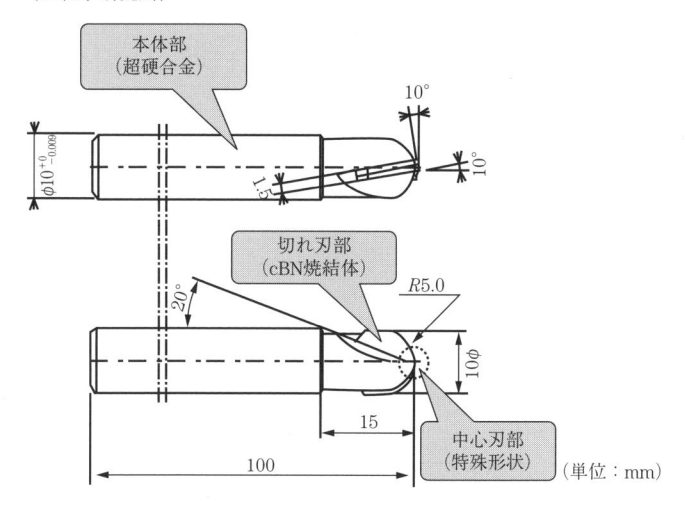

図5.37 cBN焼結体を切れ刃に採用したボールエンドミル
（理化学研究所）

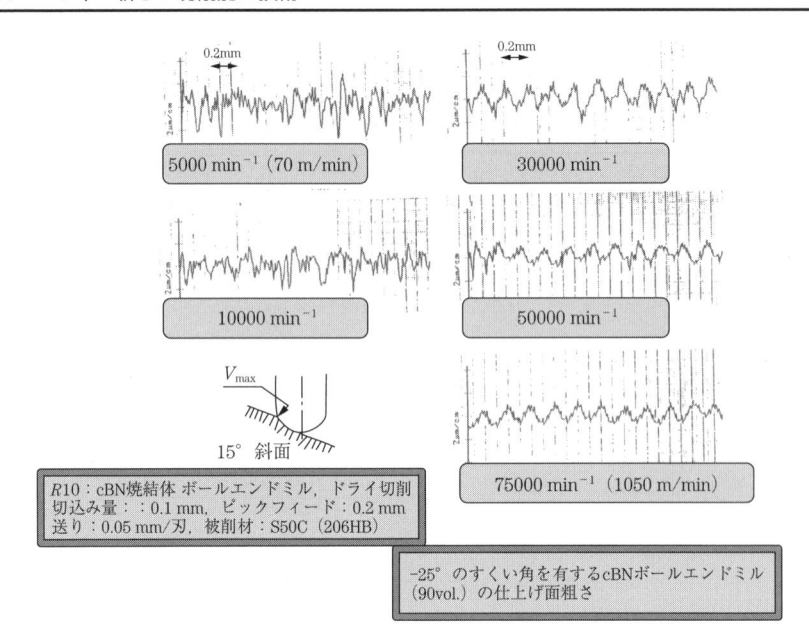

図 5.38　切削速度と仕上げ面粗さ精度の関係
（理化学研究所）

　このボールエンドミルで高硬度材の切削実験をした結果を図 5.38 に示すが，cBN焼結体の場合は，安定した切削環境において切削速度を高めるほど，工具摩耗（逃げ面摩耗）の進行が遅くなり，超硬合金などの工具材種と大きな違いがあることがわかった．しかし，cBN焼結体のように卓越した耐摩耗特性を有する工具材種でも，工具摩耗が急速に進行する切削速度域は存在するはずであるが，現在のところ実験で確認されていない．

　同様のcBN焼結体ボールエンドミルを用いて切削速度を標準的な速度域から高速ミーリングの切削速度域に高めた場合の仕上げ面粗さ精度は，切削速度を高めるほど向上することを各種実験などで確認している．

　その後も多くの高速ミーリングに関する切削実験を行い，高硬度鋼の高速ミーリングなどにおける多くの利点が明らかになった．その結果，切削加工における認識を変え，高速ミーリングが新しい生産技術の中心として注目され，盛んに研究が行われるきっかけになった．

（3）　切削工具の条件

　高速ミーリングと従来の切削では切削条件に対する考え方が違うため，切削工具に求められる条件も異なり，高速ミーリング用切削工具は，高速・高精度切削に対応した性能を有することが必要条件である．すなわち，高速ミーリングは切削速度を高め

て用いることが基本的条件の一つであり，以下に示したような項目について切削工具の工具形状と工具材種の面で対策する必要がある．

① 切削工具を高速回転で使用する場合に発生する現象（工具の振動，曲りなど）の対策
② 高精度加工を実現するための対策
③ 長時間切削に耐える工具寿命を実現するための対策
④ 突発的に発生する工具切れ刃のチッピング，欠損などを防止する対策

図5.39に，高速ミーリング用切削工具の条件例を示した．

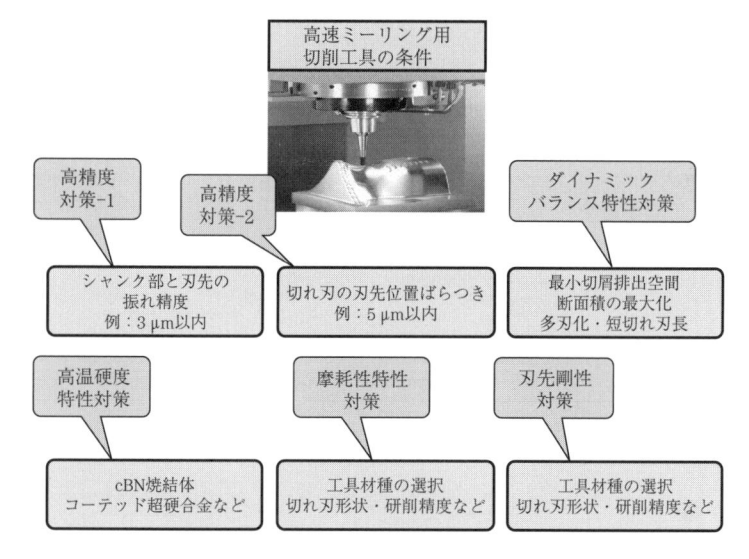

図5.39 高速ミーリング用切削工具の条件例

（a） 工具形状

高速ミーリングの高速・高精度化傾向が強まっているなかでは，工具材種と同時に，図5.40で説明するように，工具デザイン面の開発成果が期待されている．

たとえば，金型部品などの加工に多く用いられているエンドミルは，高速回転特性，切れ刃部の剛性，切屑排出性，および刃先クーラント機能などにおいて，高特性が発揮できる工具デザインが求められている．すなわち，エンドミル切れ刃形状は，図5.41に示す例で説明するように，アクシャルレーキとラジアルレーキすくい角，ねじれ角，および刃先処理形状などで構成されており，これらの最適な組み合わせが高速ミーリング特性を決定する．エンドミルの高速回転特性と剛性を前提として考えると，切屑排出空間を最小限に確保したネガティブすくい角を有した多刃の工具デザインになる．

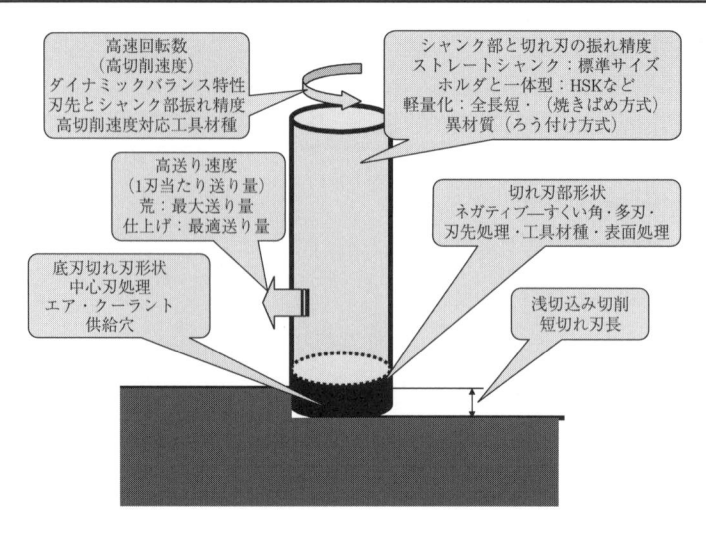

図5.40 高速ミーリング用エンドミルに要求される特性と対策すべき要因例

図5.41 エンドミル切れ刃形状例

　高速ミーリングが切込みを少なく抑えた切削条件であることを考慮すると，切屑排出空間を大きくする必要はなく，切れ刃長さも短くできる．

　一方で，加工するワークの小型化に対応して，エンドミルなどの切削工具は小径化の方向で開発が行われており，直径1 mm以下の微小径エンドミル，ドリルなどの適用も増えている．現状において，微小径エンドミルなどの切れ刃形状は，切削抵抗の軽減化を指向してポジティブなすくい角を有するものが多いが，切れ刃形状以外の工具形状でも，図5.42と図5.43に一例を紹介するように，シャンク部と切れ刃部の

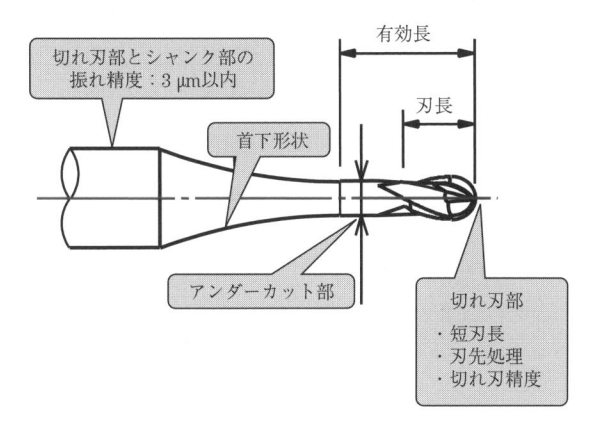

5.9 高速ミーリング対応工具，ツーリング　143

図 5.42　小径工具（エンドミルなど）に求められる要因例

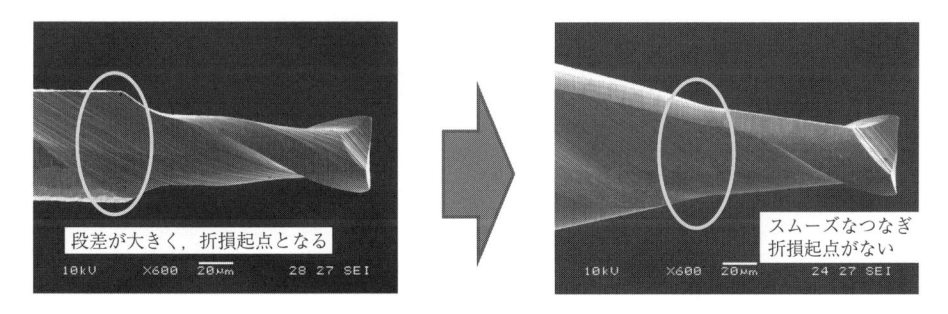

図 5.43　小径ボールエンドミルの高剛性化事例（日進工具）

接続部分の形状も工具剛性を高める目的で工夫されている．
(b)　工具材種

図 5.44，図 5.45 は，鋼材切削における工具材種と切削条件（切削速度・送り量）の関係例を示しているが，高速ミーリング用切削工具に適用されている工具材種は，コーテッド超硬合金が中心であり，40HRC 以下の被削材はサーメットがすぐれた工具特性を発揮できる．高硬度材，およびさらなる高速切削には，cBN 焼結体がすぐれた特性を発揮する．

切削速度が毎分 2000 m を超える超高速ミーリングに用いる工具材種は，現状において cBN 焼結体に限定され，とくに，バインダレス cBN 焼結体が高い工具寿命特性を発揮している[27]．
(c)　工具研削

高速ミーリングでは，安定した仕上げ面精度と工具寿命が求められるため，エンドミルなどの刃先形状と刃先位置精度について十分な配慮が不可欠である．今後も，切

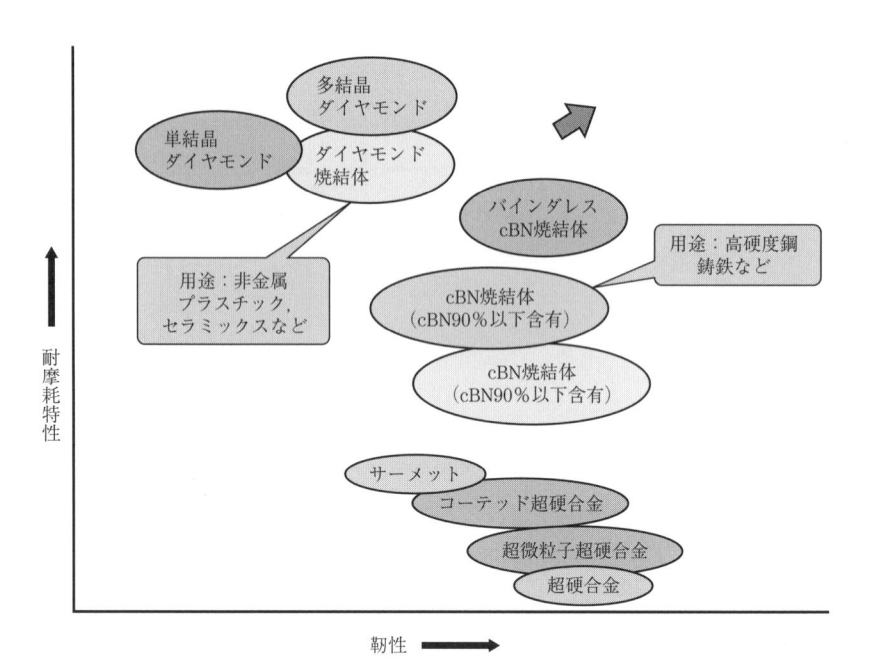

図5.44　高速ミーリング用工具材種特性の概念図

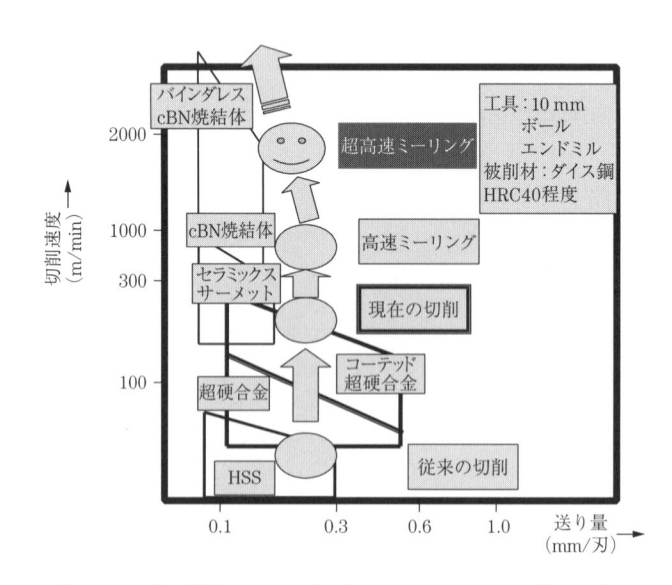

図5.45　高硬度鋼における高速ミーリングと工具材種の動向例

5.9 高速ミーリング対応工具，ツーリング　145

削加工の高精度化傾向が強まることは予測できるため，高精度切削対応の工具デザインと同時に，サブミクロン・レベルの高精度工具研削技術を確立することが必要だろう．

とくに，小径工具の工具研削は，どこまで小径化できるかにより切削可能な領域を決めることになるため，工具研削技術の開発は，工具計測技術とともに期待するところが大きい．

図5.46は，焼きばめ方式ツーリングによる高精度なエンドミル研削状況例を紹介しているが，切れ刃形状精度と振れ精度で3μm以内を実現している．

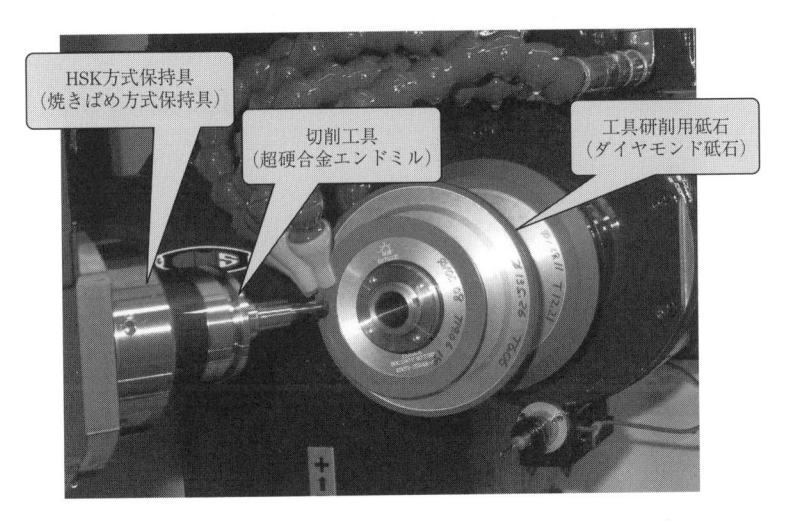

図5.46　工具研削状況例（焼きばめ方式ツーリング適用例）

（画像内ラベル：HSK方式保持具（焼きばめ方式保持具），切削工具（超硬合金エンドミル），工具研削用砥石（ダイヤモンド砥石））

5.9.2 高速ミーリング対応ツーリングと自動化

高速ミーリング用保持具の条件は，切削の高速回転化と高精度化に伴い，図5.47に示したような諸特性が求められている．とりわけ，高速回転時における保持剛性と振れ精度は，エンドミルなどの工具特性を十分に発揮させる上で重要なポイントであり，ワークへの接近性，突出量の多い場合における切削の安定性なども求められる．

図5.48は，高速ミーリングで高精度化傾向が強まっているなかで開発された精密焼きばめホルダと，コレットチャック方式保持具の高速回転時の振れ精度比較例を示しているが，いまや振れ精度を3μm以内に抑える工具保持が可能になっている．図5.49は，高速ミーリングにおけるコレットチャック方式と，焼きばめ方式の違いを切削面の観察で判断し比較した例である．この切削実験は，直径6mm（$R3$）ボールエンドミルを用いてプリハードン鋼を，毎分 40000 min^{-1} で平面切削したときの切削

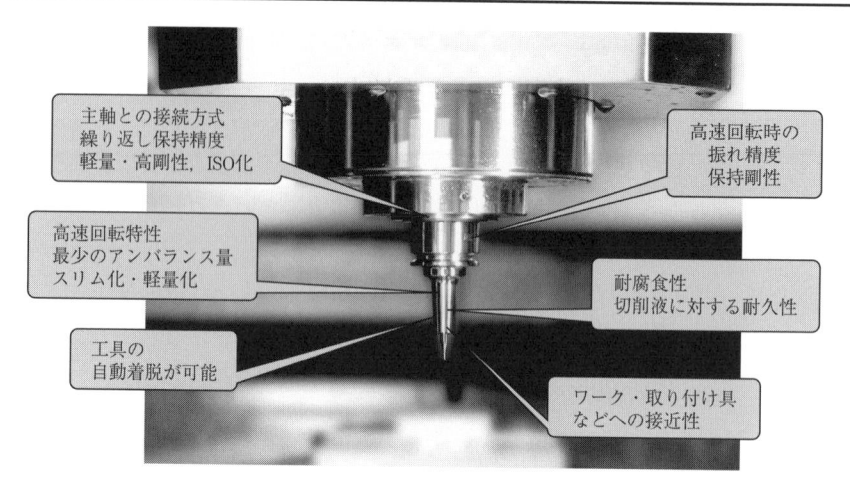

図5.47 高速ミーリングにおけるツーリングの条件例

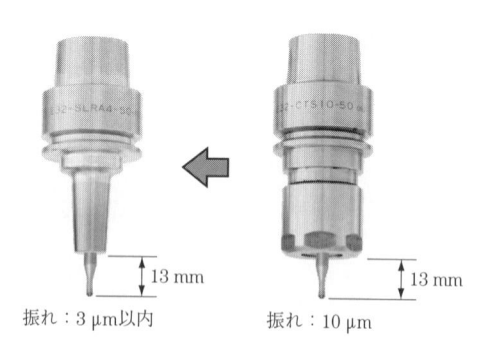

(ラベル: 主軸との接続方式 繰り返し保持精度 軽量・高剛性, ISO化／高速回転特性 最少のアンバランス量 スリム化・軽量化／工具の自動着脱が可能／高速回転時の振れ精度 保持剛性／耐腐食性 切削液に対する耐久性／ワーク・取り付け具などへの接近性)

振れ：3 μm以内　　振れ：10 μm

図5.48 高速ミーリングにおけるツーリングの振れ精度比較例
（MSTコーポレーション）

面の変化（カッタマークの違い）を観察したものである．その結果，焼きばめ方式に比べ，コレットチャック方式は，高速回転時の遠心力でコレット部が拡大し，エンドミルの振れが大きくなり，明らかに中心刃の工具軌跡が異なっていることがわかる．図5.50は，同様な比較をボールエンドミル外周刃切削で実験した結果を紹介しているが，コレットチャック方式は，回転時にエンドミルの振れが増幅し，2枚刃でありながら1枚刃の切削になっていることを示している．これら切削実験の結果では，コレットチャック方式のツーリングは，一定以上の高速回転切削では切れ刃の振れが拡大し，切れ刃と切削面のコンタクトが正確に作用していない状況が懸念される．すなわち，コレットチャック方式のような工具保持方式は，高速回転時の遠心力で保持部が拡大し，工具振れ精度が増幅することが想定される．反面，焼きばめ方式は，スリムなデザインで保持部の外形が小さく，かつ軽量であり，保持剛性が高いことも加

5.9 高速ミーリング対応工具，ツーリング

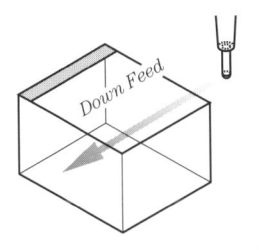

縦型M/C	SODICK MC430L（HSK32E）
超硬工具	R3 ボールエンドミル
被削材	NAK80（40HRC）
V	753 m/min
F	10000 mm/min
Ad	0.1 m
Rd	0.219 mm（理論面粗さ2 μm）
切削油剤	Mist Blow（0.04 cc/min）

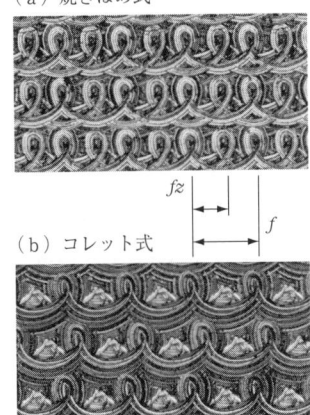

（a）焼きばめ式

（b）コレット式

図 5.49 ボールエンドミルの平面切削におけるツーリングの比較例（MST コーポレーションデータ）

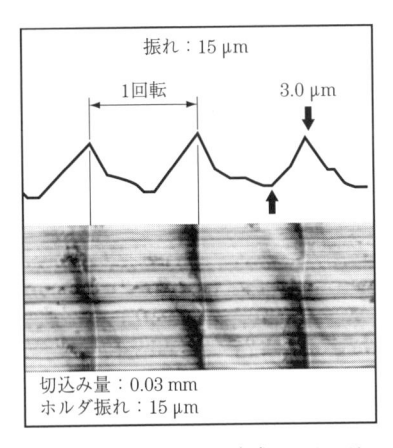

（a）コレットチャック方式ツーリング　　（b）焼きばめ方式ツーリング

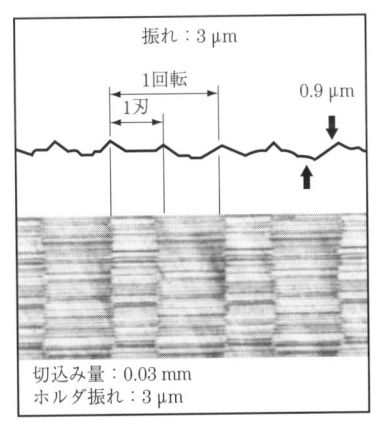

図 5.50 ボールエンドミルの外周刃切削におけるツーリングの比較例（MST コーポレーション）

わって，高速回転時の工具振れは最小限に抑えることが可能なことが確認された．

工具振れは，エンドミル切削における切削面粗さ精度，高能率化，および工具寿命に大きな影響を及ぼすため，高速回転時の振れ精度を最小限に抑えることが必要条件である．このように，高速ミーリングではコレットチャック方式に比べ，焼きばめ方式が適している認識が高まっている．たとえば，国内の型生産現場で仕上げ切削に焼きばめホルダを用いるケースが増え，国内・アジア地域を含む世界各地で開催されて

いる工作機械展示会などの展示ブースの展示や切削実演で中心的に焼きばめ方式のツーリングが採用されている．

超微細・精密切削用マシニングセンタの登場で，高精度な焼きばめホルダが開発され，さらにエンドミルを直接保持する方式の超高速回転主軸も開発されて，0.5 μm以下の振れ精度を実現している（図5.51 参照）．

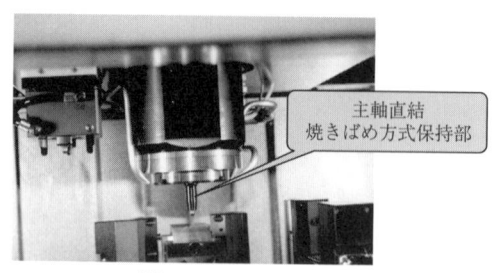

振れ：0.3 μm

図5.51 主軸直結焼きばめ方式保持部例（ソディック）

（1） 焼きばめホルダと加熱装置（工具着脱システム）

焼きばめホルダは，ホルダの材質で異なるが，たとえば工具保持部分を加熱膨張（300 ℃程度）し，エンドミルなどのシャンク部を挿入後に冷却して保持するため，加熱装置が必要になる．

振れ精度と保持剛性の高い焼きばめホルダは，熱膨張係数の大きな特殊金属材料が用いられており，加熱・冷却による工具着脱は，熱風方式加熱装置を用いているが，工具着脱時間の短縮と作業の信頼性と迅速性などの面で課題が残されている．高精度な焼きばめホルダの素材に用いられている非磁性金属材料に適用できる高周波電磁誘導方式加熱装置が開発され，新たな工具着脱装置として採用されている．この加熱装置は，ステンレス鋼，チタン材なども短時間で加熱でき，工具の繰り返し保持精度が安定，かつ高いため，図5.52に紹介した，焼きばめ方式による自動工具着脱システムとマシニングセンタとの結合で，高精度切削の長時間自動運転化の実現が可能になっている．

焼きばめホルダは，加熱で膨張させて工具を挿入，冷却して保持する方式で，加熱−冷却の熱サイクルを繰り返すため，金属組織と硬さの変化によるツーリングの性能低下が懸念され，ホルダに適用する素材で耐久性は異なる．

たとえば，特殊ステンレス鋼が素材の焼きばめ方式ツーリング（MST コーポレーション製）の場合，繰り返し20000回の熱サイクル試験において，寸法精度への変化と保持力の変化は，ほとんど見られず高い耐久性を実証している．

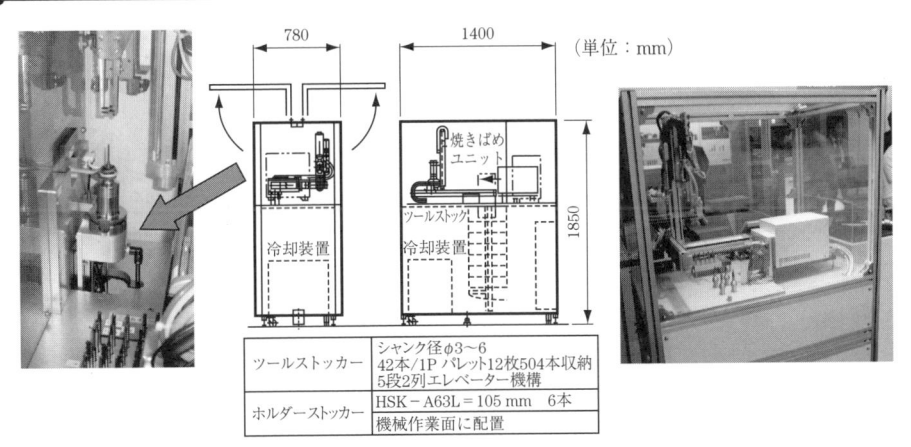

5.9 高速ミーリング対応工具，ツーリング　149

(a) マシニングセンタ自動供給システム例　　　　　(b) 単体型自動供給システム例

図 5.52　焼きばめ方式自動工具着脱システム例（ワイエス電子工業）

（2）重要なツーリングのメンテナンス

　生産現場で，加工精度，能率などに直接的な影響を及ぼす工具寿命は注目されるが，ツーリングの摩耗管理は見落しがちである．ツーリングにおける摩耗，とりわけ，コレットチャック，焼きばめ方式ツーリング口元部分の摩耗は，工具振れを発生させ，工具寿命と精度を低下させる．

　図 5.53 は，コレットチャック方式における保持部の摩耗（フレッティング摩耗）

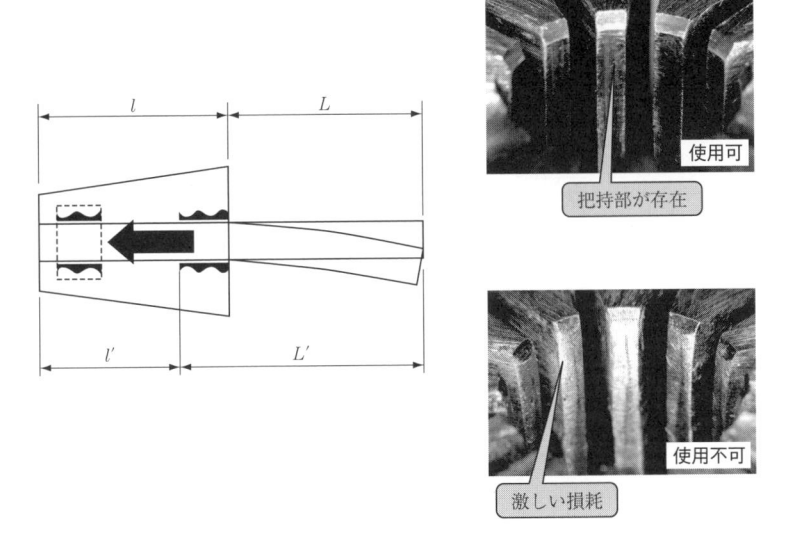

図 5.53　コレットチャックのコレット内部の摩耗状態比較例（MST コーポレーション）

例を紹介しているが，切削時の振動（びびり振動）により生じると考えられる．このような状態で使用を続けると口元から奥へと摩耗が進行し，早期にコレットの交換が必要となる．このような摩耗は，エンドミルのみでなく，ドリルでも発生することが確認されている．工具保持部の摩耗は，工具突出量が多く，工具回転数が高い場合に進行が急速である．したがって，コレットチャック，および焼きばめホルダ内部の状態を定期的に観察し，摩耗状態が確認できた場合はすみやかに交換することが，安定した切削を維持することが，安定した切削を実行するうえで基本条件になる．加えて，コレットチャック内部，焼きばめホルダ保持穴の内部の定期的な洗浄も，高速ミーリングを正常な状態で機能させるために重要である．

5.10 高速ミーリングのNCプログラミングとCAD/CAM

5.10.1 高速ミーリングのNCプログラム

高速ミーリングでは，多くの場合においてNCプログラムは，CAMで生成するが，加工形状に応じた切削工具の選択，工具軌跡，切削条件などのデータベースが，加工能率と加工精度を決定する要因である．

高速ミーリングは，工具の切れ刃に一定の負荷（切削力）が加わる切削を行うことが基本的条件であり，この条件に沿って各種工具軌跡を生成，かつ適用する．とくに荒～中切削において，加工形状に応じた工具の選択，工具軌跡，および切削条件の最

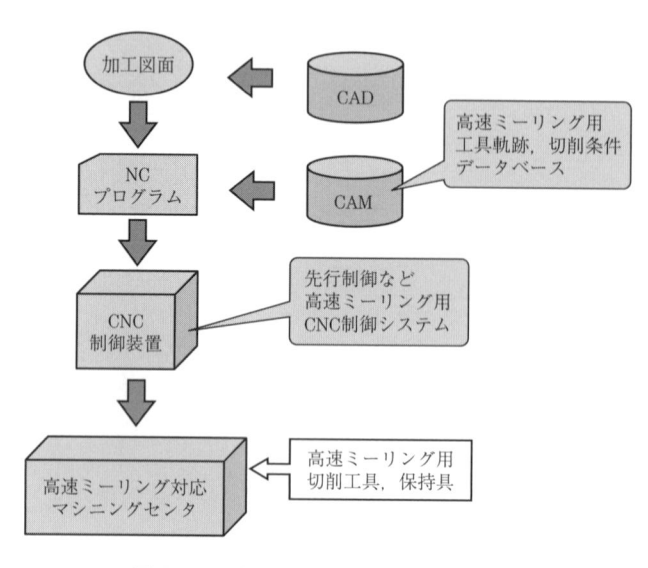

図5.54　高速ミーリングのプロセス例

適な組み合わせが求められ，高能率切削，安定した切削，工具寿命の長い切削などが決定するうえで必要な条件になる．

すなわち，切削工具の機能や特性などから，工具軌跡と切削条件に関するデータベース，加工形状と精度に対応した最適切削工具の選択基準データベース，マシニングセンタの仕様，CNC 制御などに関する切削加工情報から，最適なデータベースを構築することが，CAM による NC プログラム生成の最適化を実現する手段である．図 5.54 は，CAD/CAM による NC プログラミング，およびマシニングセンタによる高速ミーリングまでのプロセスを説明している．すなわち，高速ミーリング用 NC プログラムデータベースが，切削工具や保持具などのハードと切削条件データベースなどの組み合わせで構成されていることを説明しているが，高度な NC プログラムデータを生成するうえで，各技術要素における高度化の取り組みが求められている．

5.10.2　高速ミーリング用 CAM とその特徴

高速ミーリング用 CAM は，一般に用いられる汎用 CAM に比べ，図 5.55 に示したような相違点がある．たとえば，高速ミーリング用データベース，すなわち工具切れ刃の負荷が一定の工具軌跡，切削条件に加え，シミュレーション機能など一環したシステムが内蔵されたものが望ましいといえる．

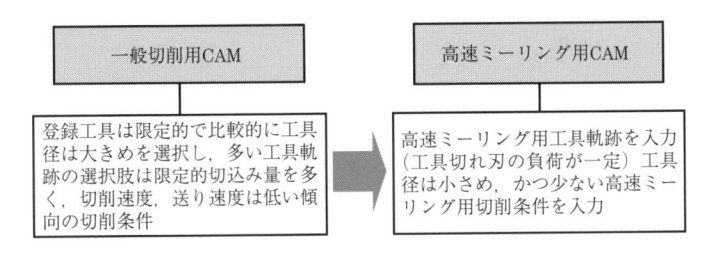

図 5.55　一般切削と高速ミーリング用 CAM の相違点

高速ミーリングは，高速回転，浅切込み，高速送りの切削条件で適用されるが，小径ボールエンドミルを用いれば，実用に耐え得る加工能率と工具寿命が得られることが実証されている．すなわち，全切削工程が一本，あるいは一種類の工具で十分可能となり，荒・中仕上げの複数工程から，単一工程で切削加工が完了できる．その結果，荒加工の削り残しや段差の発生などによる切削時のトラブル解消，切削面精度の向上，およびカッター工具軌跡の生成が簡素化できるなど多くの効果が期待できる．図 5.56 に示したような，3 次元形状をスライスして得られた各断面を，順次往復加工（zigzag path）によって塗りつぶしていく等高線加工工具軌跡を生成できる CAM システムが（独）理化学研究所で開発された．

(a) 平面形状A　　　(b) 平面形状B

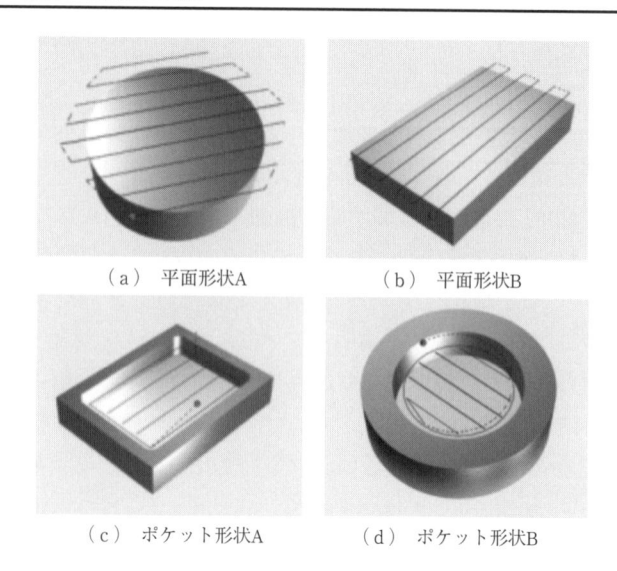

(c) ポケット形状A　　　(d) ポケット形状B

図5.56 高速ミーリングで用いる往復カッター工具軌跡例

このジグザグ（zigzag）工具軌跡は，比較的長い直線運動の繰り返しであり，一平面状でのNCデータ量は始点と終点の座標と往復ピッチ量のみで，微小分割した直線の連続で定義される従来の曲線加工工具軌跡に比べ，往復送りの両側のみで送りの加減速をすればよく，高速ミーリング向きといえる．

（1） 高速ミーリング用CAMの特徴

高速ミーリング用CAMの特徴は以下のとおりである．

（a） CADデータからの読み込み

従来CAMでは，CADデータはIGES（サーフェス）データに変換され読み込まれるが，3次元で取り扱うため変換時間を要する．その際，とくに複合面などで読み込みエラーの発生があり，その場合に面の張り直しが必要となる．図5.57に，CADデータ読込む時点で発生が予測されるトラブル例を示す．一方，本方式では三角パッ

図5.57 CADデータを読み込む時点で発生が予測されるトラブル例

チによる STL ファイルにデータ変換される．多面体近似されることから，エラーも少なく読み込み時間も短い．

(b) カッタ工具軌跡データの作成

従来，CAM では，曲面のオフセット機能を使用するため，時間がかかる．面の張り具合によって工具軌跡落ちなどのエラーも多い．

一方，本方式ではスライスデータ（図 5.56 参照）による 2 次元平面に限定されるため，計算が容易となり，安定でかつ早い．

(c) 実切削時間

前述したように，従来 CAM による NC プログラムは，曲線の多い工具軌跡の切削が多くなるため，送り速度を高めることが難しい．本方式では，直線加工を基本とした単純な工具軌跡で，高速送り切削を指向している．

(2) CAM の特性比較例

図 5.58 の右に概略を示すジグザグ工具軌跡とスパイラル（spiral）工具軌跡を用いて，同図左に示す楕円穴加工における指定送り速度 F を変化させたときの実加工時間 T について，一般のマシニングセンタ（送り駆動系の加速度特性：0.5 以下，MC1 とよぶ），および高速型マシニングセンタ（送り駆動系の加速度特性：1.0 以上，

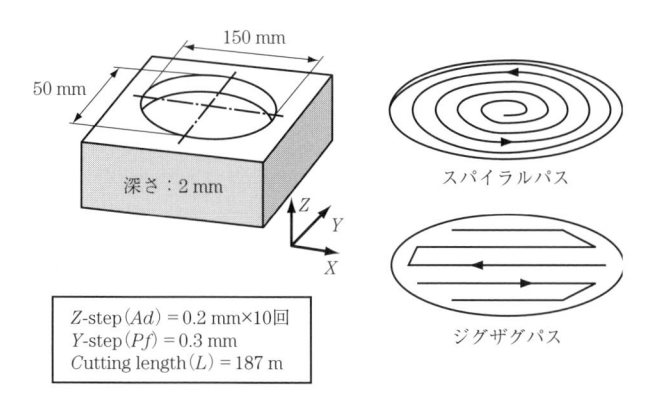

Z-step(Ad) = 0.2 mm×10回
Y-step(Pf) = 0.3 mm
Cutting length(L) = 187 m

図 5.58 切削実験の加工形状と工具軌跡例

表 5.6 コンロッド金型加工における加工時間（分）

加工時間 (min)			
指定送り速度 (m/min)	スパイラル	ジグザグ・3 軸	ジグザグ・4 軸
5	20.9	22.1	22.0
10	15.2	14.6	14.2
20	14.2	11.4	10.9
40	13.8	10.5	9.7

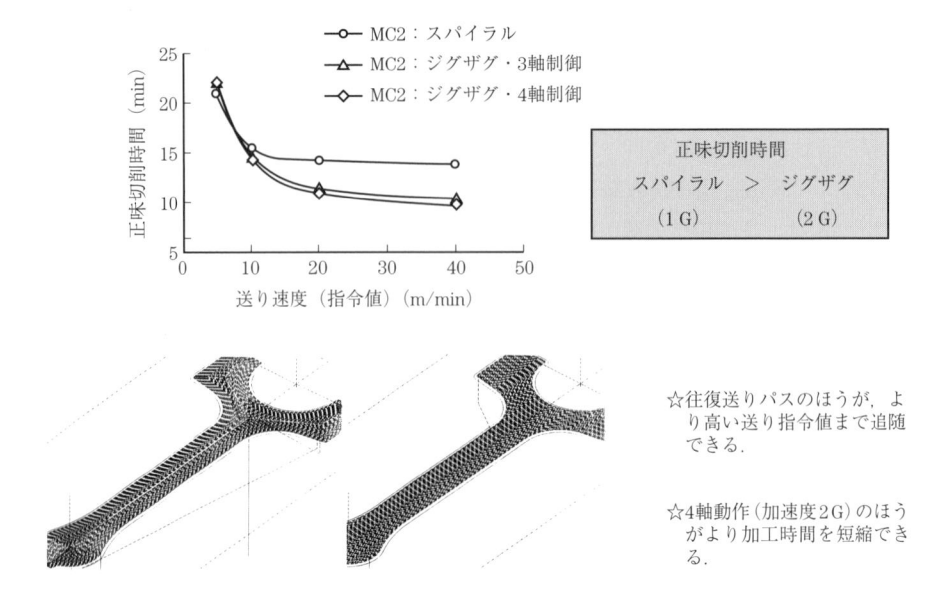

図 5.59 ジグザグ工具軌跡とスパイラル工具軌跡の加工時間の比較
（設定送り速度と加工時間の関係）

MC2とよぶ）における特性の比較例を紹介する．楕円形状は単純な円や四角形状に比べて曲率の変化する曲線形状であり，より金型実加工を反映した形状であることから選定した．

表 5.6 に加工時間の測定結果を，図 5.59 に F と T の関係を示す．ただし，MC1におけるヘリカル工具軌跡は市販のCAMを用いてデータ作成し，3軸制御方式による切削であり，MC2の場合は，ヘリカル工具軌跡，および4軸制御によるジグザグ工具軌跡の切削を行った．ヘリカル工具軌跡による切削は，MC1を用いた場合に指定送り速度 $F=5$ m/min 以上，HICARTを用いた場合でも $F=10$ m/min 以上で，加工機の送りが追随しなくなり，加工時間は一定値に収束している．

一方，MC2を用いたジグザグ工具軌跡では，3軸動作と4軸動作のいずれにおいても，$F=40$ m/min まで加工時間の短縮が可能であり，さらなる加工時間の短縮も可能であると予想できる．

また，加速度性能にすぐれた4軸動作（加速度2G，3軸では1G）のほうが，わずかであるが加工時間の短縮が可能であった．すなわち，加速度性能の高い加工機を使用する場合には，往復工具軌跡のほうがより高速加工に適しているといえる．

MC2を用いてコンロッド形状を，ヘリカル工具軌跡とジグザグ工具軌跡で切削した結果例を図 5.60 に紹介した．すなわち，送り速度が毎分5mまで（汎用パス）は

	加工経路の特徴	加工機追随性	データ量
汎用パス	微小分割による曲線加工	追随できない	膨大
ジグザグパス	比較的長い直線往復加工	追随し易い	激減

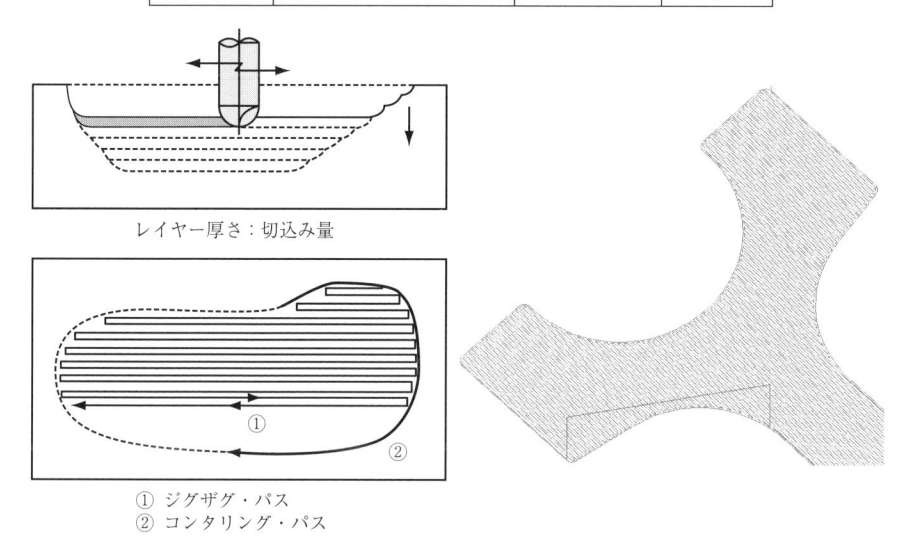

レイヤー厚さ：切込み量

① ジグザグ・パス
② コンタリング・パス

図 5.60 ヘリカル工具軌跡とジグザグ工具軌跡例

ヘリカル工具軌跡のほうが加工時間は短く，それ以上の高速送り速度（ジグザグパス）では，ジグザグ工具軌跡の短い結果である．この結果から，比較的複雑な加工形状の切削でも，ジグザグ工具軌跡のほうがより高い送り指定値まで追随でき，高速ミーリングに対して有利であることがわかる．ただし，ジグザグ工具軌跡において，工具のストロークが短くなる領域では，ヘリカル工具軌跡よりも切削時間が長くなる場合が考えられる．

（3） NC プログラムにおける留意点

高速ミーリングは，工具の切れ刃に対する負荷が一定の工具軌跡が基本条件になり，加工形状に応じて合理的な工具軌跡の生成が求められている．

たとえば，図 5.61 に一例を示したように曲面形状をボールエンドミルによる切削加工では，ボールエンドミルの中心刃で切削する状況は，切削作用ができず工具摩耗と仕上げ面精度の面で不利になるため回避することが必要である．

このような場合は，図 5.62 に一例を紹介したように，トロコイド工具軌跡，またはヘリカル工具軌跡など工具の中心刃切削を避けた工具軌跡の設定が，高速ミーリングを安定して実行するうえで不可欠である．

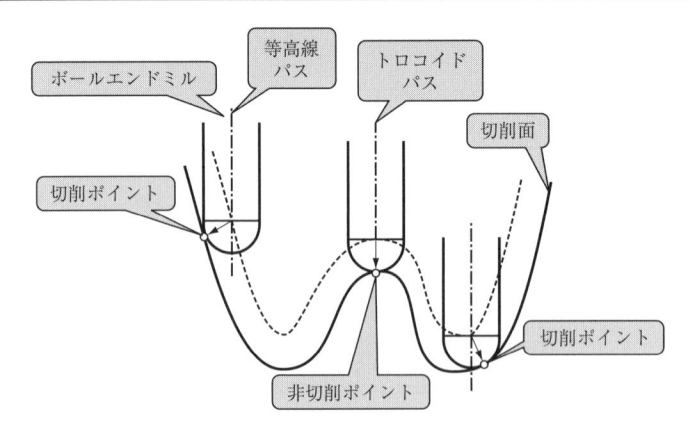

図 5.61　曲面形状のボールエンドミル切削と工具軌跡例

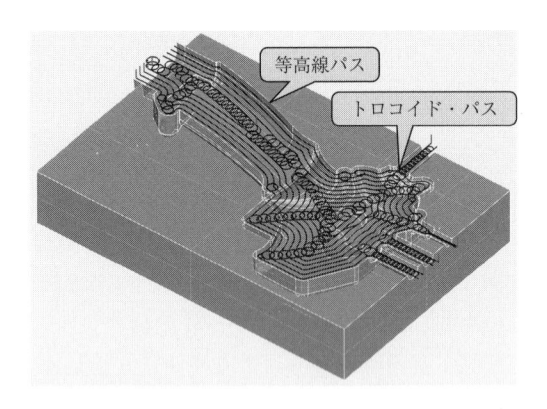

図 5.62　ボールエンドミル切削における工具軌跡例（ソディック）

(4) モデリングにおける留意点

　CADから加工形状データを出力し，CAMで取り込んだあとに，加工工具軌跡を作成するために必要な作業であり，工具をスムーズに移動させるうえで，不具合な穴を埋めたり，CADデータにない線や面を生成することなどの作業である．この作業は，NCプログラミングの担当者が，CADデータの受け取り後に手動で行っていることが一般であり，曲率の大きな変化をともなう局面や，段差・穴・突起などの形状は，そのままCAMに入力して加工経路を生成すると，工具折損の要因になることが多い．モデリング作業の高効率化には，CADデータの高品質化が不可欠な条件であるが，現状は，データヒーリング専用ソフトなどとの併用や，CADデータを拡大して欠陥部を発見する方法などで，作業上の工夫でCAMデータの信頼性を高めている．

　今後は，コマンド一つでCAM用の形状に自動変換できる機能が望まれるが，まず，

フィーチャーとして定義された形状の部分（穴やスロット，突起など）を選択して，便宜的に見えなくする「抑制」とよばれている機能や，簡単に工具軌跡生成の単位となる曲面の延長，短縮機能があると有用である．

（5） CAM，データベース

（a） 加工条件設定および工具データ

通常のCAMソフトには，加工条件などは図5.63にあるような編集ダイアログを使って基本的な加工に必要なデータを編集するための機能がある．

工具データの例として，図5.64で示すような，加工で使用する工具の編集を行う．これらの工具については使用するマシニング上の工具と一致している必要がある．高速ミーリング用CAMに適用する工具データは，生産現場におけるノウハウであり，

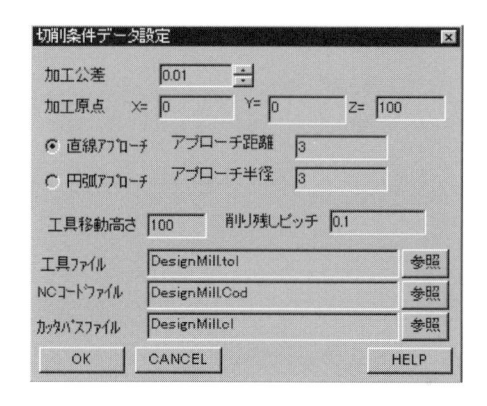

図5.63　加工条件設定ダイアログの例

図5.64　工具データ編集の例

加工形状，精度，被削材などに最適な工具の選択，それぞれの工具特性を最大限に発揮できる工具形状（シャンク径，工具径と工具長，有効切れ刃長，切れ刃形状など），および最適な切削条件の設定が求められる．

（b）工具と工具軌跡

高速ミーリングにおける工具軌跡の選択は，切削時間（加工能率）と工具寿命に大きな影響を及ぼすため，工具選択と切削条件と同様に重要である．
まず，加工形状に合理的な切削方式と工具の選択を行う．すなわち，

① 底刃中心の切削　　1層ずつ切削しながら，掘り下げるような工具軌跡
② 外周刃中心の切削　　壁面切削のようにエンドミルの外周刃で切削する．コンタリング，トロコイド工具軌跡など．

その後，決定した切削方式に応じた最適な工具軌跡を決定する．

たとえば，図5.65は，荒切削において小径のエンドミルを選択すると，隅部の削り残し量を少なく，均一にすることができ，仕上げ切削の安定化を高めることが可能になる．

高速ミーリング向けの工具軌跡は，実送り速度を高め，工具摩耗の少ない工具軌跡の選択と開発が求められ，たとえば，加減速の少なく，切込み量と切れ刃接触長さが一定の工具軌跡などが具体的な項目として挙げられよう．

さらに，工具軌跡に最適なエンドミルの切れ刃形状と切削特性の追求は，高速ミーリングの高度化に不可避であり，加工形状を合理的に切削する工具軌跡の開発は切削

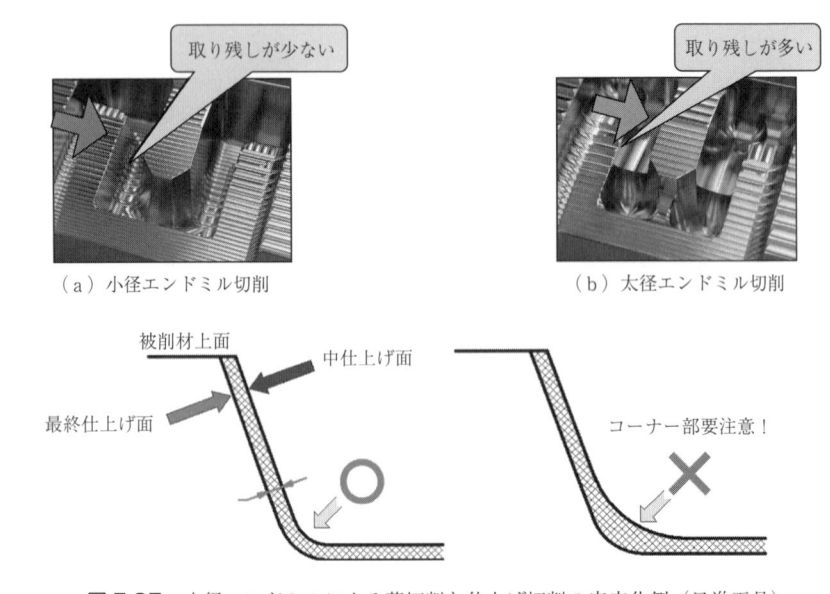

図5.65　小径エンドミルによる荒切削と仕上げ切削の安定化例（日進工具）

加工の効率化を高め，生産技術の高度化を推進する重要なポイントになる．

　工具軌跡を決定したあとは，加工中の工具と被削材の干渉や，予期しない動きなどが発生していないか，NCデータを出力するまえに，CAM上でチェックすることも可能であるが，シミュレーションソフトなどで確認することが必要である．

6 これからの高速ミーリング

　本章では，これからの高速ミーリングについて，これまで得られた実験結果を踏まえて，どのような方向に向かうのか，筆者らの私見を述べる．解決しなければならない技術課題は数多く，各要素技術の高度化はもちろんのこと，高度化したこれらの要素技術を有機的に結合して，機能を十分に発揮させるようなシステムの構築が重要である．

6.1　超高速ミーリングを実現する課題

　さらなる高速ミーリングを実現するうえでの，いくつかの技術的課題を以下にまとめる[1]．

(1)　ボールエンドミル工具

　工具開発は，鋼材の超高速ミーリングを実現するための重要課題である．小径工具であれば，さほど周速が上がらないため超硬でも十分使用可能であるが，理想的な減らない工具に近づけるためには高含有 cBN に行き着くものと思われる．また，従来の切削と同様，高速ミーリングでも L/D の問題は宿命的に残るが，浅切込み条件で切削するので切屑が微小なため，切屑排出の問題はほとんどない．チップポケットは，できるだけ小さくしてダイナミックバランスを良好にし，剛性を高くするためにテーパ付きの工具とすることが望ましい．高速ミーリングに適した工具のすくい角，ねじれ角という幾何学的な検討ももちろん重要である．ボールエンドミルでは中心刃の周速は０になるため，ラジアスボールエンドミルも有効になってくる．

(2)　工具ホルダ

　コレットチャックは，超高速回転領域で使用した場合，遠心力によって緩みが生じる危険性があるので，これに対してより強固な緩み止め対策が必要である．一本（一種類）の工具使用を前提として，ねじ止めや焼きばめホルダを用いたほうがダイナミックバランスを考慮したうえでは適切であり，かつ干渉などの問題解決がはかれる．しかし，小径の工具を前提としたホルダでは，ホルダ自体が小径であるために遠心力がさほど大きくなく，毎分 10 万回転ぐらいまでは問題ないようである．それ以上では前述した問題が危惧される．すでに，高速ミーリングでは焼きばめホルダの使用は標準的になりつつあり，全自動で焼きばめするシステムが採用されている工作機械も市販されている．今後，ますます普及するものと予測する．高精度加工を実現する際には，できるだけ人手を介さないシステムを構築すべきである．

(3) 主軸の軸受方式

主軸駆動は,高周波モータの直結駆動が一般的である.問題は軸受で,各種軸受には限界のDN値(ボール中心径×毎分回転数)が存在するといわれている.セラミックボール軸受,空気軸受などが考えられ,後者の方が耐久性と振れ精度の点で有利といわれているが,コストが高く,過負荷がかかった場合の損傷の危険性がある.精密加工においては,極小径のエンドミル加工が一般的になってきた昨今では,最適な加工条件がより高い周速側に存在するため,毎分20万回転を超えるエアタービンスピンドルの採用が必要になろう.いずれにせよ,軸受の性能によって実現できる回転数が決定されるので,軸受の選定は高速ミーリングでは最重要課題である.

(4) 送り速度

テーブルの送り速度に関しては,現在ボールスクリュー送りで1G,60 m/min以上が実現されており,現在の主軸回転数とNC追従性から考慮すると十分過ぎる性能を有している.実際には,金型曲面形状の曲率が大きく変化する部位の切削では,頻繁に停止と運動を繰り返すために速度よりもむしろ加減速度のほうが重要であり,できるだけ加減速度を大きくする必要がある.そのため,重い金型用鋼材を載せるテーブルよりも,主軸側をできるだけ軽量化して駆動させる構造が有効である.

一方,最近では全軸リニアモータを採用した工作機械が珍しくなく,発売当初いわれた価格,発熱,切屑(磁石を用いているので鋼材の切削には適さない)の問題などは解決されており,前述した高加減速を実現するためにはリニアモータ搭載の加工機が必然になる加工分野もある.しかし,リニアモータが威力を発揮するのは10 m/min以上の送り速度で切削する場合であり,低速ではむしろボールねじのほうがすぐれている場合もある.慎重な選択が必要である.

(5) NCカッターパスの生成(CAM)

切削加工の高速化が実現しても,カッターパス生成に多くの時間を割かれては意味がない.とくに小径工具を用いて小ピックフィードで切削する際のカッターパスデータは膨大となる.また,荒加工での削り残し部が大きい箇所が存在すると,小径工具による仕上げ加工では工具破損を招くおそれがあり,安全をみて切込みを小さくしなければならないために結局加工時間は長くなってしまう.3次元CADデータから直接かつ自動に最適なカッターパスが生成されれば問題は解決される.現状ではこれは難しい課題であり,とくに荒加工のカッターパスの自動生成は,その後の中・仕上げパスへの影響もあり,なかなか実用レベルでは最適化が難しい.ニアネットシェイプ加工が確実に可能になり,均一な仕上げの取り代が実現できれば,仕上げ加工のみで形状加工が可能になって自動カッターパス生成による高速ミーリングが実現できる.

(6) 工具交換と金型精度

高速ミーリングの利点の一つとして,加工時間を長くせずにピックフィードを細かくすることによって,切削面の波状凹凸を減少させて仕上げ工程を軽減させることができることが挙げられる.これにより金型の寸法精度を向上させることができる.切削加工精度は主に工作機械で決定されるので,表面の凹凸が数μm以下にできるため,寸法精度も10μm程度が実現可能になる.しかし,工具交換を前提とした加工では,交換による誤差のほかに工具の温度変化による誤差などが生じ,切削面にこれらの誤差の合計が段差を生じさせる.一本の工具で仕上げを含めた全体加工を行えば,このような段差をなくすことができ,高精度な金型切削を実現することができる.それには長寿命の工具と最適加工条件の選定が必須である.

以上の問題点を踏まえて,さらなる高度化された高速ミーリングを実現していくには何が必要かについて,工作機械,加工手法,工具など実用化された最先端の事例について以下に述べる.

6.2 これからの工作機械[2)~4)]

本節では,前述の高速ミーリングに関する問題点を踏まえて,開発したNCミーリング機をもとに市販化された高速・高精度マシニングセンタについて述べ,将来のマシニングセンタの一つのあり方として指向を示したい.

携帯電話,デジタルカメラやゲーム器などの携帯電子機器は,軽量小型化が要望されており,そこに使用される部品の小型・軽量化が進んでいる.それらの部品の小型化にともない,金型の形状が小型化されているが,高精度かつ高効率に金型を製作できないのが現状である.これらの要求に応えるために,微小形状領域を高効率にサブミクロンオーダーの加工精度での形状加工を実現することを目標に開発した工作機械について述べる.

6.2.1 現状の加工機の問題点

形状が数ミリ以下の金型を高精度・高能率に加工するためには,現状の一般的な金型加工機では種々の問題点により要求に応えることができない.その問題点を列記し,それぞれの問題点の解決方法を示す.

(1) 機械精度と微小領域動作

金型形状が小さくなるにともなって形状精度が向上することが必要であるが,静的・動的な機械精度が要求精度を満たすサブミクロンオーダーに到達していない.

1mm以下の微小領域の動作を一般的なマシニングセンタで動作させると,加速度

が小さく指令速度に到達しないために加工時間が長くなる．加速度を高い値に設定すると，所定位置よりオーバーシュートやアンダーシュートが発生し，加工精度が悪くなる．また，方向が変わる部分で機械にショック音をともなう振動が発生し，面性状や加工精度が劣化する．

(2) 主軸とツーリング機構

高精度加工をするためには主軸熱変位が小さく，振れ精度が高いことが要求される．形状が小さいため小径の工具が必要となるが，切削速度を確保するためには超高速の主軸が必要となる．超高速主軸では，工具の回転精度・把握力が問題となり，焼きばめ方式が有利であるが，ATC（automatic tool changer）が困難で自動化が難しい．

(3) 工具，加工条件，CAM

微小形状での工具は，$\phi 0.5$ mm 以下となることが多く，最小では $\phi 0.03$ mm 以下が要求されることがあるが，超高速主軸での加工に耐えられる工具は一般化していない．また，小径工具で超高速主軸を使用した場合の，最適な加工条件と動作方法が確立していない．

(4) 自動化

高効率加工を実現するためには ATC が必須であり，高精度なワークおよび工具の計測が必要である．

6.2.2 問題点の対策

ここでは，前項で挙げた問題点に対する対策について述べ，開発機の特長を既存技術と比較して表 6.1 に示す．

(1) 機械精度と微小領域動作

機械の基本構造はボックス構造として駆動系をその内部に収容し，オーバーハングすることがないようにし，ガイド位置を加工位置に接近可能な設計とした．操作性が一部犠牲になるが，加工性能を重視した．図 6.1 に，その基本構造を示す．基本構造としては，X 軸と主軸が上方で，Y-Z 軸が下方となる構造を採用した．このような構造は移動部の重心位置を低くすることができ，高加速度動作に適している．

真直度は，実測値で 0.25 μm（150 mm）以下となっている．

実加工で高加速度を実現するためには，駆動部の重量を軽量化する必要があり，重量当たりの剛性値の高いセラミックスを多用して軽量化をはかっている．構造材の物理特性の比較を表 6.2 に示す．

駆動系には高精度・高加速度が容易に実現できるリニアモータを使用し，位置の検出には最小分解能が 3 nm の高分解能リニアスケールを使用している．動的な特性を

表6.1 従来技術との比較

項　目	従来技術	新技術
加工方法	放電加工・研削加工・切削加工	小径ツールによる高速切削
機械精度	ミクロン	サブミクロン
移動体材料	鋳鉄	セラミックス
駆動方式	回転モータ・ボールねじ	リニアモータ駆動
軸の応答性	低応答	高応答
制振機構	なし	あり
加工加速度	0.01〜0.1 G	0.3〜0.5 G
主軸回転数	60000 min^{-1} 以下	120000 min^{-1}
主軸ベアリング	メカニカルベアリング	空気静圧ベアリング
主軸駆動	高周波モータ	エアタービン
ツーリング	HSK・BT コレット・焼きばめ	主軸ダイレクト焼きばめ
計測システム	タッチセンサ	電気式接触感知

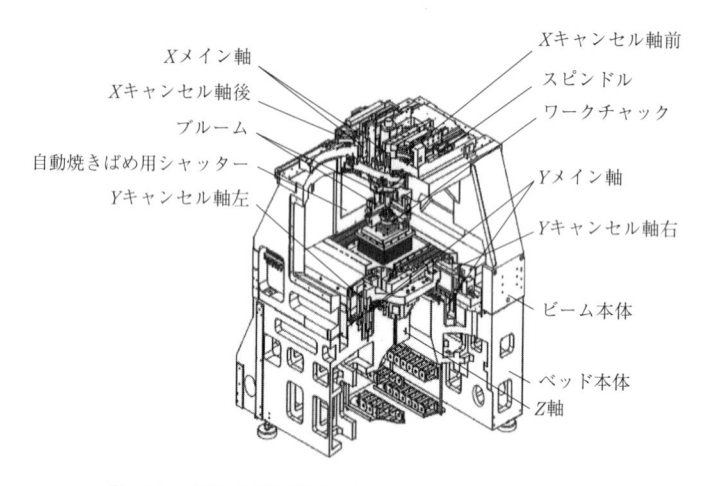

図6.1　精密金型加工用マシニングセンタの基本構造

表6.2　セラミックスの物性比較

	セラミックス アルミナ系	鋳　鉄	炭素鋼
比　重	3.5	7.8	8.0
ヤング率（GPa）	280	110	200
熱膨張係数（×10^{-6}/℃）	5.7	11	12

高めるために高応答の制御系を開発し,高加速度で動作したときの高ダンピング特性を実現している.先行制御は微小領域を高速で加工することを考慮して計算能力の大幅な向上やアルゴリズムの最適化を実施している.

高加速度動作を行うと,構造体の移動にともなう機械全体の重心位置の変化で,機械本体や地面が変形し揺れが発生する.また,移動体の反作用で機械が変形したり,振動が発生したりする.そこで,移動軸と反対方向に同じ重さの重量物を移動することで重心位置の変動をなくし,また,反作用で発生する力を小さな空間内で打ち消すことで振動を除去する制振方式を開発した.この方式により,発生する振動が1/10以下に抑制し,これは高加速度動作時における高精度化の一助となっている.

制振機構の概念図と,振動を発生させる動作での振動減少効果の例を図6.2に示す.このような特殊な機構を採用することにより,仕上げ加工時において0.5Gの動作をしても面質と形状精度を損なうことなく,また,工具破損も少なく加工することを可能とした.

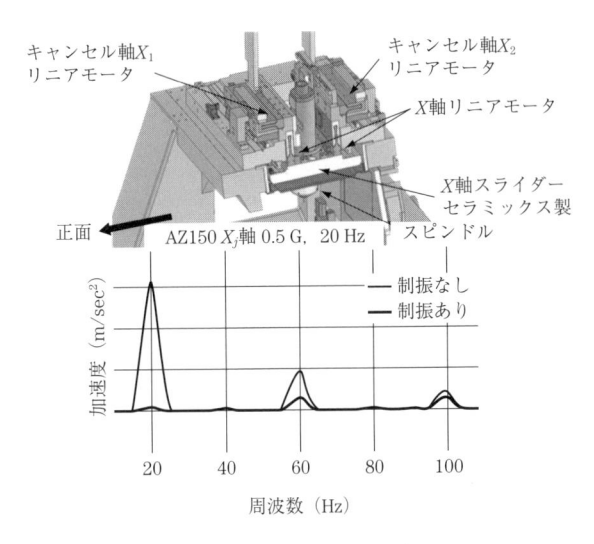

図6.2 制振機構とその効果

(2) 主軸とツーリング機構

小径工具を用いて高効率加工を実現するためには主軸の高回転数化が必要であり,120000 min^{-1}の空気静圧ベアリングを使用したエアタービン方式の主軸を開発した.エアタービン駆動方式を採用した理由は,回転を開始してから安定するまでの時間の短さと,伸びの安定性であり,回転開始後約2分で安定する.また,その後の伸びも0.3 μm以下に抑制され,高周波モータ方式では得られない安定性を実現している.振れ精度は,工具の加工位置で1 μm前後となっている.

ツーリング機構は，工具交換時の高精度化と高速回転時の把握力の劣化を考慮して焼きばめ方式を採用し，主軸に焼きばめホルダを固定して工具を直接交換する方式とした．ホルダの加熱には，高周波誘導加熱方式を採用することで局所加熱と加熱時間の短縮化をはかった．加熱・冷却の繰り返しによる工具ホルダの劣化については，10000 回の脱着テストを実施し，耐久性に問題ないことを確認している．ただし，ホルダへの油などの付着があるため，定期的なメンテナンスは必要である．

(3) 工具，加工条件，CAM

微細形状金型の加工テストを実施し，最適な工具の検討をしたが，超硬合金単体またはコーティング工具は，摩耗が激しくサブミクロンの加工には適さないことが多い．cBN 工具では，摩耗特性が超硬合金に比べて 10 倍以上よい結果となり，加工精度だけでなく面質の変化が少なく均質な面が得られるため，現在では，荒加工から仕上げまで cBN 工具を使用することが多い．ただし，小径の cBN 工具を販売しているメーカーは少なく，高価で種類も少ないため，今後，工具メーカーでの開発が待たれる．

超硬合金やセラミックスのような硬脆性材料の加工には，PCD（polycrystalline diamond）または単結晶ダイヤモンド工具が最適であるが，工具を販売しているメーカーが少なく非常に高価である．

CAM に関しては，微小複雑形状に対して，一般的な操作では最適なパスが出せない場合があり，拡大してパスを出して縮小するなど，複雑な操作が必要になることがある．微細で高速加工に適したパスを出せる CAM を開発する必要がある．

(4) 自動化

自動化を実現するためには，ATC，APC，ワークと工具の測定が必要になる．

工具交換はロボットにより全自動で実行される．工具パレットに工具を並べて置き，NC 装置からパレット番号を指定することで自動的に交換される．工具本数は 15 本 2 パレットで計 30 本となっている．図 6.3 に，焼きばめ装置の概念と自動焼きばめ装置の外観を示す．

工具の測定装置としてレザー方式の測定装置 2 台を X-Y 軸方向に装着している．2 台設置することで X-Y-Z 軸方向が測定できる．ワークの測定装置としては，放電加工機で使用されている電気的な接触感知を実装している．工具測定装置は，測定最小工具径 $\phi 0.1$ mm 程度であるが，最近 $\phi 0.02$ mm 程度までのものが実用化されている．

段取りでは，ワークと工具の位置関係を知ることが必要であるが，それを自動で実現するためには，最初に接触感知でワークを測定し，つぎに接触子を工具測定装置で測定する．最後に工具を交換して，工具を工具測定装置で測定することでワークと工

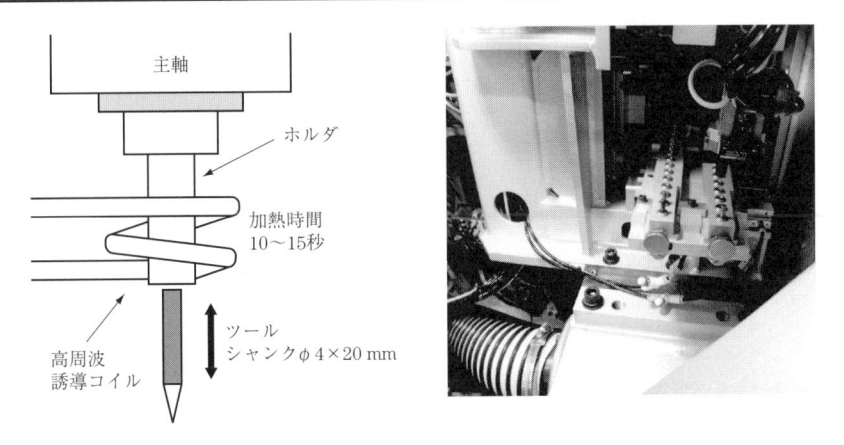

図6.3 焼きばめ方式の概念と自動焼きばめシステムの外観（ソディック）

具の X-Y-Z 軸方向の位置関係がわかり，加工に入ることができる．

(5) 適用分野と加工事例

このような加工機の適用分野は，微細な電子部品金型，オプトメカトロニクス部品・金型，精密機械部品・金型，ケミカル・バイオ関連部品・金型が想定される．

実施したテスト加工結果を以下に述べる．

① 0.5 mm 角ポケット加工　図 6.4 に，cBN ボールエンドミル（R 0.1 mm）を用いて，0.5 mm 角ポケットを深さ 0.2 mm で 100 個連続して加工した結果を示す．トータルの工具摩耗量は 3 μm で，約 1.5 μm は加工を開始してから数個までの段階で発生する初期摩耗であることが確認されており，その後は安定して加工が可能である．

② 流体軸受け　図 6.5 に，スラスト流体軸受けモデルを加工した結果を示す．加工深さは 5 μm と 10 μm の 2 段階となっている．工具は，φ0.05 mm の一枚刃

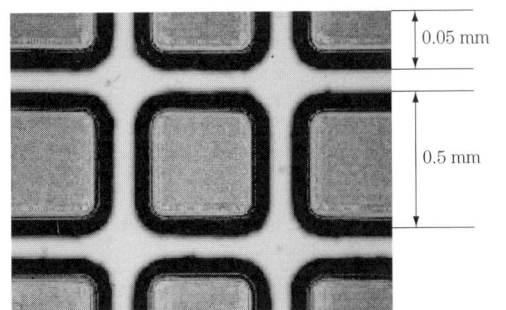

加工条件：
Ad : 2 μm　　ワーク：SKD11相当（60HRC）
Rd : 5 μm　　ツール：cBNボール R 0.1 mm
F : 1200 mm/min
主軸回転速度：120000 min^{-1}

切削長：100 m
加工時間：2分/個×100個＝200分
加工深さ：0.2 mm

図 6.4　cBN ボールエンドミルによる焼入れ鋼材の加工事例
（上記加工による工具摩耗：3 μm，内初期摩耗 1.5 μm）（ソディック）

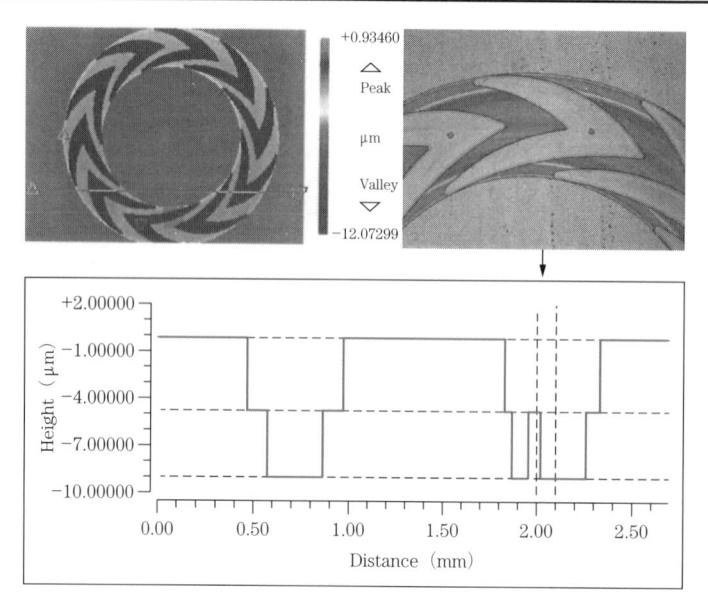

図 6.5　流体軸受けの加工事例（ソディック）

のcBNエンドミルを使用した．ワーク材質はSKD11相当（60HRC）であるが，形状精度と加工深さは仕様を満足するように加工できたが，細部においては改善すべきことが残っている．

③　平面加工　図6.6に，cBNラジアスエンドミル（R 0.25 mm コーナー R 0.1 mm）を使用して，どの程度の平坦度が得られるかテストした結果を示す．20 mm 角のSKD11相当（60HRC）のワークを加工し，白色光干渉計測定した結果，0.1 μm（PV）以下の値となり，図のような鏡面を実現することができた．

加工機に制振機構を搭載することで高加速度駆動時に発生する振動を抑制し，微小領域を高精度かつ高効率に加工できることを実証した．また，空気静圧ベアリングを使用した超高速回転主軸に対し，自動焼きばめシステムを構築することで工具の自動交換を実現し，ワークと工具計測システムと融合することで，自動運転を可能にした．

6.3　複合加工機と金型加工

最近の工作機械は工程集約，高速・高精度化，環境負荷軽減，ネットワークやIT化の技術革新などを指向したものが多くなってきており，高速・高精度加工機，多軸加工機，複合加工機，超精密加工機など，さらに進化した工作機械へと変遷している．今後もこの傾向は変わらないだろう．とくに部品加工では，航空機や医療関連で

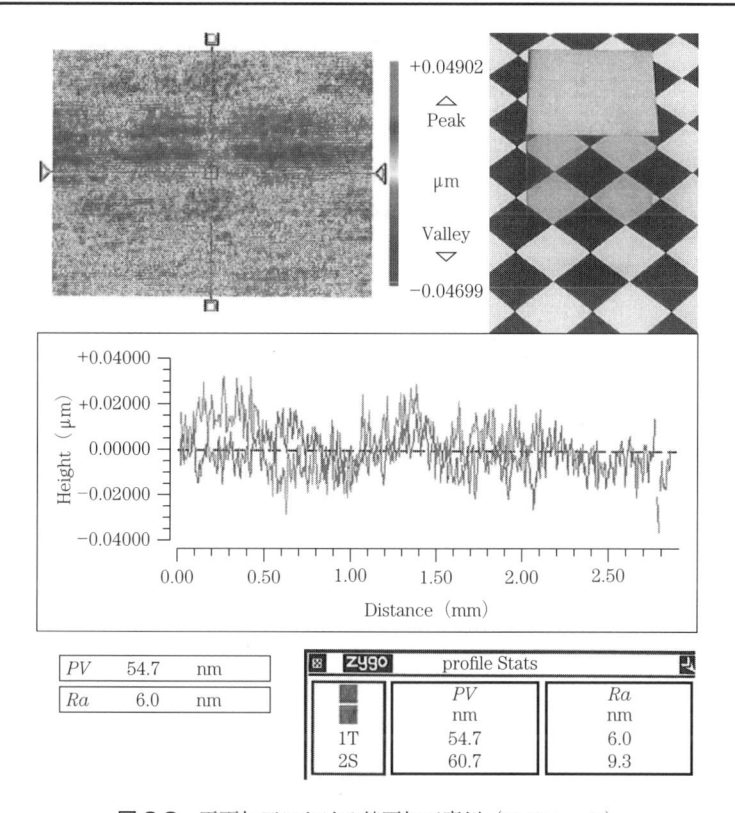

図 6.6 平面加工における鏡面加工事例（ソディック）

の需要が期待される多軸加工機，複合加工機の比率が将来増加していくものと予測される．

　一方，金型製造は，ハイテク技術を駆使した一品生産品が多く，形状は複雑化しており，表面性状や寸法精度への要求レベルも高い．さらに金型材料も高級で難加工材が多く，表面処理やコーティングなどの最先端技術も求められる．ものづくりの基本は，精度がよいものを速く，それなりの価格で消費者へ供給することである．金型はものづくりのためのマザーツールであるから上記の基本は踏襲される．複雑形状で難加工材を効率よく，精度よく製作する工作機械となるとやはり多軸加工機，複合加工機であると考える．金型加工への 5 軸（5 面）加工機への適用は以前より論じられてきた．しかし，複合加工機の金型加工への応用はあまり例をみない．過去には割り出し機能をマシニングセンタ（以下 M/C）に付与した事例がこれに近い．

　前述の観点から，ここでは複合加工機の特徴，導入の問題点，金型加工への適用などについて述べ，多軸・複合加工のこれからについて述べたい．

6.3.1 複合加工機の定義[5]

図 6.7 に,複合加工機の定義を示す.旋削加工とミーリング加工が 1 台の工作機械で可能である.丸棒のワークから加工がはじまった場合,当然旋盤から M/C へのワーク受け渡しが必要であるが,複合加工機では不要であり,ワーク取り付け直しによる精度の悪化も抑制できる.また,従来のターニングセンタのターレットでは刃物本数に制限があって,12 本程度しか機械に保有できなかった.複合加工機ではオプションしだいで何本でも装着可能で,長時間の無人運転,多種類の加工が可能になる.

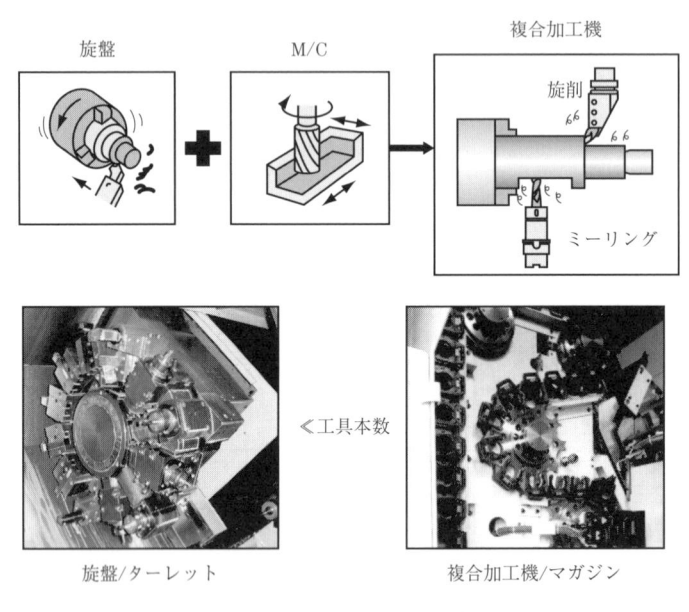

図 6.7 複合加工機の定義

6.3.2 効果的な導入事例[5]

複合加工機を導入することによる効果事例を以下に挙げる.
① 工程集約と費用の抑制
② 角物形状のワンチャッキングによる高精度加工
③ B 軸傾斜による傾斜面の高精度加工
④ 回転工具による同時 5 軸加工によるエッジ処理
⑤ 旋削による内径偏芯穴加工

上記効果事例の中で金型加工への適用を考慮した場合,重要と考えられるのは①,②,④であり,以下に詳細を説明する.

工程集約に関しては,旋盤+M/C を複合加工機に代替した場合,機械台数は

2→1台，治具の種類は2→0，オペレータの人数は2→1人，工程数4→2にそれぞれ減少し，仕掛品大→なしになる．

角物ワンチャッキングによる高精度化事例を図6.8に示す．金型ではエジェクタピンや冷却管などの穴加工が多く，図のようなモデルは金型に通じるものがある．角材から削りはじめる場合はあまりメリットがない．

図6.9に回転工具による同時5軸加工によるエッジ処理事例を示す．図は複雑形状部品のバリ取り事例であるが，金型形状加工でもバリは発生し，手仕上げに頼る場合

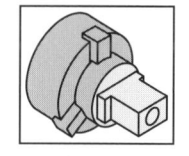

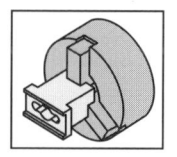

図6.8 角物形状加工のワンチャッキング化による高精度化

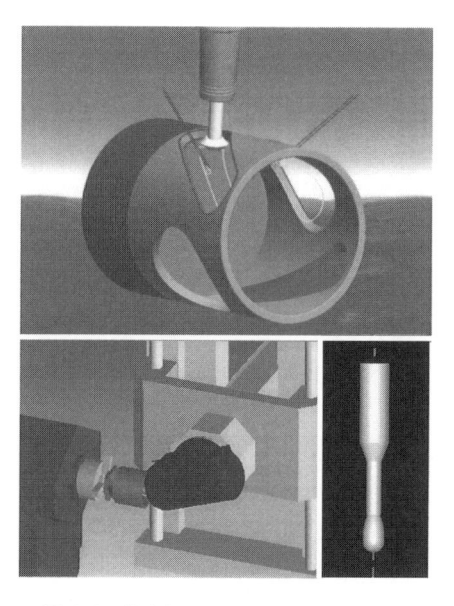

図6.9 複合加工機によるバリ取り事例

が多く形状精度を悪化させる．このような回転バリ取り工具の併用によって，各部のエッジ処理を高精度に行うことができる．

6.3.3 導入をためらっている事例[5]

当然，どのような工作機械も100%顧客を満足させるものはない．複合加工機の導入を躊躇している事例を挙げると以下のようなものがあり，その対応策や現状もあわせて述べる．

① プログラムや操作が難しい．　CAD/CAMをセットで販売してスクールも充実し，商社もタクトタイムなどでは迅速に対応している．制御装置のシミュレーション技術を用いた，ぶつからない機械を実現している．

② 多種少量生産には向かない．　空中治具などを使用して，2工程→1工程に集約している．これによって5軸加工機から複合加工機に替えるユーザもでてきている．金型の加工などでの表裏一体加工や穴開け加工には適している．

③ 高価である．　生産ラインのロボットを用いた自動化などを考慮した場合，旋盤＋M/C＋ロボット2台 vs. 複合加工機＋ロボット1台となり，トータルコストにあまり差はないなどの例がある．
　複合加工機とM/Cではツールホルダが共用できるため，新規購入を必要最小限に抑えることができる．

④ 機械構造上精度がよくない．　各ユニットで変位を抑制したり，M/Cに近い構造にするなど高精度化を実現している．

⑤ 故障が多い．　当初は0.9件/月とM/Cの0.2件/月に比べて修理件数が多かったが，2010年には0.3件/月と減少しており，M/Cと同程度になっている．

6.3.4 ユーザが望む複合加工機への要求[5]

ユーザが複合加工機へ望む用件としては以下の事柄がある．

① コンパクト化
② 出力アップ
③ パレットチェンジャー仕様
④ ほかの加工法との複合化

これらは，どのような加工対象物かによって要求が変わるものの，金型加工に使用する場合は③，④なども重要である．

以上，複合加工機について述べたが，通常の5軸加工機とどこが異なるのだろうか．複合加工機はターニングセンタが，5軸加工機はマシニングセンタがもとになって，それに回転軸などを付与しているので自由度からいえば一緒である．以下にマシニン

グセンタ（M/C）についても言及する．

複雑形状加工では，さらに軸数の多い M/C が要求される．

図 6.10 に，5 軸制御 M/C による金型形状加工風景を示す．この M/C の例では，通常の X，Y，Z の 3 軸に C 軸（回転軸）と A 軸（傾斜軸）が付与されている．ほかにも種々の組み合わせがあって，複雑形状製品の加工には普及していくであろう．

図 6.11 に，7 軸制御の M/C を示す[6]．この M/C で金型加工を行うには，鋼板素材（6 面体）の 2 箇所をチャッキングしたあと，型彫り加工する．つぎに，それ以外の冷却穴加工などを行い，別の箇所をチャッキングしなおして，先に削り残した箇所を加工して 6 面加工するものである．7 軸制御の基本ポストプロセッサの開発によって，このような金型加工が可能になった．今後，加工する形状によって，このように軸数が増えてくる可能性もあるが，CAM 側の負担増など問題解決が必要である．

図 6.12 に，5 軸制御 M/C を用いたダイカスト金型モデルの加工事例を示す．通常，ダイカスト金型は深物が多く，前述したように L/D の問題で精度よく加工できない．L/D が 20 を超えると，型彫放電加工が有利であると一般にいわれる．工具が逃げないような方向からアプローチすれば，かなりの深物の金型形状でも加工可能である．また，段取り変えを少なくすることで加工時間の大幅な短縮も期待できる．しかし，複合加工でのデメリットと 5 軸 M/C 加工におけるデメリットの共通点も多く，導入に際しては留意が必要である．

前述した複合加工は，ターニングセンタへの付与軸を意味したが，異なる加工手法どうしの複合化ももちろんありえる．一例として金属光複合加工がある．これはレーザーによる積層造形と，高速ミーリングの複合加工技術である．当初予測したよりは，価格や寸法の制限などにより普及していないのが実情であるが，種々の改善がなされ，複雑形状の金型が無人で製作できるようになってきている．図 6.13 に，この

図 6.10 マシニングセンタの外観とそれによる金型の加工風景（ソディック）

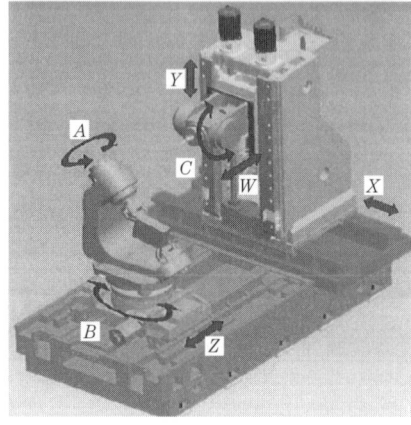

図6.11　7軸制御マシニングセンタの軸構成と加工風景（キタムラ機械）

図6.12　5軸制御マシニングセンタによるダイカスト金型モデル加工事例（三井精機工業）

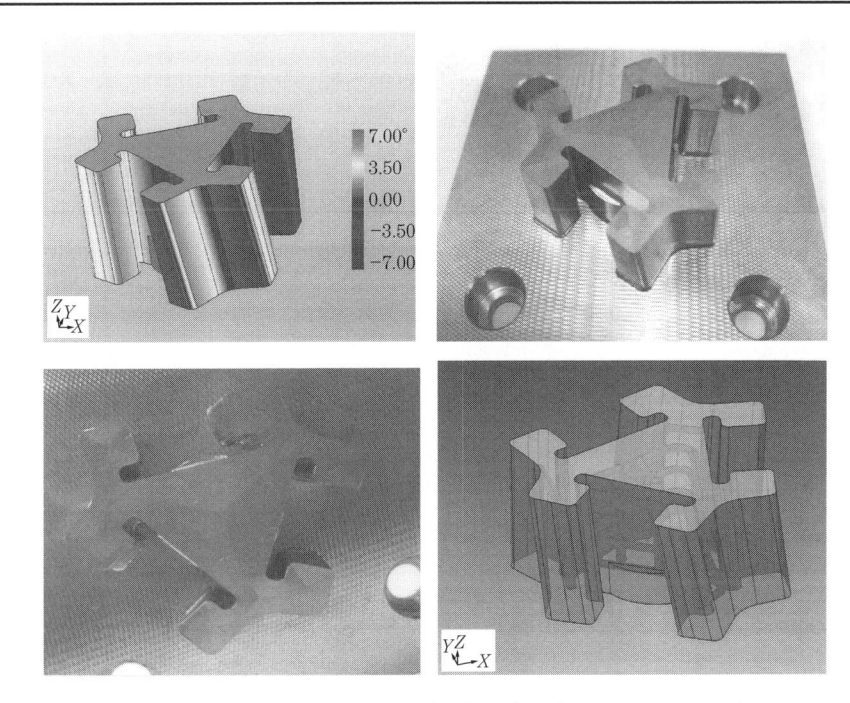

図6.13　金属光複合加工による金型製造事例（OPMラボラトリー）

加工機によって製作された金型モデルを示す[7]．

　製造業が存続していくには，金型加工技術の高度化は，ますます重要になってくる．複雑形状，新材料（難削材），高効率な加工に加えて相応の価格で製品をつくらなければならない．アジア近隣の金型製造主要国への転出も重要だが，国内での技術開発も重要だろう．それを考えると高速・高精度加工機，多軸加工機，複合加工機，超精密加工機というわが国のもつ工作機械の優位性を上手に活用していかなければならない．

6.4　cBN工具によるミーリング加工

　高速ミーリングを実現するための各要素技術を図5.1（108ページ）に示した．高速・高精度加工を実現するためには，工作機械の運動精度の解析，工具精度の向上（工具種の適当な選択），CAD/CAMデータの精度向上が重要である．高精度化を阻害する諸要因としては，工具では摩耗，逃げ面粗さ，ダイナミックバランスなどが考えられる．どのような被削材，ツーリング，加工条件を選択するかによっても精度が

大きく変わる．なかでも工具摩耗は，ほかのパラメータに比べて1桁以上大きく，これを抑制することがミーリングでの高精度化では重要である．cBN工具はダイヤモンドのつぎに硬い人工物であり，鋼材を切削する際にはほかの工具に比べて摩耗の観点からみれば圧倒的な優位性をもつ．さらなる高速ミーリング技術の追求には，欠くことのできない工具種の一つといってよいし，将来さらに広範な用途に使用されると考える．

以下に，各要素技術について，とくにcBN工具とのかかわりを中心に述べてみよう．

6.4.1 高速ミーリングによる金型加工[8]

cBN工具を用いた金型形状加工は，主に高速ミーリングによって実現される．高速ミーリングは，高速・高精度な金型，型部品などの形状創製加工に有効活用できるものとして注目されている．超硬合金およびコーテッド超硬ボールエンドミルの各種鋼材の高速条件下における切削特性のなかでとくに注目すべきは，低速領域よりも高速領域において明らかに工具摩耗量が少なく，良好な表面粗さが得られる最適加工条件が存在することである．しかし，超硬合金をベースとする工具での切削速度は数百m/min程度が限界であり，焼入れ鋼のミーリングでは工具寿命が極端に短くなる．したがって，焼入れ鋼などの直彫り加工を高速ミーリングで実現させるためにはcBN工具を採用せざるをえない．

材質の異なるボールエンドミル工具を用いた際の，工具摩耗と切削速度の概念図を図5.9（116ページ）に示す．この例では，いずれの工具種を用いても低速側で摩耗が多く，ある程度の高速領域で摩耗が最小となる領域が存在し，それ以上の高速領域ではさらに摩耗が増加することを示している．また，超硬合金，コーテッド超硬合金，cBNの順で摩耗が少なくなっているが，最適な加工条件を探索しなければこのようにならない場合も多い．とくにcBN工具での鋼材の切削では，最適加工条件が限定されて使用するのが難しい場合がある．いずれにせよ，最適加工条件のデータベースを構築して新たな加工分野をつくる必要がある．

6.4.2 cBN工具の摩耗

cBN焼結体ボールエンドミルを用いて，焼入れ鋼材を切削した際の工具寿命および切削面粗さに及ぼす各加工条件についての一例を以下にまとめる[9]．

① cBN焼結体（90 vol%以上）ボールエンドミルによる，焼入れ鋼切削（R 10 mm，切込み = 0.5 mm，ピックフィード = 0.8 mm）における実切削速度と逃げ面最大摩耗幅の関係は，プレハードン鋼の場合と異なり，低速領域でも高速領域でも比較的大きな摩耗幅を呈し，これはチッピングに起因する．また，この

チッピングの発生は，とくに切込み，ピックフィード量を大きくした際の工具への過剰な負担によるものと考える．

② 切削条件を，切込み = 0.1 mm，ピックフィード = 0.4 mm に変えて，焼入れ鋼を切削した場合は，切削長が大幅に伸び，かつチッピングも少なくなった．さらに，摩耗幅と実切削速度の関係においては，高周速ほど摩耗が少ないとう結果が得られた．

③ 焼入れ鋼の切削（切込み = 0.1 mm，ピックフィード = 0.4 mm）後の表面粗さは，切削速度に関係なく 3～4 µmRy を維持する．これは，粗さを劣化させる低速領域の加工条件を割愛したことによって，むしれなどが少なくなること，また，この実験の条件下（875～1632 m/min の実切削速度範囲）では，もともと摩耗量が少ないためである．

以上のことから，高 cBN 含有焼結体ボールエンドミルを高速ミーリングに適用する際は，刃先剛性を高めた切れ刃形状にすることはもちろんであるが，切れ刃の負担を軽減させるために，比較的少ない切込み量およびピックフィード量，かつ高い周速で切削することが，安定な切削を行うための重要なポイントであると考える．これらのことを配慮すれば，従来いわれてきた高 cBN 含有工具の低靭性の欠点を補った高速ミーリング，とくに仕上げ切削に十分適用可能であるといえる．

cBN 工具を用いた工具摩耗の一例として，図 6.14 に cBN 含有率が約 60，90，100％のバインダや，結合状態が異なる cBN 工具を用いて比較した摩耗曲線を示

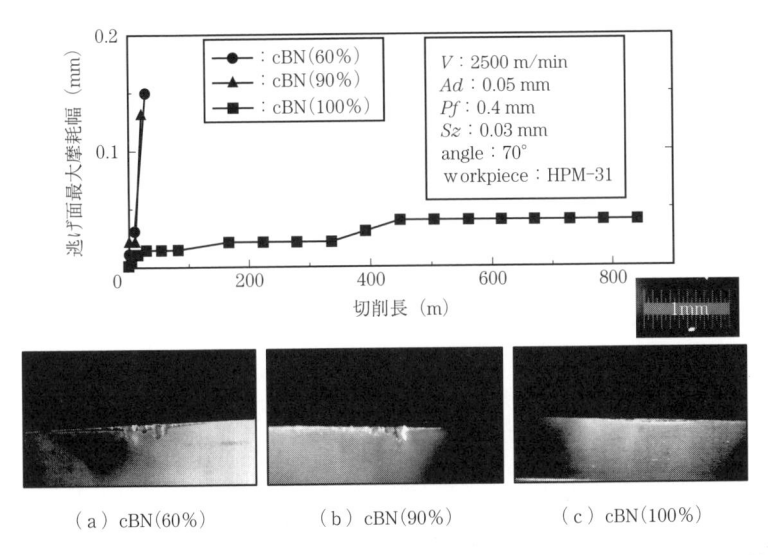

図 6.14 cBN 含有量が異なる各種 cBN ボールエンドミルの切削長と摩耗量の関係

す[10]．バインダレスcBN工具はきわめて長寿命である．

　cBN工具を用いた高強度・高硬度鋼材の高速フライス加工では，実用的な工具寿命は得にくいが，cBNボールエンドミルでの適用は十分可能であると考える．また，金型用ダクタイル鋳鉄のcBNボールエンドミルを用いた高速ミーリングでは，十分実用的な工具寿命が得られ，とくにcBN含有率が高い工具の適用は，摩耗量抑制における効果が大きい．

6.4.3　どのような加工条件が重要か[11]

　切削条件の設定は，加工システムを構成する要素ごとに行われる．どのような形状を加工するかによって多少加工条件は変わるが，共通する条件も多い．以下に，主に金型の形状加工に用いられるエンドミル加工で設定される各パラメータについて，cBN工具適用との関連で言及する．

（1）切削速度

　断続加工での切削速度とは，実際の工具刃先と被削材間での相対速度のことをいう．これが変われば変形領域での被削材のひずみ速度や切削温度が変わり，切屑生成機構に大きな影響を与える．切削速度は各要素と密接な関係があるので，それぞれの要素に悪影響を及ぼさない範囲で速くしたほうがよいといえる．とくにcBN工具では，周速が遅い場合，チッピングしやすくなる．cBN砥石では，ミーリングの場合よりも10倍以上周速が速くても十分加工可能であることを考慮すれば，cBNエンドミルのバインダ成分の含有量にもよるが，1000 m/min以上の周速でミーリング加工が可能である．実際，バインダレスcBNボールエンドミルによる焼入れ鋼材の加工実験では，1250 m/minよりも2500 m/minでミーリング加工したほうが工具寿命の延長が確認された事例報告もある[12]．

（2）切込み深さ

　切込みを大きくすると加工効率は上がるが，切削抵抗は上昇し，工具損傷などが発生しやすくなる．また，びびりが生じやすくなり，加工面のうねりも大きくなる．cBN含有量が高い工具では，切込みを大きくとるとチッピングが起こりやすくなるので，浅切込みに条件設定する必要がある．焼入れ鋼などの高硬度材料では，とくに留意しなければならない．

（3）ピックフィード

　ピックフィードの値は，ピックフィード方向（工具送りに対して垂直方向）の表面粗さを決定する．振動や構成刃先などの擾乱要因がない場合の幾何学的理論粗さは，近似的に$Pf^2/8R$（Pf：ピックフィード，R：工具半径）で与えられる．同じ加工条件ならば工具半径が大きいほど，ピックフィードが小さいほど粗さが小さくなる．し

かし，最終仕上げ半径が決まっている形状では，それより半径が大きな工具を使用できない．また，ピックフィードを小さくすれば，それだけ加工時間は増大することになる．両者の兼ね合いで最適値が決定される．cBN工具では周速を高くしたほうがよいので，回転数を上げて高送りすることは可能であり，加工時間の短縮が実現できる．

(4) 1刃の送り

1刃の送りは，工具送り方向の表面粗さを決定する．工具半径に比べて送りが小さい従来のミーリング加工では，この粗さはそれほど大きくなかった．最近では，高送りで切削するようになってきており，ピックフィードと1刃の送りがほぼ同等の値で切削した場合，いずれの方向も同じ粗さで仕上げ加工できるようになってきている．工具欠損を考慮しながら，できるだけ大きな値をとったほうが工具摩耗を少なくすることができるが，1刃の送りを大きくした場合，高含有率のcBN工具ではチッピングしやすくなるため，切込み深さと同様に大きくしないほうがよい．

(5) 切削方向

加工物への刃先の切込みが，小さいほうからしだいに厚くなる切削をアップカット，この逆をダウンカットという．両者の切削は，切削抵抗のかかり方や加工面への影響が大きく異なるが，一般には加工面精度が要求される場合はアップカットで，除去量の多い加工ではダウンカットのほうが有利である．どちらか一方向を選択して切削した場合は，つぎの加工位置に移動する際に切削しないエアカットの時間分だけ加工時間が長くなるために，加工効率は低下する．アップとダウンの併用による往復加工でも面粗さがそれほど悪くならない場合は，両者を併用したほうがよい．通常，cBN工具では刃先処理（ネガランドやホーニング）を行い，欠けにくくしているので，アップカットとダウンカットを併用しても問題はない．

(6) 切削油剤

切削油剤の効果は，切屑清掃，高温になった刃先近傍の冷却，刃先近傍・被削材間の潤滑が考えられる．切削油剤の効果は，旋削のような連続加工とミーリングのような断続加工では明らかに異なる．旋削加工では切削点をねらって，切削点近傍に切削油剤を供給することが可能だが，ミーリングでは切削点が回転して移動するために不可能である．最近では，切屑清掃が主目的で切削油剤を使用する場合が多いようである．また，ミストあるいはMQL (minimum quantity lubricant) などのように，少量の切削油剤を使用する場合も多くなっている．とくにcBN工具を用いた高速ミーリングではMQLが有効であり，環境問題対策になる．

(7) その他

切削条件は，切削熱，切削抵抗，表面粗さ，寸法精度，工具寿命・損傷などに大き

な影響を与えるので，最適な条件を見い出すことが重要である．切削する際に各要素が変化した場合は，これに応じて試し切削をやらなければ最適化は難しいといえる．cBN工具では，特に最適条件の範囲が狭いため，使いにくい工具種とされてきたが，各技術要素の高度化によって解決されつつある．

6.4.4 cBN工具による最近の加工事例[13],[14]

図6.15に，cBNラジアスエンドミルを用いたLEDレンズ金型モデルの加工事例を示す．これまで述べてきたように，cBN工具は低周速領域ではチッピングを起こしやすい．とくにボールエンドミルの荒加工では，中心刃近傍を使用せざるをえず，周速が低下して不具合につながる場合が多い．これを抑制するうえで，ラジアスエンドミルを採用する考え方は正しい．この加工事例では，約60HRCの高硬度材料にもかかわらず，112個の島残し加工後でも0.02 R の隅部 R を維持している．しかし，cBN工具では，切込みを小さくしなければならないので，荒・中仕上げと複数の加工手順が必要になる．

図6.16に，cBNボールエンドミルを用いたプリズム形状加工事例を示す．50HRCの高硬度鋼材を約14時間加工しているにもかかわらず，サブミクロンオーダーの良好な表面粗さが維持されている．

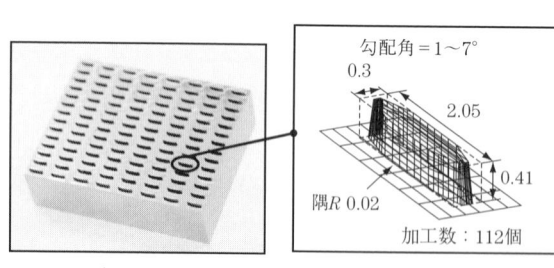

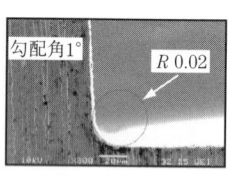

ワークサイズ：縦25×横20（mm）

隅R（112個加工後）

加工工程	荒取り		中仕上げ		仕上げ		
	溝加工	側面部	底面部	側面部	底面部	側面部	上面部
使用工具	SSR200 $\phi1 \times R\,0.02 \times 3$		SSR200 $\phi1 \times R\,0.02 \times 3$		SSR200 $\phi1 \times R\,0.02 \times 3$		
回転数（$\min^{-1}$）	20000						
送り速度（mm/min）	2 000	500	500		300		
切込み $a_p \times a_e$（mm）	0.01(a_p)	0.403×0.005	0.002×0.01	0.01×0.002	0.005×0.003	0.005×0.005	0.005×0.015
残し代（mm）	0.007		0.005		−		
加工時間	18分	6時間18分	2時間44分				
総加工時間	15時間50分						

図6.15 cBNラジアスエンドミルによるLED金型モデルの形状加工例（被削材ELMAX（58HRC），オイルミスト，112個加工後でも隅部のコーナーR0.02が維持されている）（日進工具）

6.4 cBN工具によるミーリング加工

被削材Work material：SUS420J2相当材（52HRC）
Equivalent to SUS420J2
使用工具Tool：CBN-EPSB2004-1-F（R0.2×首下長1 mm）
Under neck length
n=40000 min^{-1}（V_c=50 m/min）
Vf=320 mm/min（fz=0.004 mm/t）
ピッチPitch=0.005 mm（走査線加工Scan line machining）Mist
※荒加工はエポックスーパーハードボールエボリューションを使用
Epoch Super Hard Ball Evolution was used for roughing.

ワーク形状Work shape
山高さ：0.5 mm　勾配角：63°
Protrusion height：0.5 mm；
Incline angle
ワーク寸法：28 mm
Work size：28 mm square

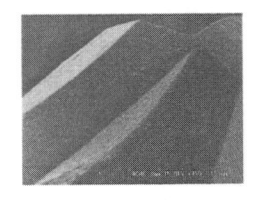

摩耗極小　継続加工可能
使用後工具（加工時間13 h 45 min）

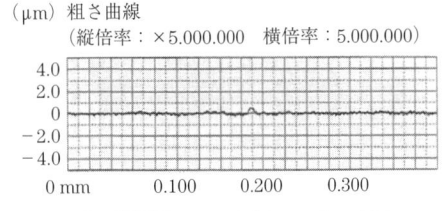

粗さ曲線
（縦倍率：×5,000,000　横倍率：5,000,000）

加工面粗さ　Ra：0.07 μm　Rz：0.54 μm
良好な加工面粗さを実現

図6.16　cBN ボールエンドミルによるプリズム金型モデルの形状加工例（被削材 SUS420J2 相当（52HRC），オイルミスト，約14時間加工後でも良好な面粗さを維持）（日立ツール）

図6.17に，小径 cBN ボールエンドミルによる溝仕上げ加工事例を示す．コーナー部でも振動の少ない安定した溝加工が確認される．

以上，cBN エンドミルのミーリング加工の適用について，基礎から最新の加工事例について述べた．cBN はダイヤモンドにつぐ硬度を有し，焼入れ鋼のような高硬度鋼材の高速ミーリング対しては有用である．今後は高硬度材の微細形状加工にますます威力を発揮するであろう．このような加工での工具の短寿命は，工具交換によって致命的な段差の発生につながる．これまで cBN 工具が鋼材に幅広く使用されない主な理由は，チッピングが発生しやすいためであった．しかし，これは少なからず最適な加工条件の選択により克服できると考えられる．切込みが大きくない仕上げ条件下での高硬度鋼材のボールエンドミル加工では，今後，cBN 工具の上手な適用の増大が多いに期待できる．

高速ミーリングは，多くの要素技術の組み合わせから構成される．本節では cBN 工具に力点をおいて言及した．それは，ほかの要素技術に比べて工具摩耗の影響が大きいからである．今後，多岐に渡る金型の加工分野での要求レベルは変化していき，そうなると多くの要素技術を上手に組み合わせることも重要になる．今後も，工作機械，工具，被削材種，CAD/CAM，周辺技術，切削条件などを上手に組み合わせて，製造業における開発技術のレベルを向上させる努力が必要である．

R0.1による止まり溝仕上げ加工　Stopped groove finish machining using R0.1

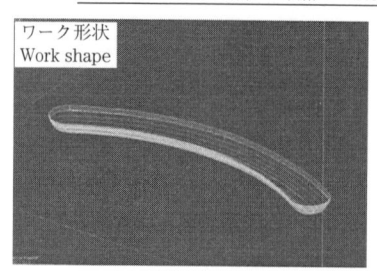

ワーク形状
Work shape

使用工具 Tool：CBN-EPSB2002-0.5-F
工具サイズTool size：$R0.1 \times 0.5$ mm（首下長Under neck length）
$n = 40\,000$ min^{-1} （$Vc = 25$ m/min）
$Vf = 560$ mm/min （$fz = 0.007$ mm/t）
$a_p \times a_e = 0.004$ mm$\times 0.004$ mm　Mist
加工時間Cuttig time：4 min/piece
※荒加工はエポックスーパーハードボールエボリューションを使用
Epoch Super Hard Ball Evolution used for roughing.

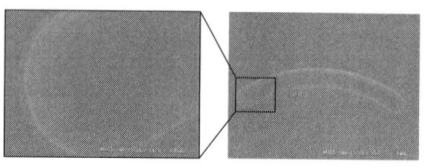

ワーク寸法　Work size
溝幅：上面0.25 mm　溝深さ：0.1 mm　勾配角：18°
Groove width : 0.25 mm at surface
Groove depth : 0.1 mm　Slope angle : 18°

図6.17　cBNボールエンドミルによる微細溝加工例（日立ツール）

6.5　ばらつきなしの工具

　工具が減るのを前提とした場合，その減り方が問題である．切削距離に応じて一定量減るのが理想的で，これだと何m切削した後に工具交換しなければならないかという予測がたつ．しかし，前述のcBN工具のように突発的に欠損する場合は，どのタイミングで工具交換すればよいのかも判定できず，結局は欠損しない被削材とだけの組み合わせ，たとえば鋳鉄にしか使えないということになってしまう．

　一方，同じ型式の工具，同一ロッドの被削材を用いて同一条件で切削しても，切削距離と工具摩耗幅の関係が市販品では同一になることはほとんどない．この関係にばらつきがなく，何回削っても同じ切削距離－摩耗曲線を描けば，工具交換の予測が間違いなく高精度になる．たとえば，ある一定の摩耗に到達するまで，ある種の工具で1時間半，2時間，2時間半かかったとする．これが2時間35分，2時間30分，2時間40分ということになれば，どの工具を使っても2時間30分まではOKになる．前者ではすべて1時間半で交換しなければならない．生産効率からいって非常に問題である．このばらつきをなくすことが重要である．

　工具は一般に研削加工で製作される．図6.18に，研削加工によって製作された工具刃先稜線を示す[15]．このように刃先は研削痕のため鋸刃状になっており，これがコーティングの密着性や初期段階での欠損の要因となる．これをなくす目的で鏡面加工（磁気研磨）[16]，ブラスト処理[17]してコーティングしたあとの切削距離と逃げ面最大摩耗幅，表面粗さの関係を図6.19に示す[18]．コーティング前処理条件を表6.3に，切削条件を表6.4に示す．鏡面加工したあと，コーティングした工具は切削距離の推移にともなう工具摩耗量の増加は，いずれの工具でも同一曲線上にのる．また，切削

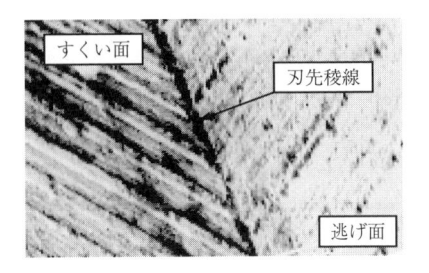

図6.18 研削後のボールエンドミル刃先稜線

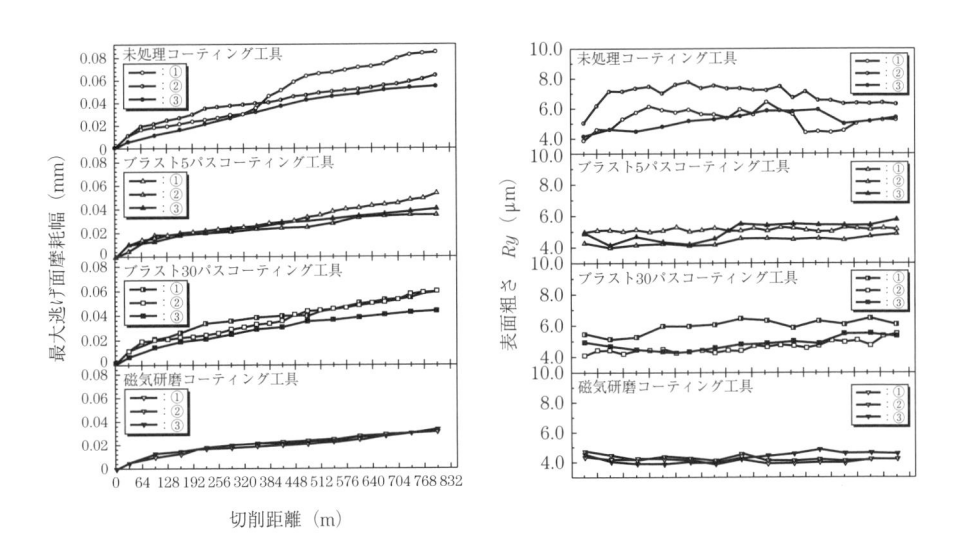

図6.19 各処理したあとにコーティングしたボールエンドミルを用いて金型用鋼材を切削した際の切削距離と逃げ面最大摩耗幅，表面粗さの関係

後の表面粗さは800m切削しても，ほぼ1μm以内に収束している．これがばらつきのない工具であるといえる．高精度な加工を遂行する際には，このような工具管理が大切になってくる．ただし，コストの問題があり，実際の工具研削盤にオンマシンでセットして，短時間に鏡面処理できるシステムの開発が必要になる．

6.6 高速ミーリングの将来

これまで述べてきた要素以外で，重要なこととしてCAD/CAMがある．自動で最適なカッターパスが生成できればこれにこしたことはない．現状のCAMではこれを使う側の人間のスキルが重要になっている．また，同じCADデータでも，CAMの

表6.3 ブラスト処理条件

加 工 機	Microblaster MB-1 (新東ブレーター)
空 気 圧	0.10 MPa
加 工 間 隙	15 mm
スキャンスピード	30 mm/min
粉 末 供 給 量	160 g/min
研 磨 剤	#600 WA
スキャン回数	5, 30

〈磁気研磨条件〉

加 工 機	立形マシニングセンタ MV-600VF (松浦機械製作所)
主 軸 回 転 数	1000 min^{-1}
加 工 間 隙	0.8 mm
加 工 時 間	15 min
研磨剤スラリー	ダイヤモンドペースト (#15000) + 鉄粉

表6.4 切削実験条件

加 工 機	立形マシニングセンタ FX-5 (松浦機械製作所)
回 転 数	19000 min^{-1}
ピックフィード	0.3 mm
1刃当たりの送り	0.15 mm/刃
切 込 み	0.3 mm
加 工 形 式	30°傾斜, ドライ, ダウンカット
粗さ測定器	サーフテスト SJ-301 (ミツトヨ)
被 削 材	プリハードン鋼 43HRC (HPM-1)

グレードによって得られるカッターパスも異なり，当然，仕上げ面にも影響を及ぼす．これについてはCNC工作機械のところで触れたので割愛する．

先の問題点がすべて解決され，要素技術が揃った際には高精度で迅速な加工が実現される．しかし，新たな工具や被削材が開発されれば，やはり削ってみなければ，詳細な摩耗状況などは判断できない．これらがシミュレーションによっておおよそ判定でき，削るまえに加工条件の最適化ができれば，それは究極のミーリングになる．コンピュータの発達を考えればそれほど無理な話でもなく，切削のデータベースがあわせて構築されれば，これらのことは将来可能になるだろう．

用語解説

1. 切削条件に関する用語

用 語	説 明	記 号	単 位
工具回転数 rotational speed	回転工具が単位時間に回転する回数.	N	min^{-1}
送り速度 feed speed	工具と工作物との相対的移動速度.	F	m/min
一刃当たりの送り量 feed rate	工具一刃当たりの工具と工作物との相対的移動量.	f, Sz	mm/tooth
軸方向切込み量 depth of cut	工具軸方向における工具を工作物に切込んでいる深さ.	Ad, d	mm
半径方向切込み量 （ピックフィード） pick feed	工具の半径方向における工具を工作物に切込んでいる深さ.	Rd, Pf	mm
切削速度 cutting velocity	工具（切れ刃）と工作物との相対速度. 回転工具では, $V=\pi DN/1000$ D：工具直径（mm）, N：工具回転数（min^{-1}）	V	m/min
切削距離（切削長） cutting length	工具切れ刃と工作物の相対移動距離（累積値）. 旋削加工ではバイトにより切削した（工作物と干渉した）距離. エンドミル加工では工具が相対的に移動した距離ということが多い.	L	m, km
除去体積 removal value	工作物を除去（切削）した体積.	V	cm^3, mm^3
切削時間 cutting time	工作物を切削した実時間.	T	min
切削動力 cutting power	切削に要する動力 $H=P \cdot V/60/\eta$ P：切削抵抗の主分力（N）, V：切削速度, η：工作機械の機械的効率（％）	H	W
切削効率 cutting efficiency	切削作業において, 単位時間における所要動力1kW当たり排出される切屑の容積. 生産能力の目安になる.	E	$cm^3/(min \cdot kW)$
切削抵抗 cutting force	切削に際し刃先が受ける抵抗力. 互いに直角をなす3分力（主分力, 送り分力, 背分力）の合力. ひずみゲージ形, 圧電形などの3分力切削動力計を用いて計測される.	F (F_V) (F_H) (F_Z)	N
切削温度 cutting temperature	切削にともない発生する熱（せん断面における材料の塑性変形や, 切屑とすくい面, 工具と工作物間の摩擦により発生する熱）による切削点の温度.	T	℃
切削弧長さ cutting arc	フライス（エンドミル）の切れ刃が工作物中を切削するときの軌跡の長さ.	la	mm

用　語	説　　　明	記号	単位
切取り厚さ	フライス（エンドミル）の切れ刃が工作物中を切削するときの工作物が切り取られる厚さ．刃先の回転位置により異なり，アップカットでは０から最大まで，ダウン加工では最大から０まで刻々と変化する．	ha	mm

2．工具に関する用語

用　語	説　　　明
スクエアエンドミル square end mill	外周面および端面に切れ刃を持ち，角の断面形状を有するシャンクタイプのフライス．
ボールエンドミル ball end mill	球状の底刃を有するシャンクタイプのフライス．
ラジアスエンドミル radius end mill	スクエアエンドミルのコーナ部が円弧形状のシャンクタイプのフライス．
工具径/工具半径 outside diameter/tool radius	刃部の外接円の直径/半径．
刃　長 flute length	刃部の長さ．
シャンク/シャンク径 shank, shank diameter	エンドミルの柄部．ここを保持して使用/その外径．

用語解説

用　　　語	説　　　明
首/首径/首の長さ neck/neck diameter/neck length	シャンクと刃の間のくびれた部分/その外径/長さ
刃　部 cutting part	直接切削にあずかる部分．切れ刃，すくい面，逃げ面からなる．
外周刃 peripheral cutting edge	外周にある切れ刃．
底　刃 end cutting edge	シャンクと反対側にある切れ刃．
ヒール heel	フライスの逃げ面と溝とのつなぎとなる部分．
チップポケット chip pocket	切削中の切屑の生成，収容，および排出を容易にするためのくぼみ．
ギャシュ end	底刃の溝．
ランド land	溝をもつフライスの切れ刃からヒールまでの，堤状の幅をもった部分．
マージン margin	逃げ面上で逃げ角がついていない部分．
すくい面 tooth face	切削を行う主体となる面で，切屑はこの面を擦過する．
すくい角 rake angle	基準面に対するすくい面の傾きを表す角度．
外周逃げ角/底刃逃げ角 radial relief/end relief	外周刃の横逃げ角で，逃げ面の傾きを表す角度/工具軸直角断面と底刃の逃げ面がつくる軸方向の逃げ角．
ねじれ角 helix angle	外周刃の軸に対するねじれの角度．
ボール半径 radius of ball nose	球状の底刃の半径．
ホーニング処理 honing	切れ刃に生じるチッピングの発生を防止することを目的とした刃先処理．すくい面に対して 20～30°程度の角度で 0.01～0.03 mm 程度の幅が効果的．刃先に丸めをつける場合を丸（R）ホーニング処理という．
工具摩耗 tool wear	切削中に刃部に生じる漸進的な損失のこと．

用　　語	説　　明
アブレッシブ摩耗 abrasive wear	工作物中の炭化物などの硬い粒子などが工具表面を機械的に引っかくことにより発生する摩耗.
凝着摩耗 adhesive wear	工具と工作物が接近結合して凝着現象を生じ，溶着部の破壊が工具側に起こり，工具の一部がはぎとられる摩耗. 圧力凝着と温度凝着に区分される. 構成刃先は圧力凝着の代表的なもの.
逃げ面摩耗（幅：V_B） flank wear	逃げ面に生じる摩耗. フランク摩耗ともいう. 切削加工面との接触によって生じる機械的摩耗の代表的なもので，すきとり摩耗ともよばれる. 最大逃げ面摩耗幅や逃げ面平行部摩耗幅などは工具摩耗量を表す重要な値で，工具寿命の判定に用いられる.
すくい面摩耗（深さ：K_T） face wear, crater wear	すくい面に生じるクレータ状の摩耗. クレータ摩耗ともいう. 切屑がすくい面を高温高圧で擦過するときに工具と工作物間の熱拡散によって発生する. クレータの深さで摩耗量を表し，工具寿命の判定に用いられる.
境界摩耗 boundary wear	逃げ面側の切込み深さ位置または送り幅位置に生じる細長い溝状の摩耗. 切込みおよび送り幅の境界付近が切削による高温と大気に接することから，酸化反応などの化学的作用によって摩耗が進行する.
欠損（チッピング） chipping	機械的な衝撃，熱衝撃，溶着物の脱落にともなうものなどの発生原因のみならずその大きさもさまざまである. すくい面側に現れる貝殻状の欠損をフレーキング（flaking）とよぶ. 切れ刃全体が破損する割損も工具の欠損である.
熱き裂（サーマルクラック） thermal crack	熱衝撃または局所的な加熱冷却の繰り返しによって発生する. はじめはすくい面側に発生したあと，切れ刃稜，逃げ面へと進む.
溶着 deposition	溶着した工作物がはがれる際に工具材料も一緒にはがされて発生する摩耗.
工具寿命 tool life	工具が摩耗することによって交換または再研削を必要とするまでの時間. 現場では仕上げ面粗さや経済性などを考慮して決定される. JISでは逃げ面摩耗に関して別表の値が推奨されている. 寿命判定基準　JIS B 4011-1971 | V_B (mm)	摘　　要
0.2	精密軽切削，非鉄合金などの仕上げ削りなど
0.4	特殊鋼などの切削
0.7	鋳鉄，鋼などの一般切削
1〜1.25	普通鋳鉄などの荒削り	
工具寿命方程式	F. W. Taylor の工具寿命方程式. $VT^n = C_T$ n, C_T は定数

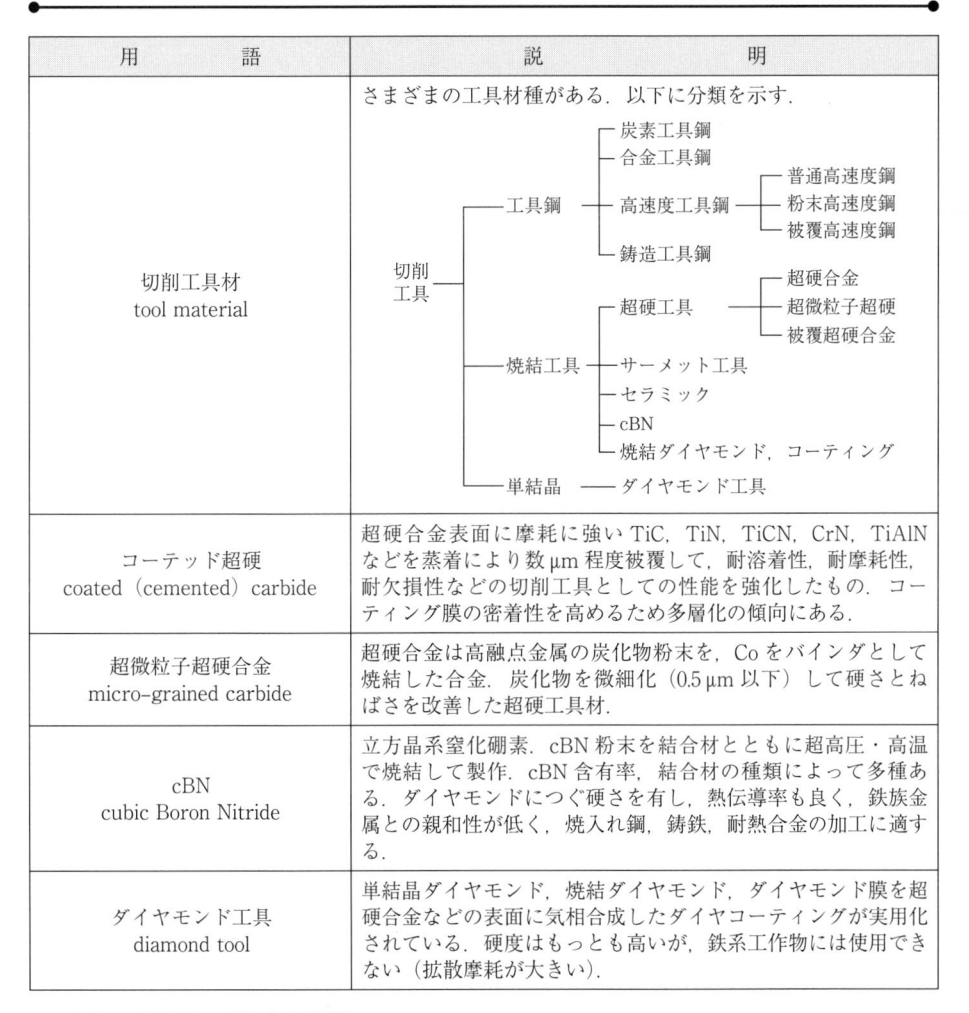

用　　語	説　　明
切削工具材 tool material	さまざまな工具材種がある．以下に分類を示す． 切削工具 ─┬─ 工具鋼 ─┬─ 炭素工具鋼 　　　　　│　　　　├─ 合金工具鋼 　　　　　│　　　　├─ 高速度工具鋼 ─┬─ 普通高速度鋼 　　　　　│　　　　│　　　　　　　├─ 粉末高速度鋼 　　　　　│　　　　│　　　　　　　└─ 被覆高速度鋼 　　　　　│　　　　└─ 鋳造工具鋼 　　　　　├─ 焼結工具 ─┬─ 超硬工具 ─┬─ 超硬合金 　　　　　│　　　　　│　　　　　├─ 超微粒子超硬 　　　　　│　　　　　│　　　　　└─ 被覆超硬合金 　　　　　│　　　　　├─ サーメット工具 　　　　　│　　　　　├─ セラミック 　　　　　│　　　　　├─ cBN 　　　　　│　　　　　└─ 焼結ダイヤモンド，コーティング 　　　　　└─ 単結晶 ── ダイヤモンド工具
コーテッド超硬 coated (cemented) carbide	超硬合金表面に摩耗に強い TiC, TiN, TiCN, CrN, TiAlN などを蒸着により数 μm 程度被覆して，耐溶着性，耐摩耗性，耐欠損性などの切削工具としての性能を強化したもの．コーティング膜の密着性を高めるため多層化の傾向にある．
超微粒子超硬合金 micro-grained carbide	超硬合金は高融点金属の炭化物粉末を，Co をバインダとして焼結した合金．炭化物を微細化（0.5 μm 以下）して硬さとねばさを改善した超硬工具材．
cBN cubic Boron Nitride	立方晶系窒化硼素．cBN 粉末を結合材とともに超高圧・高温で焼結して製作．cBN 含有率，結合材の種類によって多種ある．ダイヤモンドにつぐ硬さを有し，熱伝導率も良く，鉄族金属との親和性が低く，焼入れ鋼，鋳鉄，耐熱合金の加工に適する．
ダイヤモンド工具 diamond tool	単結晶ダイヤモンド，焼結ダイヤモンド，ダイヤモンド膜を超硬合金などの表面に気相合成したダイヤコーティングが実用化されている．硬度はもっとも高いが，鉄系工作物には使用できない（拡散摩耗が大きい）．

3. CAD/CAM に関する用語

用　　語	説　　明
CAD/CAM/CAE	コンピュータ支援設計・製作・エンジニアリング． computer aided design, computer aided manufacturing, computer aided engineeering
データファイル形式	各種 CAD ソフトのデータ形式は異なり，データの互換は中間ファイルを通して行われる．代表的なものに以下がある． IGES：ANSI 承認の標準規格 STEP：ISO が標準化を進める規格 DXF：オートデスク社提供の形式　など
OS	コンピュータの基本管理を行う基本ソフト． MS-DOS, Windows 98, Windows-NT, Linux, UNIX など

用　　　語	説　　　　　　　明
3D-CAD	立体的モデルを扱う．デザイン，CAMデータ作成，シミュレーションなど応用範囲が広い． 3次元データの表示方法により，ワイヤーフレーム，サーフェイス，ソリッドに分類される．
ラピッドプロトタイピング （RP）	3D-CADデータから（標準ファイル形式：STL）迅速に実体を製作する方法．光造形法をはじめとする積層造形法．
NC（CNC）加工（機）	（コンピュータ）数値制御：(computer) numerical controlによる切削・放電などの加工（工作機械）
補　　間 （工具経路補間） interpotation	ある点とある点までが連続的に繋がれる場合，ある関数を選んで途中の点をその関数値として表すこと． 一般に，自由曲線の工具経路は微小直線の連続で近似して動作を行うことが多い．簡易であるが，その際生じる近似誤差（トレランス）を微小にするとNCデータの肥大化などを招く．そこで，円弧補間，スプライン補間，NURBS補間などが開発されている．
マクロ機能 macro generator	複数の命令からなる動作を，一語の命令としてまとめて行うためのプログラム機能．よく用いる加工パターンを登録しておけば省力化できる．たとえば，穴加工のステップ送りやヘリカル送りによるエンドミル穴あけ加工など．
B-Spline	自由曲線，曲面を表現する方法の一つ． 制御点の座標に近似して形状を定義ものから発展し，局所変形が容易になっている．
NURBS non-uniform-rational B-spline	自由曲線，曲面の一つである．滑らかで不自然な歪みが出にくい．かつ一部を変形しても，全体に影響が及ばない特徴を有する．制御点に重みを与えて表現能力を高め，真円のような幾何学形状も表現し，制御点と曲線・曲面との関係を拡張し，複数制御点の重なりと折れなどの表現が可能である．金型の自由曲線による加工面をNCデータ量を増大させずに，滑らかに切削できるなどの利点がある．
パソコンNC PC-numerical control	工作機械の制御装置のオープン化を進めるために，制御装置にパソコンの適用をするものである． 従来型CNC制御装置にパソコン機能を付加した方式，パソコンにマイコンを搭載した制御ボードをセットした方式，すべての制御をパソコンで行う方式，などがあり，オープン化の程度は各方式で異なる． すべての制御をパソコンで行う方式は，制御機能をソフト化することで，制御プログラムを自由に構築でき，ユーザーにとって便利なものといえよう．
ワイヤーフレームモデル wire frame model	たとえば，三角柱を3次元空間に考えた場合，四つの各頂点の座標値が与えられればよい．これらの頂点を結ぶと三角柱が認識される．このように，頂点の座標値と頂点間の結び方の情報をもったデータ構造をワイヤーフレームモデルとよんでいる．

用語解説　191

用　語	説　明
サーフェースモデル surface model	ワイヤーフレームで定義された線分により囲まれたところに，サーフェース（面）を定義した数値モデルである．ある曲面を定義するのに，隣り合う2面が連続的につながるように処理したりする． 切削加工用 NC プログラムデータを生成したり，工具の干渉チェックが可能である．
ソリッドモデル solid model	サーフェースモデルは，面を定義するが，面で囲まれている立体の内部は定義していない． サーフェースモデルに実体の存在する方向を定義したモデルがソリッドモデルである． これには，境界面の集合で定義する B-REP（boundary representation），および基本立方体要素の組み合わせで定義する CSG（constructive solid geometry）の方法がある．

4. その他

用　語	説　明
表面粗さ surface roughness	対象物の表面（以下，対象面という）からランダムに抜き取った各部分における，表面粗さを表すパラメータである算術平均粗さ（Ra），最大高さ（Ry），十点平均粗さ（Rz），凹凸の平均間隔（Sm），局部山頂の平均間隔（S），及び負荷長さ率（tp）の，それぞれの算術平均値（JIS B 0661）． 〈備考1〉一般に対象面では，個々の位置における表面粗さは一定でなく，相当に大きなばらつきを示すのが普通である．したがって，対象面の表面粗さを求めるには，その母平均が効率的に推定できるように測定位置及びその個数を定める必要がある． 〈備考2〉測定目的によっては，対象面の一箇所で求めた値で表面全体の表面粗さを代表させることができる．
断面曲線 profile	対象面に直角な平面で対象面を切断したときに，その切り口に現れる輪郭．
粗さ曲線 roughness curve	断面曲線から，所定の波長より長い表面うねり成分を位相補償形広域フィルタで除去した曲線．
最大粗さ（Ry） maximum height	粗さ曲線からその平均線の方向に基準長さだけ抜き取り，この抜き取り部分の山頂線と谷底線との間隔を粗さ曲線の縦倍率方向に測定し，この値をマイクロメートル（μm）で表したものをいう．
十点平均粗さ（Rz） ten point height	粗さ曲線からその平均線の方向に基準長さだけ抜き取り，この抜き取り部分の平均線から縦倍率の方向に測定した，最も高い山頂から5番目までの山頂の標高（Yp）の絶対値の平均値と，最も低い谷底から5番目までの谷底の標高（Yv）の絶対値との和を求め，この値をマイクロメートル（μm）で表したものをいう．
算術平均粗さ（Ra） average height	粗さ曲線からその平均線の方向に基準長さだけ抜き取り，この抜き取り部分の平均線の方向に X 軸を，縦倍率の歩行に Y 軸を取り，粗さ曲線を $y=f(x)$ で表したときに，次の式によって求められる値をマイクロメートル（μm）で表したものをいう．

用　　語	説　　明
理論表面粗さ theoretical surface roughness	幾何学的に求まる理論的な粗さ．実際の表面粗さは種々の外乱要因により大きくなる． $R_{\max}(\text{theo}) \fallingdotseq f^2/8R \times 1000$ （μm）
フライス加工 milling	回転するフライス工具 (milling cutter) が工作物と相対的に直線または曲線運動しながら切削を行う加工方法．フライス削りをする工作機械がフライス盤 (milling machine)．NC制御，自動工具交換機能を有し，フライス削り，中ぐり，穴あけなどが1回の段取りで行えるのがマシニングセンタ (machining center)．
主軸，$d_m n$ 値 main spindle, dmn value	主軸は，工作機械で工具（工作物）を回転させる軸．駆動方式，軸受形式，主軸端形式によりさまざまである．最近では高速化の傾向にあり，鋼球軸受からセラミック球軸受，グリース潤滑からオイルミスト潤滑，カップリングを介したモータ駆動からモータダイレクトドライブ（ビルトインモータ）が主流となっている． $d_m n$ 値は，主軸直径（mm）と最大主軸回転数（min^{-1}）の積．300×10^4 にも達する高速主軸が開発されている．
空気静圧主軸 air spindle	空気静圧軸受形式の主軸．回転精度が高く，振動が少ないことから非鉄金属の超精密加工用主軸として使用されてきた．
フィードフォワード制御 feedforward control	外乱の情報を直接検出できる場合に，その影響が制御系に現れるまえに打ち消し合うように，あらかじめ必要な訂正動作を行う制御（先行制御 preview control）． ⇔フィードバック制御（feedback control）：出力側の信号を入力側に戻すことによって，制御量と目標値を比較し，それらを一致させるように訂正動作を行う制御．
高速・高精度輪郭制御 high-speed, high-precision contour control	高速送りでかつ高精度な送り動作を実現するためのCNC．高速プロセッサを使用した多ブロック先読みによる送り速度，加減速の先行制御．
ツーリング tooling	マシニングセンタなどに切削工具を取り付けるための作業の総称．工具保持具（ツールホルダ）を介して工具と主軸が組み合わされる．主軸と保持具の結合方式は，従来から7/24テーパ（ナショナルテーパ）シャンク（BTツーリング）が用いられてきた．最近では主軸の高速化にともない，高剛性・高精度を目的に2面拘束ツーリングが開発され，主流になってきた．HSKホローシャンクツーリング（DINとアーヘン工科大：独），KMツーリング（米：ケナメタル社），NC5ツーリング（日：日研工作所），ビッグプラス（日：大昭和精機）などあるが，HSKシャンクが主流になっている．
焼きばめ式工具ホルダ shrinkage fitting holder	工具とツールホルダの結合に焼きばめ方式を利用したもの．高速回転時の振れ精度，保持力にすぐれる．コレットホルダに比較してスリムで，工作物との干渉を少なくできる．

用　　語	説　　明
切削油剤 cutting fluid	切削加工の際，工具と工作物の接触部に注ぎ，冷却および潤滑の作用により，工具寿命の延長，切削抵抗の低減，切削面粗さ・寸法精度の改善を目的に使用される．切屑の排出改善も2次的効果として大である．水溶性と不水溶性に大別される．不水溶性は鉱油，油性剤，極圧添加剤からなる．水溶性は鉱油を主体とするエマルジョン，界面活性剤を主体とするソリューブル，無機塩類を主体とするソリューションの3タイプに分けられる．
アップ/ダウンカット up-cut/down-cut	アップ加工は工具の回転方向と工作物の送り方向が反対の上向き削り，ダウン加工は工具の回転方向と工作物の送り方向が同じ下向き削り．
ドライ/ウエット切削 dry/wet cutting	切削油剤を使用しないのがドライ加工，使用した加工がウエット加工．
セミドライ切削 （MQL）	微量の切削油剤（主に油性切削油剤）を圧縮空気とともにミスト状で使用する切削法（minimum quantitylubrication）． ⇔高圧クーラント
傾斜面切削 cutting of slant surface	ボールエンドミルの中心付近を使用しないため安定した実験結果を得やすい．

参考文献

第1章

1) 精密加工実用便覧，精密工学会編，日刊工業新聞社，p. 6, 2000
2) 精密加工実用便覧，精密工学会編，日刊工業新聞社，p. 10, 2000
3) 生産加工の原理，日本機械学会編，日刊工業新聞社，p. 105, 128, 199, 2002
4) 谷腰欣司：図解レーザーのはなし，日本実業出版社，p. 137, 2000
5) たとえば，ハンディブック機械，オーム社，p. 62, 2002
6) 渡辺一樹：第33回形技術セミナ「高速ミーリングの現状と今後の展望」テキスト，p. 1, 1998
7) 安斎正博，嶽岡悦雄：鍛造技報，Vol. 22, No. 70, p. 9, 1997
8) MSTコーポレーションカタログ：焼きばめチャッキングシステム，1998
9) 嶽岡悦雄：第31回形技術セミナ「現場で高まる高速ミーリングへの期待」テキスト，p. 38, 1997
10) 池田直弘，高橋一郎，松岡甫篁，中川威雄：型技術 Vol. 5, No. 8, p. 92, 1991

第2章

1) 藤村善雄：実用切削加工法第2版，共立出版，p. 5, 1991
2) Yi Lu, Yoshimi Takeuchi, Ichiro Takahashi and Masahiro Anzai:Fabrication of Ball End Mills with Different Rake Angle by means of 3D-CAD/CAM System and Their High Speed Cutting Characteristics, Proceedings of 2002 Japan-USA Symposium on Flexible Automation, p. 399, 2002
3) 安斎正博：日本機械学会講習会 No. 01-71 教材，p. 1, 2001
4) 精密加工実用便覧，精密工学会編，日刊工業新聞社，p. 48, 2000
5) 安斎正博：理化学研究所工学基盤研究部における先端技術開発（その2），機械技術，Vol. 48, No. 5, p. 103, 2000
6) 藤村善雄：実用切削加工法　第2版，共立出版，p. 146, 1991
7) 牧野フライス製作所カタログ，1996
8) 高橋一郎，安斎正博，中川威雄：往復送りカッタパスを用いる超高速ミーリング機の開発，精密工学会誌，65, 5, p. 718, 1999
9) 村上大介：超硬コーティング工具による鋼のドライ・セミドライ旋削加工，機械技術，Vol. 49, No. 7, p. 30, 2000
10) 松岡甫篁：切削におけるドライ加工の現状，第47回型技術セミナー「ドライ加工による環境対策」，p. 1, 2001
11) 藤村善雄：実用切削加工法　第2版，共立出版，p. 65, 1991

12) 野呂瀬　進監修：摩耗機構の解析と対策，テクノシステム，p. 13，1992
13) 野呂瀬　進監修：摩耗機構の解析と対策，テクノシステム，p. 29，1992
14) Modern Metal Cutting-a practical handbook, Sandvik Coromant, IV-11, 1994
15) 鶴　英明，安斎正博，松岡甫篁，中川威雄，佐田登志夫：高圧クーラントを利用した切り屑処理技術確立へのアプローチ（第1報）—旋削加工における供給方法の検討—，1994年度精密工学会春季大会学術講演会講演論文集，pp. 851〜852，1995
16) 鶴　英明，川島悦哉，高橋一郎，安斎正博，中川威雄，松岡甫篁：フライス加工におけるクーラント供給の影響，1994年度精密工学会春季大会学術講演会講演論文集，pp. 859〜860，1995
17) 小野浩二，河村末久，北野昌則，島宗　勉：理論切削工学，現代工学社，p. 43，1984
18) フライス加工ハンドブック，切削油技術研究会編，p. 25，1988
19) 會田俊夫，井川直哉，岩田一明，岡村健二郎，中島利勝，星　鐵太郎：精密工学講座11 切削工学，コロナ社，pp. 287〜289，1981
20) フライス加工ハンドブック，切削油技術研究会編，p. 27，1988
21) 機械工学事典，日本機械学会編，p. 717，1997
22) 安斎正博：日本機械学会講習会 No. 01-71 教材，p. 2，2001
23) 藤村善雄：実用切削加工法　第2版，共立出版，p. 16，1991
24) 阿部忠之：第21回型技術セミナー「高速切削の現状と課題」テキスト，p. 43，1995
25) 藤村善雄：実用切削加工法　第2版，共立出版，p. 154，1991
26) 高橋一郎，安斎正博，中川威雄：往復カッタパスを用いる超高速ミーリング機の開発，精密工学会誌，Vol. 65，No. 5，p. 717，1999
27) 吉富達也，中西通人：超高速加工対応焼きばめ式保持具，型技術，Vol. 13，No. 3，p. 69，1998
28) 高橋一郎：往復カッタパスを用いる超高速ミーリング機の開発，東京大学博士学位論文，p. 81，1998
29) 高橋一郎，吉田拓未，安斎正博，松岡甫篁，中川威雄，高橋利尚，藤井康蔵：小径長尺エンドミルによる型材切削—防振ホルダの試作とその効果—，型技術 Vol. 12，No. 8，pp. 40〜41，1997
30) 機械用語大辞典，日刊工業新聞社，p. 439，1997
31) 藤村善雄：実用切削加工法　第2版，共立出版，p. 131，1991
32) 高橋一郎，安斎正博，中川威雄：超高速ミーリング機（HICART）の開発，1997年度精密工学会秋季講演論文集，p. 51，1997
33) フジ交易カタログ：ブルーベ　Mist Booster，1999
34) フライス加工ハンドブック，切削油技術研究会，p. 174，1988
35) 鶴　英明，安斎正博，中川威雄，松岡甫篁，佐田登志夫：旋削加工におけるクーラント供給の影響，1995年度精密工学会春季講演論文集，p. 859，1995
36) 高橋一郎，安斎正博，中川威雄：往復送りカッタパスを用いる超高速ミーリング機の

開発，精密工学会誌 Vol. 65，No. 5，p. 714，1999

第4章

1) たとえば，河野泰久：家電金型における仕上げレスの追求，型技術，pp. 42〜46，1996
2) 岩部洋育：高速加工における加工誤差要因の把握と精度改善に関する研究，工作機械技術振興財団第14次試験研究成果報告，p. 10，1994
3) 白瀬敬一，稲村豊四郎，安井武司：エンドミル加工における加工誤差の要因分析と定量化，精密工学会誌，Vol. 52，No. 4，p. 705，1986
4) 日立ツール切削工具カタログ，p. 111，1998/1999
5) 4) に同じ，p. 187
6) 松岡甫篁：超精密・微細切削の最新動向，型技術者会議2010 講演論文集，p. 6，2010
7) 中元一雄，安齋正博，松本真一：制震機構をもつ高加速・高精度リニアモータ駆動加工機の開発，精密工学学会誌，Vol. 74，No. 6，2008
8) 大戸裕：ツールパス発生からモータの駆動指令までカバーするニューコンセプトCAM，第14回国際工作機械技術者会議講演論文集，p. 10，2010
9) 中元一雄，松本真一，南川真輝，大戸　裕：NC コードを用いないパス生成モジュール「DirectMotion」の優位性，型技術者会議2009 講演論文集，p. 6，2009
10) 松岡甫篁，安斎正博：高速ミーリングの基礎と実践，日刊工業新聞社，p. 10，2006
11) 日進工具技術資料
12) ワイエス電子工業技術資料
13) MST コーポレーション技術資料

第5章

1) フライス加工ハンドブック，切削油技術研究会編，p. 37，1988
2) 安斎正博：金型用鋼材の高速ミーリング，プラスチックエージ，No. 3，p. 97，2001
3) 藤村善雄：実用切削加工法　第2版，共立出版，p. 65，1991
4) 安斎正博：金型用鋼材の高速ミーリング，プラスチックエージ，No. 3，p. 98，2001
5) 同上
6) 同上 p. 99
7) 同上
8) 池田直弘，高橋一郎，松岡甫篁，中川威雄：超高速フライスによる型材切削，型技術，Vol. 5，No. 8，p. 92，1990
9) 安斎正博：高速・高精度な金型を実現するためには─高速ミーリングを中心に─，2001年度精密工学会秋季大会学術講演会講演論文集，p. 314，2001
10) 髙橋一郎，安斎正博，中川威雄：10万回転超高速ミーリングにおける超硬小径ボールエンドミルの摩耗特性，精密工学会誌，Vol. 65，No. 6，pp. 867〜871，1999
11) 池田直弘ほか：100,000 rpm 超高速NC フライス，型技術，Vol. 5，No. 8，1990

参考文献　197

12) 池田直弘ほか：超高速NCフライスによる型材切削, 1990年度精密工学会秋季大会学術講演会講演論文集, 1990
13) 池田直弘ほか：超高速NCフライスによる型材切削（第3報）高硬度材の特殊ボールエンドミル切削, 1992年度精密工学会秋季大会学術講演会講演論文集, 1992
14) 嶽岡悦雄ほか：高硬度材の高速エンドミル加工に関する研究（第1報）空気静圧スピンドルの動特性と加工性状について, 1994年度精密工学会秋季大会学術講演会講演論文集, 1994
15) 嶽岡悦雄ほか：高硬度材の高速エンドミル加工に関する研究（第1報）空気静圧スピンドルの動特性と加工面荒さについて, 1994年度精密工学会秋季大会学術講演会講演論文集, 1994
16) 嶽岡悦雄ほか：高硬度材の高速エンドミル加工に関する研究（第7報）小径ボールエンドミルの高能率加工, 1996年度精密工学会春季大会学術講演会講演論文集, 1996
17) 森脇俊道：工作機械の高速化技術の現状, 精密工学会誌, Vol. 53, No. 7, p. 1, 1987
18) 垣野義昭：工作機械に求められる機能と技術, 機械と工具, Vol. 39, No. 5, p. 18, 1995
19) 中村晋哉, 米山博樹：ジェット潤滑による高速スピンドルの開発, 応用機械工学, No. 389, p. 68, 1992
20) 清水伸二：高速切削加工のために要素技術, 応用機械工学, No. 389, p. 62, 1992
21) 小野浩二ほか：理論切削工学　第2版, 現代工学社, 1995
22) たとえば, 松岡甫篁：高速切削とトータルコストダウンの両立, 機械と工具, Vol. 44, No. 6, 2000
23) 藤村善雄：実用切削加工法　第2版, 共立出版, 1991
24) 鳴滝則彦：切削工具概論, 精密工学会誌, Vol. 61, No. 6, 1995
25) 大和久重雄：鉄鋼材料選択のポイント, 日本規格協会, 2000
26) 松岡甫篁：難削材の切削加工技術, 機械技術, 日刊工業新聞社, Vol. 49, No. 3, 2001
27) 安斎正博：最近の鍛造金型加工技術と高硬度金型用鋼材の高速ミーリング, プレス技術, 日刊工業新聞社, Vol. 40, No. 6, 2002
28) 松岡甫篁：5年後の切削工具に求められること, 機械と工具, Vol. 1 No. 1・2, 2011
29) 松岡甫篁：世界の先端を行く切削加工技術を展望する, 機械技術, Vol. 59, No. 12, 日刊工業新聞社, 2011
30) 松岡甫篁：最近の機械加工に求められるツーリング技術, 機械技術, Vol. 59, No. 3, 日刊工業新聞社, 2011
31) 松岡甫篁, 安斎正博：高速ミーリングの基礎と実践, 日刊工業新聞社, p. 10, 2006
32) 杉田良雄：焼きばめ方式による自動工具交換システムの開発, 型技術者会議2004講演論文集, p. 6, 2004
33) ワイエス電子工業技術資料
34) MSTコーポレーション：技術資料

35) 松岡甫篁, 安斎正博, 高橋一郎：はじめての切削加工, 工業調査会, 2002
36) 松岡甫篁：超高速切削加工技術の最新動向, 第3回生産加工・工作機械部門講演会集, 2001
37) 高橋一郎：往復カッターパスを用いる超高速ミーリング機の開発に関する研究, 東京大学博士学位論文, 1998
38) 高橋一郎, 安斎正博, 中川威雄：往復送りカッターパスを用いる超高速ミーリング機の開発, 精密工学会誌, 1999
39) ソディックエンジニアリング技術資料
40) 百地 武：超精密空気静圧軸受主軸を用いた微小径工具による高速加工事例, 第3回生産加工・工作機械部門講演会集, 2001
41) 北村彰浩, 水戸康弘：超高速マシニングセンタ SPARKCUT による加工事例, 第3回生産加工・工作機械部門講演会集, 2001
42) 高橋一郎, 安斎正博, 新野俊樹, 加瀬 究, 中川威雄, 松岡甫篁：超高速ミーリング機（HICART）の開発, '98型技術者会議講演論文集, 1998

第6章

1) 中川威雄：高速ミーリングの課題, 第21回型技術セミナー「高速切削の現状と課題」, pp. 1〜9, 1995
2) 松岡甫篁：微細形状切削加工の進展と最近の動向, 機械技術, 2005年10月号, 2005
3) 松岡甫篁, 安齋正博著：高速ミーリングの基礎と実践, 日刊工業新聞社, 2006
4) 菅井 誠：無振動機構を有する高精度リニアモータ駆動マシニングセンタの特徴と応用, 型技術ワークショップ2006 in 長岡
5) JIMTOF2010 シンポジウム「ユーザと商社からみた複合加工機の導入効果」資料, 2010.11.4
6) キタムラ機械カタログ, 2010
7) http://www.opmlab.net/project/undercut.html
8) 松岡甫篁, 安齋正博：高速ミーリングの基礎と実践, 日刊工業新聞社, 2006
9) 安斎正博, 高橋一郎：cBN ボールエンドミルによる焼入れ鋼の高速ミーリング, 砥粒加工学会誌, Vol. 47, No. 1, p. 18, 2003
10) 1) に同じ, p. 21
11) 安齋正博：金型加工技術の基礎と現状, 塑性と加工, Vol. 53, No. 612, p. 6, 2012
12) 1) に同じ, p. 83
13) 日進工具 cBN 工具カタログ, 2012
14) 日立ツール cBN 工具カタログ, 2012
15) 松本真一, 勝田基嗣, 高橋一郎, 安斎正博：ボールエンドミルのコーティング前処理による工具寿命の安定化, 2002年度砥粒加工学会学術講演会論文集, p. 325, 2002
16) 安斎正博, 須藤 亨, 大滝久規, 尾花卓也, 中川威雄：ダイヤモンドペーストを用い

た超硬合金の磁気研磨，粉体および粉末冶金，Vol. 39, No. 6, pp. 510～514, 1992
17)　平山正之，伊澤守康，北嶋弘一：マイクロブラスト工法，砥粒加工学会誌，Vol. 46, No. 3, pp. 111～114, 2002
18)　松本真一，勝田基嗣，高橋一郎，安齋正博：ボールエンドミルのコーティング前処理による工具寿命の安定化，2002年度砥粒加工学会学術講演会論文集，p. 327, 2002

さくいん

● 英数字

1刃当たりの送り量　81, 136
1刃の送り　11
2面拘束シャンク　130
2面拘束方式　100, 126
5軸制御マシニングセンタ　41, 42, 133
ACIS　47
BT方式　100, 126
BT方式保持具　100
CAD　40, 45
CAD/CAM　5, 43, 44, 126, 151
CADソフト　47
CADデータ　152, 156
CAM　2, 38, 45, 107
CAMデータファイル　50
CAMによるNCプログラム生成　151
cBN　6
cBN焼結体　83, 92, 143
cBN焼結体エンドミル　85, 86
cBN焼結体ラジアスエンドミル　87
CLデータ　46
CNC　107
CNC工作機械　107
CNC工作機械の基本的な機能　38
CNC工作機械の制御装置　37
CNC制御システム　87
CNC制御装置　61
CNC切削　37, 43, 63
CNC切削加工　35, 43
CNC複合加工機　40
CNC複合ターニングセンタ　43
DESIGNBASE　47
Gコード　47
HSK方式　100, 126
IGES　47, 152
ISO（国際標準機構）　100

LED用型成形部　87
MQL　13
Mコード　47
NCプログラミング　43, 151, 156
NCプログラム　38
NCプログラムデータ　45
NCプログラムデータ入力　40
NCプログラムのフォーマット　40
Parasolid　47
STEP　47
STL　47
STLファイル　153
X形シンニング　63, 94

● あ 行

アクシャルレーキ　78
アップカット　8, 11
穴あけ加工　63
穴加工用工具　63
穴内径の仕上げ　63
穴の仕上げ加工　66
アブレッシブ摩耗　13
アンダーレース潤滑　128
イオンプレーティング法　92
異常摩耗　98
インサート　57
インサート固定方式　74
インサートの形状　74
薄肉残し形状　41
円弧補間　47
エンドミル　79
エンドミル加工　9
エンドミル底刃外周部　86
オイルミスト　128
往復加工　151
押し潰し現象　55
オフセット　46

オフセット計算　46

● か　行

加工形状　54
加工経路　156
加工硬化　137
加工時間の短縮　136
加工シミュレーション　48
加工条件設定　50, 157
加工情報　38
加工精度　23
加工面　7
加速度特性　130
肩　部　90
肩部摩耗　98
カッターパス　2
カッターロケーション　87
金　型　2
金型加工　5, 168
金型用鋼材　114
カーネル　47
ガンドリル切れ刃形状　94
機械的・熱的衝撃　136
凝着摩耗　13
鏡面加工　182
曲面形状切削　83
曲面のオフセット機能　153
切　屑　7
切屑厚さ　136
切屑処理機能　57
切屑処理特性　96
切屑の刻み　59
切屑の排出　56
切屑排出性　136
切込み深さ　10
切込み量　135
切れ刃エッジ部　90
切れ刃角　57
切れ刃交換型　62
切れ刃交換型ドリル　65
切れ刃部の熱影響　36

金属光複合加工　173
空気静圧軸受　128
クライム切削　52
クーラント　26
傾斜・垂直壁面の加工　80
軽切削条件　135
欠　損　141
研　削　3
工　具　5, 7, 107
工具軌跡　37, 54, 61, 150
工具軌跡落ち　46
工具軌跡生成　157
工具切れ刃のチッピング　141
工具径　50
工具計測技術　145
工具経路　46
工具研削　143
工具研削技術　145
工具交換　162
工具材種　50
工具寿命　118
工具損傷　13
工具着脱時間　148
工具着脱システム　148
工具中心部　56
工具長　50
工具長/工具径（L/D）　5
工具データ　50, 157
工具デザイン　141
工具突出量　150
工具の損傷　136
工具刃先稜線　182
工具ファイル　50
工具振れ精度　23, 146
工具保持部の摩耗　150
工具摩耗　23
工具摩耗曲線　119
高周波電磁誘導方式加熱装置　148
高精度加工　141
高精度ツーリング　84
高速送り機能　126

高速回転主軸　126
高速主軸部　128
高速切削条件　136
高速ミーリング　5, 102, 127, 135, 139, 140
高速ミーリング用CAM　151, 152, 157
高速ミーリング用切削工具　141
高速ミーリング用データベース　151
高速ミーリング用保持具　145
高速ミーリング用マシニングセンタ　126, 127, 132
高マンガン鋼鋳鋼　137
小型主軸ユニット　40
コスト　2
コーティング　182
コレットチャック　160
コレットチャック方式　103
コレットチャック方式保持具　103, 145

● さ　行

再研削　97
最大逃げ面摩耗幅　123
ジェット潤滑　128
磁気軸受　128
ジグザグ工具軌跡　152, 153, 154
自動寸法補正　43
自動プログラミングシステム　37
シミュレーション機能　151
シャープな切れ刃形状　85
主軸テーパ方式　100
潤滑技術　128
小径化傾向　135
小径・微細穴加工用ドリル　93
除去加工　1
シングルナノ　133
シングルナノ精度　86
シングルナノメートル　86
振　動　19
シンニング形状　63
水溶性切削液　95

すくい面　7
すくい面摩耗　15, 98
スクエアエンドミル　79, 83
スクレーパフラット機能　77
スクレーパフラット部　86
ステンレス鋼鋳鋼　137
スパイラル工具軌跡　153
スピンドル　5
スライスデータ　153
スラスト荷重　55, 63
寸法精度　2
精　度　54
精密・微細切削　84
精密微細切削技術　84
精密微細用マシニングセンタ　84
切　削　3
切削温度　18
切削加工　1
切削加工プロセス　40
切削工具　54
切削工具の種類　50
切削工具の選択　137, 150
切削時の振動（びびり振動）　150
切削条件　8, 54, 58, 61
切削条件の設定　137
切削速度　9, 136
切削抵抗　17
切削方向　11
切削油剤　13, 26
旋削加工　70
旋削工具　57
旋削バイト　40
せん断　7
先端角　90, 94
せん断面　7
素材供給　40
ソリッド型　62
ソリッド・ドリル　65

● た　行

ダイナミックバランス特性　138

耐熱鋼鋳鋼　137
耐摩耗特性の高い工具　86
ダイヤモンド焼結体エンドミル　87
ダイレクトインターフェイス　47
ダイレクトモーションCNC制御装置　133
ダイレクトモータ駆動方式　42
ダウンカット　8, 11
ダウン切削　52
楕円穴加工　153
多軸制御ワイヤーカット放電加工　86
タッピング用保持具　69
タップ工具　68
断続切削　136
チゼルエッジ部摩耗　98
チゼル部　63, 90
チップ・ブレーカ　59, 77
チップ・ブレーカ形状　57, 74
チップ・ブレーカ性能曲線　60
超硬合金ドリル　92
超高速ミーリング　143
超高品位な平面　86
超微細エンドミル切削　86
超微細・精密切削用マシニングセンタ　148
直接軸移動指令　87
直線送り駆動　42
直線補間　47
チルティングテーブル部　42
通常のコレットホルダ　20
ツーリング　20, 107
ツーリングにおける摩耗　149
ツーリングの摩耗管理　149
ツールマネジメントシステム　43
等高線加工工具軌跡　151
同時多軸送り切削　63
同時多方向切削機能　43
突出量　145
ドライ・セミドライ切削　93
ドリル　63
ドリル加工　54

ドリル先端角　63
ドリルの形状　65
ドリルの摩耗形態　97
ドリルの溝形状　65

●な　行

逃げ面摩耗　14, 97
ネガティブすくい角　138, 141
ねじ穴切削加工用タップ　68
ねじ加工方式　68
ねじ切り加工　63
ねじの種類　69
ねじれ角　85
熱変位　43
熱変位補正機能　43
熱膨張係数　148
燃料電池用金型部品　87
ノーズR　74

●は　行

ハイス（高速度鋼）　91
バイト　54, 57
バイトの切れ刃　59
ハイリードボールスクリュ　130
バインダレスcBN焼結体　143
刃先クーラント機能　141
刃先交換方式ドリル　96
刃先交換方式バイト　74
バニシング機能　99
刃物台　54
パラレルリンク機構　130
バリ抑制　85
汎用切削　140
微細エンドミル　86
微細精密切削用マシニングセンタ　86
被削材　7
微小径エンドミル　87, 142
微小径エンドミル特性　86
微小径ドリル　94
微小コーテッド超硬合金エンドミル　84
ピックフィード　10

ピックフィード量　81
表面粗さ　113
表面性状　2
フェースミル　77
フェースミル切削　78
フェースミルの構造　77
深切込み切削条件　135
複合加工機　168
物理的蒸着法　92
フライス加工形状例　61
フライス工具　61
フライス切削　54
プラスチック金型　50
ブラスト処理　182
プレス金型加工　52
振れ精度　103
粉末ハイス　92
ヘリカル工具軌跡　80, 154
編集ダイアログ　157
防振ホルダ　25
放電加工　3, 5
保持具　54, 100
保持剛性　103
ポジティブなすくい角　84, 142
ポストプロセッサ　46
ボーリング工具　67
ボールエンドミル　8, 46, 79, 80, 134, 160
ホルダ　160

● ま 行

マシニングセンタ　43, 107
ミスト　13
ミストクーラント供給　95
溝形状切削　86

ミーリング　3
ミーリング加工　4
メインプロセッサ　46, 47
メディカルデバイス用金型部品　89
モーションコントローラ　87
モデリングデータ　40
モニタリングシステム　87

● や 行

焼入れ鋼　114
焼きばめ方式　103, 130
焼きばめ方式保持具　96
焼きばめホルダ　5, 148

● ら 行

ラジアスエンドミル　79, 134
ラジアルレーキ　78
リニアモータ駆動方式　42
リニアモータ方式　130
リーマ　66, 99
リーマ加工　54
リーマの形状　99
リーマの種類　99
リーマの切削条件　99
リムーバブルメディア　37
冷却効果　56
レーザ加工　86
レーザ方式の機内計測システム　87
ろう付け工具　70

● わ 行

ワークの材質　54
ワークへの接近性　145
ワーク保持部　54

著者略歴

松岡　甫篁（まつおか・としたか）
(株)日立製作所，セコ・ツールズ・ジャパン(株)，GE スーパーアブレイシブ(株)などを経て，1987年に(株)松岡技術研究所設立　代表取締役
現在に至る
技術士（機械部門）　博士（工学）
執筆担当：3章, 4章, 5章 5.8～5.10節

安齋　正博（あんざい・まさひろ）
東京大学大学院工学系研究科博士課程（金属工学専門課程）修了
理化学研究所などを経て，2009年から芝浦工業大学デザイン工学部教授
現在に至る
工学博士
執筆担当：1章, 2章, 5章 5.1～5.7節, 6章

編集担当	大橋貞夫(森北出版)
編集責任	石田昇司(森北出版)
組　版	美研プリンティング
印　刷	同
製　本	同

切削加工の基礎　　　　　　　　　　　　　　　Ⓒ 松岡甫篁・安齋正博　2013
2013年3月21日　第1版第1刷発行　　　　　【本書の無断転載を禁ず】

著　者	松岡甫篁・安齋正博
発行者	森北博巳
発行所	森北出版株式会社

東京都千代田区富士見1-4-11（〒102-0071）
電話 03-3265-8341／FAX 03-3264-8709
http://www.morikita.co.jp/
日本書籍出版協会・自然科学書協会・工学書協会　会員
JCOPY ＜(社)出版者著作権管理機構　委託出版物＞

落丁・乱丁本はお取替えいたします．

Printed in Japan／ISBN978-4-627-66961-1

図書案内　森北出版

難削材 新素材の 切削加工ハンドブック

狩野勝吉／著

A5判・508頁
定価 12,600円(税込)
ISBN978-4-627-66861-4

※定価は2013年2月現在

難削材・新素材といった先端材料は，技術を進歩させるツールとして年ごとに重要性を増している．本書は，生産現場においても実用性の高い切削データを豊富に紹介，加工現場のニーズに対応した切削加工技術の決定版．

※本書は，工業調査会から2002年に発行したものを，森北出版から継続して発行したものです．

第Ⅰ編 難削材・新素材の切削加工の基礎

第1章 切削加工の技術課題／第2章 難削材・新素材の諸特性／第3章 切削工具材料の現状／第4章 切削工具の切れ刃形状／第5章 難削材・新素材切削の基本戦略

第Ⅱ編 難削材・新素材と切削加工データ

第6章 金型用鋼と工具鋼／第7章 高硬度鋼／第8章 ステンレス鋼と耐熱鋼／第9章 超耐熱合金と高耐食Ni基合金／第10章 チタンとチタン合金／第11章 鋳鉄系の難削材／第12章 レア・メタルと高融点金属／第13章 超硬質材料と複合材料／第14章 焼結鋼と粉末冶金パーツ／第15章 その他の難削材・新素材／第16章 CNC精密自動旋盤による難削材の小部品加工／第17章 異材の共削り加工

ホームページからもご注文できます
http://www.morikita.co.jp/

図書案内　森北出版

図解 砥粒加工技術のすべて

（社）砥粒加工学会／編
B5判・240頁
定価 3,570円(税込)
ISBN978-4-627-66881-2
※定価は2013年2月現在

豊富な図表を駆使して，原理から加工面の状態，応用事例までをわかりやすく解説した砥粒加工技術の手引書．"使う・研ぐ・磨く・断つ"など手段の観点から12のカテゴリーにわけ，その全貌を紹介した．モノづくりの真髄を実感できる一冊．

※本書は，工業調査会から2006年に発行したものを，森北出版から継続して発行したものです．

総　論
砥粒加工とは何か
砥粒加工技術の世界
使うⅠ／使うⅡ／研ぐ／磨く／断つ／叩く／削る／除く／掴む／助ける・洗う／はかる／支える

ホームページからもご注文できます
http://www.morikita.co.jp/

図書案内　森北出版

テキストシリーズ　プラスチック成形加工学
流す・形にする・固める

（社）プラスチック成形加工学会／編

A5判 ・ 204頁　定価 2835円　（税込）
ISBN978-4-627-66911-6

プラスチック成形加工の基本概念の理解を目的として，基本的な考え方をマスターできるようにわかりやすく具体的な解説した．
※本書は，シグマ出版から1996年に発行したものを，森北出版から継続して発行したものです．

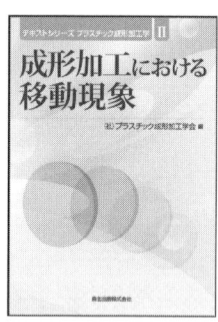

テキストシリーズ　プラスチック成形加工学
成形加工における移動現象

（社）プラスチック成形加工学会／編

A5判 ・ 256頁　定価 3570円　（税込）
ISBN978-4-627-66921-5

プラスチック材料に生じる流動や熱・物質移動などを，それを引き起こす"駆動力"との関連を重視して第一線の研究者が解説した．
※本書は，シグマ出版から1997年に発行したものを，森北出版から継続して発行したものです．

テキストシリーズ　プラスチック成形加工学
成形加工におけるプラスチック材料

（社）プラスチック成形加工学会／編

A5判 ・ 352頁　定価 4410円　（税込）
ISBN978-4-627-66931-4

成形加工を切り口に，プラスチック材料の構造と物性に関する重要なポイントを第一線の研究者が解説した．
※本書は，シグマ出版から1998年に発行したものを，森北出版から継続して発行したものです．

定価は2013年2月現在のものです．現在の定価等は弊社HPをご覧下さい．

http://www.morikita.co.jp